中国博士后科学基金绩效评估报告

Performance Evaluation Report on
China Postdoctoral Science Foundation

刘 云　杨芳娟／著

科学出版社

北 京

图书在版编目（CIP）数据

中国博士后科学基金绩效评估报告/刘云，杨芳娟著. —北京：科学出版社，2017.6

ISBN 978-7-03-052765-3

Ⅰ. ①中… Ⅱ. ①刘… ②杨… Ⅲ. ①博士后-科学基金-基金管理-研究报告-中国 Ⅳ. ①G322.2

中国版本图书馆 CIP 数据核字（2017）第 100564 号

责任编辑：杨婵娟 乔艳茹／责任校对：高明虎
责任印制：张欣秀／封面设计：无极书装

编辑部电话：010-64035853

E-mail：houjunlin@mail.sciencep.com

科 学 出 版 社 出版

北京东黄城根北街 16 号
邮政编码：100717
http://www.sciencep.com

北京京华虎彩印刷有限公司 印制

科学出版社发行　各地新华书店经销

*

2017 年 6 月第 一 版　　开本：B5（720×1000）
2017 年 6 月第一次印刷　　印张：18 1/2
字数：314 000

定价：95.00 元

（如有印装质量问题，我社负责调换）

　　中国博士后制度（简称博士后制度）是我国有计划、有目的地培养高层次人才的一项重要的战略举措，中国博士后科学基金（简称博士后基金）是博士后制度的重要组成部分。博士后基金通过择优资助具有创新能力和发展潜力的优秀博士后研究人员（简称博士后）从事创新性研究，吸引、发现、培养和锻炼青年人才，为博士后营造良好的创新环境。设立博士后基金是一项富有远见的战略决策，对实施"人才强国"战略、培养博士后创新人才和促进高层次人才队伍建设，具有独特的不可替代的重要作用。

　　博士后基金1985年经李政道先生建议、邓小平同志决策设立，于1987年正式启动，是我国最早的国家级科研基金。截至2014年，国家财政累计投入21.98亿元，共资助博士后47 549人，占博士后招收总数的近40%。近10年来，国家财政逐年加大对博士后基金的投入力度，年度基金资助额度由"十五"期间的6052万元增长到了2014年的4.6亿元，增长了6.6倍，项目资助率保持在30%左右，博士后基金的社会影响力越来越显著。但是，随着我国博士后制度的改革，博士后培养目标日益多元，社会对博士后培养质量的要求越来越高。与此相适应，如何改进和完善博士后基金的资助与管理制度及运行机制，进一步提高资助效益，对博士后基金的资助与管理工作提出了更高的要求。

　　在财政部教科文司的指导下，经广泛调研和征求有关专家意见，中国博士后科学基金会（简称博士后基金会）将建立绩效评估机制作为改革完善博士后基金资助制度的重要任务，将其写入《中国博士后事业发展"十二五"规划》和《中国博士后科学基金资助工作"十二五"规划》，并于2012年启动了博士后基金绩效试评估工作。

　　在本次试评估工作中，课题组以课题研究为抓手，以构建绩效评估指标体系和探索建立绩效评估机制为目的，分三个步骤实施：构建绩效评估体系、开展实证评估、改进管理工作。

步骤一：构建绩效评估体系。

2012 年，由博士后基金会副秘书长邱春雷负责，北京理工大学管理与经济学院教授、博士生导师刘云协助，立项开展"中国博士后科学基金绩效评估研究"。通过分析博士后基金的战略定位、绩效特征及发展需求，提出整体绩效评估和项目绩效评估的评估方法，并建立了相应的指标体系。

整体绩效评估是对博士后基金过去 25 年（1987~2012 年）资助工作的成效进行回顾、总结和检验。考虑到博士后基金资助运行目的、资助过程的特殊性，课题组借鉴国家自然科学基金资助与管理绩效国际评估模型，建立了基于循证设计理论的博士后基金整体绩效评估框架，按照"评估议题—关键问题"的结构确定了资助战略、资助绩效、管理绩效和基金影响四个方面 11 个评估议题，并进一步分解为 27 个关键问题，采用"关键问题—证据"的技术路线，对每个关键问题设计相关、充分、可靠的评估证据。

项目绩效评估是对获资助博士后依托基金项目取得的科研成果及对博士后个人发展产生的影响进行评价，目的是动态掌握已完成项目的执行情况，及时发现优秀人才和项目执行与资助管理中存在的问题。结合博士后基金的资助特点和资助数据的可得性，综合考虑基金资助投入对项目产出和博士后后期发展的影响，课题组从研究条件、研究成果、人才发展三个方面构建了博士后基金项目绩效评估指标体系，采用层次分析法和专家调查法确定指标权重，通过加权计算每个项目的绩效分值。

步骤二：开展实证评估。

博士后基金整体绩效评估对象是获得博士后基金资助的研究群体以及基金资助政策与管理机制，课题组针对评估关键问题建立了证据信息来源库，主要包括国家及相关部委的政策文本，博士后基金会历年的统计数据，以及课题评估过程中通过文献计量、专家访谈、问卷调查、实地调研、案例研究等方法获得的文本和数据。为了全面获得博士后基金申请、评审与管理的过程和结果信息，课题组组织召开系列座谈会和访谈，发放 3 套共计 3000 多份调查问卷，获得了博士后基金获资助人员、博士后设站单位管理人员、博士后基金评审专家等相关人员的观点和判断。通过核实、汇总评估信息，定量分析、比较和判断评估数据，深入发掘和补充搜集案例证据后，得出博士后基金战略定位与国家科技人才战略息息相关，在目前青年人才科研资助体系中发挥着主导作用，推动了大批优秀博士后的顺利晋升，为重要科研成果取得和学术带头人的成长做出了重要贡献，对地方博士后基金的发展起到了很好的示范与带动作用等结论。与此同时，评估结果也反映出博士后基金存在着资助比例较小、资助强度不足、在地区与学科分布上的不平衡，以及在关注创新性研究质量、扶持边远地区青年人才成长、拓展国际交流专项、完善资助管理机制等方面的不足。

博士后基金项目绩效评估对象为 2011~2013 年获得博士后基金面上项目和特别项目资助的博士后人员。课题组从博士后基金获资助者出站时提交的《中国博士后科学基金资助总结报告》中获得评估的有关指标数据。本次试评估从 12 大学科门类 80 个一级学科中共抽取了哲学、经济学（应用经济学）、法学（政治学）、理学（物理学、生物学）、工学（材料科学与工程、计算机科学与技术、信息与通信工程）、管理学（管理科学与工程）6 个学科门类中的 9 个一级学科共计 632 个博士后基金项目进行了综合评价，根据得分结果确定各学科项目绩效的不同等级标准以及相应等级的项目数比例。观察排序结果得出特别资助项目完成质量较好，小部分面上项目完成质量有待提高，博士后基金需要加强后期成果管理等结论。

步骤三：改进管理工作。

近年来，博士后基金发展迅速，资助成效逐年提升，但总体上说，与博士后事业发展的需求，以及新常态下博士后创新人才培养的要求仍有一定的差距，在发展过程中仍面临着诸多困难和挑战，主要表现在如下方面。

一是博士后基金资助力度有待提高。调查问卷显示，接近 40%的博士后设站单位管理人员和博士后基金评审专家认为现在的资助强度较低，建议将博士后基金的资助强度提高至一等 10 万~15 万元，二等 8 万~10 万元，特别资助 20 万~30 万元；1/3 左右的被调查人员认为将博士后基金面上资助比例提高到 50% 左右较为合适；大部分被调查人员并希望进一步拓展国际合作研究、参加国际会议、国际联合培养、引进海外博士后等新的资助类型。

二是博士后基金资助与管理机制有待完善。在资助对象方面，由于地区和学科发展不均衡等原因，目前基金资助主要集中在高校、东部经济发达地区和少数中部地区，资助学科也主要集中在工学、理学和医学领域，尚未充分考虑到地区和学科人才培养的均衡发展问题；在评审机制方面，评审标准、选聘评审专家应更好地适应博士后人才培养及经济社会发展的需要，此外，80%的被调查人员要求加强评审意见的反馈；在基金项目管理方面，调查发现目前博士后基金在项目结题管理、经费使用与管理等方面的一些规定与博士后工作的实际情况还不相适应。

三是博士后基金绩效评估有待加强。目前，博士后基金绩效评估工作尚处于起步阶段，绩效评估的制度建设、组织管理、基础数据积累和评估专家库构建等还较为薄弱，尚不能适应博士后基金改革与发展的需要。

针对绩效评估反映出的问题，博士后基金会对有关工作进行了及时改进，主要包括：一是加强绩效数据收集工作。依据绩效评估指标体系，修订《博士后基金资助总结报告》，利用信息手段和实际报告，保证数据的规范性和完备性。二是健全基金资助制度体系。例如，制定《中国博士后科学基金特别资助实施办法》；修订基金申报条件；丰富资助类型，自2014年起实施"西部地区博士后人才资助计划"；延伸资助链条，自2013年起对基金资助项目的优秀学术专著出版予以资助。三是加强资助工作管理，向管理要效益。从2012年起每年年初制定详细的全年资助工作时间表，制定《中国博士后科学基金资助工作质量控制流程》，自2012年起每年年底发布下一年度《中国博士后科学基金申请指南》；2012年开发完成并投入使用"博士后管理信息系统"，全部评审工作均可在网上实现；实行匿名评审，改进学科分组方法；开发评审专家数据库管理信息系统，扩充评审专家，每年定期更新专家数据库。

本次试评估工作为建立和完善博士后基金绩效评估机制提供了理论和实证基础，为建立健全博士后基金资助与管理制度体系，提高博士后基金资助与管理的绩效，促进博士后队伍建设与水平提高发挥了重要的作用。

本书是人力资源和社会保障部科技项目资助的研究成果，项目组由人力资源和社会保障部留学人员和专家服务中心（中国博士后科学基金会）与北京理工大学的有关专家共同组成，邱春雷副主任担任项目组组长，刘云教授担任联合项目组组长。本书的研究还得到了国家自然科学基金面上项目"国家创新体系国际化政策协同机制、过程模型及效应评估研究"（71573017）的资助。

作者

2016 年 12 月

目　　录

第1章 绪　　论

1.1　研究背景与意义

自 1987 年中国博士后科学基金启动以来，基金资助总额从当初的 64 万元（含 7.15 万美元），增长到了 2014 年的 4.656 亿元；至 2014 年累计资助博士后 47 549 人，累计资助金额达到 21.98 亿元（含 235.7 万美元）。1987～2010 年，博士后基金累计资助博士后 23 914 人，占同期进站博士后总人数的 29.5%。"十一五"期间，随着我国博士后事业的快速发展，博士后基金资助工作也得到了较快发展，基金资助总额由"十五"期间的 6052 万元增长到了 2014 年的 4.656 亿元，增长了 6.6 倍，项目资助率保持在 30%左右。博士后基金的社会影响力越来越显著。

博士后基金自 1985 年设立以来，经过 30 多年的发展，其资助总额、资助类型、资助强度、资助覆盖面也在不断调整和发展中。2002 年之前，博士后基金依靠国家财政投入的本金的利息进行资助，资助总额较小，难以适应博士后事业发展的需要。2002 年，财政部决定改革财政支付方式，加大支持力度，建立了国家财政年度拨款并逐年增加的制度。2003～2005 年，国家财政累计拨款 4500 万元，相当于前 18 年国家财政投入的总和。2006 年的又一次重大改革使得整个"十一五"期间，面上资助累计投入 4.7 亿元。至 2006 年，面上两档资助强度则分别提高到 5 万元和 3 万元。2003～2009 年，博士后获资助比例稳步回升，稳定在 30%左右。此外，由于面上资助存在资助面分散、单项资助强度小的特点，其难以满足博士后的多样化需求。2007 年，博士后基金又设立特别资助，对在站期间取得重大自主创新研究成果和在研究能力方面表现突出的博士后，中央财政一次性给予 10 万元的特别经费资助，进一步加大了资助强度。

截至 2012 年年底，面上资助标准增长到一等 8 万元/人、二等 5 万元/人，特别资助标准为 15 万元/人，博士后基金已成为国家资助博士后科研工作的主渠道之一。

近年来，博士后基金资助总额快速增长，资助强度明显提高，财政部、人力资源和社会保障部（简称人社部）等有关部门对博士后基金的发展给予了越来越多的关注并寄予厚望。随着我国经济社会的快速发展和"人才强国"战略的深入实施，国家对博士后基金的投入将进一步增加。如何适应新形势，进一步改进和完善博士后基金的管理制度和运行机制，提高基金的资助效益，加快培养高层次的创新型人才，对博士后基金管理工作提出了更高的要求。目前，博士后基金的管理制度、专家库、项目评审、信息化等方面的工作取得了明显进展，为基金的有效运作提供了较好的基础。同时，对建立博士后基金的"跟踪问效"机制进行了初步探索，但是，总体上尚未建立起博士后基金的绩效评估机制，对政府投资决策、改进基金管理和扩大社会宣传的支撑力度不足。《博士后事业发展"十二五"规划》和《中国博士后科学基金资助工作"十二五"规划》均提出要建立博士后基金绩效评估机制，加强跟踪问效工作。因此，开展博士后基金绩效评估机制研究有其紧迫性和重要性。

从公共管理的角度看，加强绩效评估、实施绩效预算、提高政府绩效管理水平，已成为世界上主要发达国家政府改革的潮流，也是我国实现社会和谐发展的迫切需要，是转变政府职能、建立服务型政府和落实科学发展观的必然要求。

20 世纪 90 年代以来，为适应社会主义市场经济发展和建立公共财政体制的要求，我国政府做出了深化预算管理制度改革的重要决策。我国政府以公共财政为指导，以公共服务均等化为目标，围绕着财政资金分配和使用的规范性、安全性及有效性这一主线，积极推进部门预算改革，初步确立了与公共财政框架相适应，预算编制与执行相制衡的预算管理体系。依照"公开透明、完整统一、科学规范、廉洁高效"的原则，通过部门预算、收支两条线、国库集中收付制度、政府采购制度、政府财政管理信息系统等预算管理制度改革，初步建立起一套编制有标准、执行有约束、绩效有考评的较为科学规范的现代预算管理制度。

近年来，部门预算改革已得到积极推进，根据预算改革的发展要求，财政部于 2007 年试点颁发了《中央级民口科技计划（基金）经费绩效考评管理暂行办法》，在科技经费管理领域，以开展绩效评估为突破口，推动了绩效预算的实施。因此，建立博士后基金项目绩效评估机制既是基金管理工作发展的需要，也是适应财政绩效预算改革的必然要求。

通过开展博士后基金项目绩效评估，可以系统总结基金资助的人才效益和社会效益，把握基金资助目标的实现情况及在国家人才战略和科技战略实施中的定位和作用，了解基金发展的新需求，发现基金资助管理和项目执行中存在的问题，为争取财政的更大投入、调整资助政策、改进管理、提高资助效益、扩大基金工作的社会影响等提供决策支持。

1.2　国内外研究现状

博士后制度起源于美国的约翰·霍普金斯大学，自此之后，德国、日本、英国、加拿大等国先后发展出博士后制度，与原有的人才培养制度一起，为科技创新做出重大贡献。我国的博士后制度始建于 1985 年，随后设立了博士后基金。对博士后制度、博士后基金及其他相关方面的研究主要包括博士后制度的发展、中外博士后制度的比较、博士后基金及其评价（评估）等。

1.2.1　博士后制度

博士后制度是源于大学自身科研发展的需要而创立的。美国博士后制度培养的人才在国家的科技发展、国际交流合作等方面做出了巨大贡献，之后世界各国纷纷效仿美国建立符合本国国情的博士后制度，包括培养本国研究人员及引进国外的博士后，与原有的人才培养制度一起为科技创新提供人才支撑。

国外学者对博士后制度的研究主要集中在博士后制度的发展，以及博士后的培养和质量等方面。Moguerou（2005）讨论了欧洲科学工程博士与博士后教育的最新进展，认为欧洲应该注意博士与博士后学位的数量和质量，以及博士后人才外流的问题。Davis（2006）对博士后的工作条件和科研产出进行了评价，包括博士后的薪酬待遇、福利、管理体制及个人是否有自由发展空间几个方面，对如何提高博士后的能力提出意见与建议。Zubieta（2009）研究了博士后的流动性对学术成果的影响，发现两者之间存在正相关关系，国际博士后人才的流动具有很大的优势。Borrego 等（2010）从性别角度分析了博士后的科研产出，结果表明女博士在博士后期间没有科研产出的比例明显高于男博士。Brian 和 Lefgren（2011）研究了美国博士后接受美国国立卫生研究院（National Institutes of Health，NIH）资助后对其出版物和引文的影响，结果表明接受 NIH 的资助会使博士后的研究生产力上升 20%。

国内学者对博士后制度的研究主要集中在博士后制度的演进及发展，博士后的学科、地区等分布情况，以及在博士后制度发展过程中所存在的问题，并提出相应的意见与建议。中国目前已经形成了较为完善的博士后制度体系，在发展中也较好地起到了培养人才和选拔人才的作用（杨昌勇，程瑞芳，2012）。中国博士后制度的发展过程可以分为初创（1985～1987 年）、高速成长（1988～1997 年）及成熟（1998 年至今）三个阶段，在 30 多年的时间里，中国博士后人数不断增长，质量也有所提高，在管理方式和手段上不断改进，博士后制度已经成为培养人才的一种有效制度。中国博士后制度的建立属于国家主导的计划模式，在急需人才的情况下建立，试图获得社会效益，但忽视了自身微观机制的建设（刘丹华，2004）。中国博士后制度中仍然存在学科、地区、资助等分布不均衡的问题（韩东林，2007）。此外，审批、管理制度相对落后，科研经费投入不足，以及考核评价体系有待完善也是博士后制度亟待解决的问题（秦亮生，2009）。在博士后制度运行中，管理模式以计划为主，各设站单位博士后指标不足，对博士后定位的认知不统一，进站标准和出站要求不统一，与企业缺少联系，这些问题都导致了制度运行效率低下，成本不断上升（王建民，2001）。

对于博士后制度政策，国内学者主要从博士后政策的制定、执行和评价情况方面进行研究，采用理性分析、渐进主义、多源流及经营理论对博士后政策进行分析（许士荣，2010）。对博士后制度进行的评价多以内部评价为主，缺乏标准和方法的多样性，缺乏第三方评价机构，博士后制度相关利益群体及相关外部环境很少被纳入评价体系中。此外，考核与评价的范围太窄、程序不够规范、标准不够公平等也是博士后制度评价中存在的问题（金家新，易连云，2011）。对博士后制度评价的失效导致管理上不规范、资源利用无效率及质量低于要求等问题，使博士后培养机制未能充分发挥其应有的效用。

国内学者对博士后科研能力的研究指标主要可以分为论文、专著、项目、奖励及应用成果五个方面，针对不同的研究方法选取不同的研究指标。王修来等（2009）采用论文发表、课题申报、专著、会议、企业研讨会及经济成果等指标，用三角模糊数的方法对博士后的科研成果进行评价。王可俐等（2008）运用双因素理论和目标管理方法，建立了包括思想品质、研究思路和方法的创新性、研究进展报告、课题申报和论文、协调合作能力及英语表达能力等考核指标的研究人员考核评价体系。在对博士后科研能力的评价中，论文是必选的指标，包括论文数量、论文质量（如 SCI 论文数量、核心期刊论文数量、论文影响因子等）。但是，在目前各流动站/工作站的评价体系当中，考核指标仍不全面与不统一，导致考核的不公平与不合理，需要进一步研究全面、细化、有共通性的考核指标。博士后制度的管理及运行、经费投入等方面会对博士后的科研能力产生影响，如跨学科制度会比未跨学科更有利于科研创新能力的提升（邢新主等，2008），博士后在不同类型学校之间的相互流动可以提升科研创新能力（柳卸林等，2009），院士导师人数、设备配套投入和年人均经费配套对博士后成才有明显的积极影响（吴小颖，2011），经费资助对博士后科研能力的影响并不显著，经费使用效率有待提高（张玉韬等，2010）。影响博士后科研能力的因素有很多，但目前缺乏合理的对博士后科研能力的评价方法，对于博士后科研能力考核指标的选取也不统一，研究合理有效的博士后科研能力绩效评价方法体系迫在眉睫。

国内学者对于中外博士后制度比较所进行的研究主要是比较中国和美国的博士后制度，原因是美国博士后制度起步最早，相对比较成熟，而且中国博士后制度是模仿美国建立的。与国外相比，中国起步较晚，初期模仿国外的形式，根据自身的国情不断改进，但仍有很多不足之处，在平衡学科分布、拓宽经费来源、加大国家资助力度、增强管理组织结构灵活性及促进人才国际化等方面可以借鉴发达国家的经验，使博士后制度能够真正发挥作用。中外博士后制度的相同之处在于：①各国设立博士后培养制度的目的都是培养、发展人才，满足社会发展对于人才的需要；②各国都不允许博士后长期留在工作站/流动站中，博士后必须具有流动性；③经费来源多样化。美国博士后制度和日本的特别研究员制度都有设岗灵活、形式多样、申请经费、自由选岗、注重学科交叉和学术交流的优点（赵娟娟，2003）。美国博士后培养事业是学科研究深化的结果,其博士后学科专业主体包括自然科学(physical science)领域、医学(life sicence)领域和工学(engineering)领域,存在的主要问题是缺乏国家、科研机构层面的统一政策(范德尚,2010)。美国博士后大部分是外国籍,经费资助来源于国家、工业界等多方组织机构,博士出站后的主要去向是教育部门和企业(张伟娜,王修来,2011)。

与国外博士后制度的不同之处在于,中国博士后制度由国家主导,相对于美国而言在国家层面的统一管理上是有一定优势的,但在岗博士后总人数、博士后质量与美国仍有很大差距,美国的博士后培养目的更多样。此外,中国博士后制度在管理上不够灵活,缺乏变通,对博士后的资助形式少,大部分还是靠博士后与合作导师自费完成科研项目,并且对获资助人员的资助力度小,国家对博士后日常经费投入不足,博士后基金投入不足,远远比不上发达国家的博士后经费投入保障体系(韩东林,2008)。在中国进行博士后科研工作的主要是本国人士,缺乏人才国际化的发展方式,博士出站后的主要去向是高校和科研院所,对于实际的技术改进和发展作用并不明显。很多博士后站开设后出现"空壳化"现象,企业博士后站的这种现象尤其严重,博士后与企业之间缺乏相互了解,导致企业设立的博士后站不能满足博士后科研的需要,博士后大部分回流到高校和科研机构(姚明芳,2009)。

1.2.2 博士后基金制度

博士后基金制度作为一种培养年轻高层次人才的制度,为促进各国教育、科技、经济及社会发展,培养高水平的科研和管理人才发挥了重要作用。本小节从资助定位、资助类型、资助体系及资助成效几方面对美国大学或政府基金资助、日本特别研究员资助、德国洪堡基金资助、欧洲联盟(简称欧盟)玛丽·居里夫人计划等进行梳理和分析。

博士后基金会是专门资助博士后的机构,旨在资助博士后中的佼佼者完成科研任务,迅速成长为高级人才,为国家的科研与人力资源发展做出贡献。博士后基金经历了30多年的发展,可以分为创设(1985~1987年)、规范(1988~2001年)、改革(2002年至今)三个阶段。博士后基金资助金额不断提高,申请资助的博士后人数也不断增加,博士后基金投入小、风险小、回报高,取得了显著的成效（纪子英，吕蕾，2006），在国家人才培养体系中发挥的作用逐步增大，具有"种子基金"的特性。但是，博士后基金仍存在需要改进的地方：基金资助力度小，资助强度低；缺乏经费来源，博士后开展创新性和自主性科研工作的经费尤其缺乏；对博士后基金的使用绩效缺乏有效的评价体系；每批人员从申请到评审结束需要半年的时间，评审周期长导致基金的效益可能根本无法实现（冯支越，2004）；基金资助存在地区上的不平衡，西部城市资助远远少于东部城市的资助，学科上不平衡，重理工，轻文史教（史万兵，李倩，2009）。

1.2.3　绩效评价（评估）的主要方法

20 世纪初，美国国会研究服务部（CRS）针对关于科技方面的问题进行研究和评价，被认为是科技评价的起源。此后，世界上很多国家都开展了科技评价活动，从立法和制度上都保障了科技评价的实施。国内外学者对科学绩效的评价研究在定性分析方面主要有同行评议法、德尔菲法及案例分析法。世界上很多科学基金采用的评价方法都是定性分析，如美国国家科学基金会（NSF）和德国德意志联合研究会（DFG）。同行评议是应用最为广泛的定性分析方法，现在同行评议的发展趋势是网络化、国际化，并且学者们也开始注重针对评审专家的选择问题。也有学者应用德尔菲原理建立高效的科研绩效评价指标，运用案例研究对科学基金的绩效进行评价。定量方法则主要是计量学和综合评价法，这两种方法被广泛应用于科研绩效的定量分析中，如用综合评价法对大学的科研效率进行评价、对科研团体的科研效率进行评价等；用文献计量对学科发展情况进行评价、对科学研究的领域前沿进行评价等。

上述科技评价方法也存在一些弊端。同行评议法是目前科技评价中应用最为广泛的方法，但评议过程中可能会出现人情关系网、"马太效应"等问题。德尔菲法可以广泛收集专家的意见，但具有较强的主观性。层次分析法（AHP）较简单，易于理解，误差小，但不可避免地会受到评价者主观因素的限制，而且不能解决不确定性问题。模糊综合评价根据模糊数学中的隶属度理论将不确定的定性评价转化为定量评价，能够较好地解决难以度量的问题，但是不能解决评价指标之间的信息重叠、冗余问题。证据推理法将定性分析与定量分析相结合，有专门的软件来解决其复杂的运算问题，但这种方法需逐层进行信息传递，易造成信息流失。此外，BP 神经网络、灰色关联分析、灰色聚类分析等方法也被广泛应用于科技水平的评价中。目前国内外学者对于科研绩效评价做的研究主要集中在评价方法的研究与改进上，运用各种方法通过定性分析、定量分析或定性与定量相结合的方式对科研绩效进行评价。科研资助机构通过有效且合理的评价模型或方式对科研项目及自身进行评价，既可以推动自身发展，也有利于科学的进步与发展。

张凤珠等（2010）选取典型案例通过案例研究来对国家自然科学基金的绩效进行评价，并对国家自然科学基金委员会医学科学部的绩效做了实证研究。案例研究适合时间跨度比较长的项目评价，可以在进行绩效评价时提供有力的证据支撑。张清（2011）用模糊综合评价法对青年教师科研基金项目进行评价，为高校青年教师科研基金项目提供了较为科学的评价方法。张利华和肖健（2011）采用模糊综合评价法来评价北京市海淀区科技项目的科研绩效，对地区科技资源的优化配置有重要的现实意义。这种方法根据模糊数学中的隶属度理论将不确定的定性评价转化为定量评价，能够较好地解决难以度量的问题。龚芳（2008）采用证据推理对省级自然科学基金项目进行评估，并与专家评议和 BP 神经网络得到的结果做比较，表明证据推理在科技项目评价上是适用的。周光中（2009）针对评审专家选择的不确定性和复杂性，构建了基于 D-S 证据理论的多遴选指标层次结构模型。证据推理法同样将定性分析与定量分析相结合，而且有专门软件 IDS 来解决其运算问题。

计量学包括科学计量、文献计量和经济计量三种。其中文献计量法是用文献作为评价指标，包括文献数量、引文、被引频次等指标，可以反映文章的数量和质量。1926 年，洛特卡通过对某领域的作者发表文章数量的分布情况进行分析研究，提出了洛特卡定律；1933 年，齐普夫提出了齐普夫定律，来表征论文中的词频分布；1939 年布拉德福提出了某领域的论文在期刊中的分布定律，称为布拉德福定律。这三大定律奠定了文献计量学的基础。文献计量法主要利用论著的数量与分布、论文引证、论文引用率、论文平均被引次数等文献特征。该法可以用来计量的对象包括论文、专著、专利的数量，文献被检索系统收录情况，以及文献被引用情况等，还可以引入某些衍生指标，如获奖情况等。

目前文献计量法已经成为重要的科技评价分析工具之一。He 等（2005）用文献计量法对中国的生物和化学研究进行评估。Jarnevnig（2005）采用文献计量法来说明科学前沿问题，即利用文章的联合引用及书籍目录中的相关引用对科学研究前沿进行说明。Magnus 和 Daniel（2008）采用论著总数、论著被 SSCI 的引用数等 7 个定量指标对瑞典经济学教授的绩效进行评估，结果表明由定量指标不同而导致的排名差异非常大。侯跃芳（2004）对国家自然科学基金资助的"胃癌"专题项目进行文献计量研究，得到项目资助期、资助结束后近期的论文产出和影响力均比项目获得资助前高等结论。刘仁义（2007）在对高校教师进行科技绩效评价过程中，采用文献计量法对高校教师论文、著作情况进行评价。向节玉（2008）运用文献计量法中的作者共被引分析方法和词频统计方法并结合多元统计分析方法对我国知识产权研究状况进行调研，结论包括：我国学者对知识产权的研究已经处于一个比较稳定的研究阶段，但是研究主题呈现不均衡性；知识产权研究领域的热点问题不断变化；学科格局有待进一步调整等。蔡乾和和陶蕊（2012）从 SCI 论文产出、影响力、国内外比较等角度对科学基金资助的 SCI 论文进行计量学分析，运用文献计量法评估科学基金资助对知识创新的绩效，发现科学基金资助有利于 SCI 论文的产出，但论文影响力提升不足。

　　传统的经典评价方法虽然有优势，但是随着科学和技术的发展，在其应用过程中也产生很多问题，学者们开始注重对传统方法的改进，使其能够有更强的适用性，因此出现了很多综合评价方法。博士后基金有其独有的资助特点，一般科学基金对项目有持续的资助，延续时间比较长，但是，博士后基金只是在项目伊始提供资助，一次性将资助金发放，更多是起到"种子基金"的作用。针对这种特点，本书选用基于"关键议题—证据"的循证设计作为博士后基金整体绩效的评估方法，选用综合加权评价法作为博士后基金项目绩效的评估方法，用文献计量法对获博士后基金资助者的文献进行统计分析，为博士后基金项目的绩效评估作辅助分析。

第 2 章　博士后基金资助现状
与绩效评估需求分析

2.1　博士后基金资助现状分析[①]

博士后基金创立于 1985 年，是由著名科学家李政道先生倡议，邓小平同志决策，国家拨专款设立的，用以鼓励和支持博士后中有科研潜力与杰出才能的优秀年轻人才，使他们顺利开展科研工作，迅速成长为高水平的专业人才。基金成立 30 多年来，资助方式、资助力度等随宏观经济社会发展几经变化，资助覆盖面、资助额度等渐趋稳定。1990 年中国博士后科学基金会成立，旨在做好对博士后基金的评审、管理和使用工作，开拓多种渠道，扩大基金来源，便于同国内外基金组织进行交流与合作。截至 2014 年，博士后基金已累计资助63 批博士后研究人员，其中面上资助 56 批，特别资助 7 批，累计资助 47 549 名博士后，总资助金额超过 21 亿元。

2.1.1　博士后基金的管理体系

目前由人社部主管全国博士后管理工作，负责制定全国博士后管理工作的政策、规章、规范并组织实施。其他相关机构的主要职能如下。

1. 全国博士后管理委员会

全国博士后管理委员会（简称全国博管会）是 1985 年 7 月国家为有利于博士后工作的开展，经国务院批准成立的。它由国务院人事、科技、教育、财

---

① 本章所述现状截至 2014 年。

政等有关部门、有关地区的负责人和专家组成，负责对全国博士后工作中的重大问题进行研究决策和协调。全国博管会主任由人社部主要领导担任。

全国博管会下设若干个学科专家组，每个专家组都由学术水平高、有名望、熟悉国内高等学校和科研机构情况的专家组成。专家组的主要任务是在全国博管会的领导下，对申请设站的单位进行评审。

2. 全国博士后管理委员会办公室

全国博士后管理委员会办公室（简称全国博管办），设在人社部专业技术人员管理司，在人社部和全国博管会的领导下，具体负责全国博士后工作及综合管理事务。

3. 中国博士后科学基金会理事会

1990 年，为加强对博士后基金的管理与有效运作，进一步扩大基金来源，由中国人民银行批准，成立中国博士后科学基金会。博士后基金会是在中华人民共和国民政部注册的非营利机构，具有独立法人地位，受全国博管会领导。

博士后基金会实行理事会领导下的秘书长负责制，中国博士后科学基金会理事会（简称博士后基金会理事会）是博士后基金会的直接领导机构。理事会设理事长 1 人，副理事长 2~3 人，由未担任政府行政职务的专家担任。理事长、副理事长和理事均由全国博管会聘任。著名物理学家、诺贝尔物理学奖获得者李政道先生受聘为理事会名誉理事长。

理事会的具体职责是：制定和修改章程，制定基金会的工作方针和目标；审查批准博士后基金存款、贷款和投资规划及年度资助计划；审查批准筹集资金、扩大基金来源的方案；审定秘书长提出的工作报告及制定的重要规章制度。

4. 中国博士后科学基金会办公室

中国博士后科学基金会办公室是基金会的日常管理机构，设在人社部留学人员和专家服务中心。博士后基金会实行理事会领导下的秘书长负责制，秘书长由全国博管会任命。办公室负责博士后基金的管理，并受全国博管会的委托，承担博士后工作的日常管理事务。

5. 设站单位

设站单位具体负责本单位博士后管理工作，明确博士后工作主管部门，具备一定招收规模的单位可设立博士后管理办公室并配备专职管理人员；按照国家有关博士后工作的政策规定，制定本单位的管理实施办法。

图 2-1 为中国博士后科学基金管理体系。

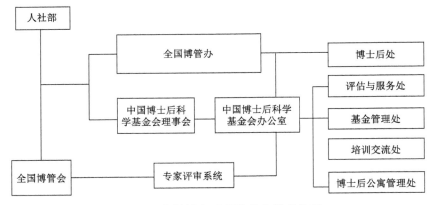

图 2-1　中国博士后科学基金管理体系

2.1.2　博士后基金的资助体系

博士后基金会在全国博管会的领导下，具体负责博士后基金资助的评审、跟踪问效和经费管理等工作。根据《博士后事业发展"十二五"规划》，中国博士后科学基金会以中央财政拨款为主导，多层次配套、多元化投入，推进基金资助工作的信息化，提升基金资助及管理工作的科学化水平；完善基金评审机制，进一步规范基金资助经费的使用，实施基金资助效益评估，不断提高基金资助效益。

1．基金类型

目前，博士后基金资助主要包括面上资助和特别资助两种类型。2013 年启动国际交流项目、国际会议项目、香江联合资助等。2014 年，启动"西部地区人才资助计划"，2015 年启动"优秀学术专著出版资助"。

面上资助是对博士后从事自主创新研究的科研启动或补充经费。在博士后进站人数的规模之内，面上资助比例为当年进站人数的 1/3 左右，按照资助比例确定资助额度。资助强度划分为 8 万元和 5 万元两个档次。对从事基础研究、原始性创新研究和公益性研究，以及中西部等艰苦边远地区的博士后资助给予适当倾斜。特别资助是对在站期间取得重大科研成果和研究能力突出的博士后的资助。特别资助给予每人一次性 15 万元的资助。目前每年资助 1000 人左右。

面上资助工作每年开展两次，特别资助工作每年开展一次。

2. **基金申请**

博士后申请面上资助，先由个人提出申请，经专家推荐和所在设站单位审核，签署意见后报中国博士后科学基金会。博士后申请特别资助，先由个人提出申请，经专家推荐和所在设站单位审核后，向中国博士后科学基金会推荐候选人。面上资助和特别资助的申请条件如下。

1）面上资助：在站博士后；具备良好的思想品德、较高的学术水平和较强的科研能力；进站后一年半内可多次申请[①]，每站只能获得一次面上资助；申报项目应具有基础性、原创性和前瞻性，具有重要科学意义和应用价值，且为本人承担；不限制申报人数。

2）特别资助：进站满 4 个月的博士后[②]；申请人有突出的学术水平和研究能力，发展潜力大，有创新思维，在站期间的创新研究工作展现出良好前景；申报项目可以是获得博士后基金面上资助项目的延续和深化，但必须有明确的创新点或创新成果；申请人需由设站单位、有关省（自治区、直辖市）及部门择优推荐；具备获得中国博士后科学基金面上资助，或者获得国家自然科学基金、国家社会科学基金等资助，作为主要研究人员参加"863""973""国家知识创新工程"等重大科技项目，获得省部级以上科技奖励或学术荣誉称号，设站单位引进的优秀留学人才，设站单位重点培养的学术技术带头人后备人才等条件的博士后可优先获得推荐；申报上半年面上资助的博士后不得申报本年度特别资助；每位博士后每站只能获得一次特别资助。

3. **基金评审**

面上资助一年评审两次，上半年一次，下半年一次，具体申报时间以博士后基金会通知为准。特别资助每年评审一次，一般在上半年开展。基金资助按学科实行同行专家评审机制。面上资助采用专家函评的形式评审，特别资助采用专家函评与会评相结合的形式评审。评审专家对申请者的研究基础、研究方法、研究思路、支出预算和创新能力等方面做出分析判断，评审出具有发展潜力和创新能力的博士后，予以资助。专家评审坚持严格的专家评审

---

① 2014 年之前申请条件为"进站后至出站前半年内"。

② 2014 年之前申请条件为"进站满 8 个月"。

制度及评审纪律，执行回避制度、保密制度和公示制度。通讯评议和会议评议的程序如下。

1）通讯评议。根据国务院学位委员会办公室（简称国务院学位办）划分的 12 大门类 89 个一级学科及对应的二级学科，按博士后本人填报的二级学科进行分组；根据申报材料的学科分组情况，由计算机从已经建立的评审专家库中随机自动抽取 7 名同行专家；专家根据评审要求和打分标准，对博士后按百分制打分，打印打分表并签字确认后，函寄博士后基金会；博士后基金会对专家评审结果原件进行核对，并进行汇总，计算每位博士后的平均得分，按得分在学科组内部进行排序；根据当年资助计划计算出获资助人员的比例，确定每个学科组获资助人数，分数由高到低排序，确定每个学科组获资助人员名单；秘书长办公会议对评审工作各环节进行审核后，提交博士后基金会理事会审核。

2）会议评议。博士后基金会按参加会议评议人选的一级学科分布和参评人数，将相近学科合并为一组；每组对应一级学科聘请同行评审专家；召开专家评审会，专家经过审阅材料、评议、投票等程序，按照一定比例确定拟资助人员。

4. 基金使用

资助金的开支范围包括科研必需的仪器设备费、实验材料费、出版/文献/信息传播/知识产权事务费、会议费、差旅费、专家咨询费、国际合作与交流费和劳务费。用于参与研究过程且没有工资性收入的相关人员（如在校研究生）和临时聘用人员的劳务费支出不得超过资助金总额的 30%。

设站单位对资助金单独立账，代为管理，对资助经费的使用情况进行审核和监督。博士后出站时，资助金结余部分应当收回博士后基金会，由博士后基金会按照财政部关于结余资金管理的有关规定进行处理。资助金获得者因各种原因中途退站的，设站单位应当及时清理账目与资产，编制财务报告与资产清单，按程序报博士后基金会。结余资助金收回博士后基金会，用资助金所购资产收归设站单位所有。申请人有剽窃、弄虚作假等违反学术道德和知识产权规定行为的，不得获得资助；已经获得资助的，撤销资助，追回已拨付的资助经费并给予通报。

获资助的博士后出站时须向设站单位提交资助总结报告。设站单位每年应向博士后基金会提交资助金使用效益情况的报告。资助金获得者在公开发表资助成果时，应标注"中国博士后科学基金资助项目"（China Postdoctoral Science Foundation Funded Project）。

5. 基金发展

从 1985 年博士后基金设立发展到现在，博士后基金的主要特点包括基金拨付方式不断变化、基金资助强度不断提高和资助种类不断丰富。

1985～2002 年，以本金利息作为资助金。此阶段，博士后基金资助金主要以基金本金每年的存款利息或投资收益作为当年的资助金。国家财政累计投入基金本金 5130 万元，实际用于博士后的资助总金额为人民币 4695.1 万元（含 235.7 万美元）。

2003～2005 年，以本金利息和国家财政拨款相结合作为资助金。在保留保本取息运作模式的同时，建立国家财政年度拨款的资助制度，并确定了基金资助经费逐年递增的原则。此阶段，国家财政累计拨款 4500 万元，实际用于博士后的资助总金额为 4948 万元。

2006 年以来，以全额财政拨款作为资助金。截至 2013 年，国家财政累计投入 17.16 亿元，全部用于对博士后的资助。

博士后基金资助发展历程如表 2-1 所示。

表 2-1　博士后基金资助发展历程

年份	等级	金额	备注
1985～1996 年	两等	A 等：人民币 1 万元和外汇 2000 美元 B 等：人民币 0.5 万元和外汇 1000 美元	—
1997～2002 年	两等	一等：2 万元人民币 二等：1 万元人民币	取消外汇资助
2003～2005 年	三等	一等：3 万元人民币 二等：2 万元人民币 三等：1 万元人民币	
2006～2011 年	两等	一等：5 万元人民币 二等：3 万元人民币	2008 年起增加特别资助项目 10 万元/人
2012 年至今	两等	一等：8 万元人民币 二等：5 万元人民币	2012 年起特别资助项目调整为 15 万元/人

1985～2007 年，博士后基金只实施面上资助。面上资助是博士后从事自主

创新研究的科研启动或补充经费。随着社会经济的发展，申请博士后基金资助的人越来越多，原有的资助类型已经不能满足需求，因此从 2008 年至今，除了面上资助，博士后基金提出特别资助类型。特别资助是对在站期间取得重大科研成果和研究能力突出的博士后的资助。特别资助给予每人一次性 10 万元的资助。2012 年起调整为每人 15 万元。

2.1.3　博士后基金的发展阶段

博士后基金，作为博士后制度的重要组成部分，得到邓小平同志的积极支持。多年来，博士后基金所资助的在站博士后积极进行科研探索，为促进我国科技事业的发展与进步做出了巨大的贡献。回溯 30 多年博士后基金的发展历程，主要经历了创设、规范和改革三个阶段。

1. 创设阶段（1985～1987 年）

1985 年 7 月，国务院正式批准在中国试行博士后制度的报告，并成立了全国博管会来具体管理中国博士后事业。1986 年 10 月，全国博管会召开的第四次会议通过了《国家博士后科学基金试行条例》。1986 年 11 月 12 日，国家科学技术委员会（简称国家科委）批准发布《国家博士后科学基金试行条例》，这标志着博士后基金正式运行。1987 年 3 月，全国博管会召开第五次会议，审批通过首批博士后基金获得者及资助金额，并通过了《博士后经费管理使用暂行规定》等文件。这些规范性文件和基金资助的正式开始表明博士后基金制度初步形成（表 2-2）。

表 2-2　博士后基金创设阶段的相关文件

文件名称	文号	颁布时间
国家科委关于印发《国家博士后科学基金试行条例》的通知	（86）国科发干字 0802 号	1986 年 11 月 12 日
国家科委关于印发《博士后经费管理使用暂行规定》的通知	（87）国科发干字 0270 号	1987 年 4 月 28 日

博士后基金最初设立时，财政部拨出 2000 万元专款，利用其投资收益对博士后进行资助。在当时的经济发展水平下，博士后招收规模较小，不仅获资助博士后比例非常高（1989 年高达 74.48%），实际资助总额最高可以达到人

均 2 万元左右的资助水平，基本能够满足博士后大部分科研需求。

博士后基金初步设立阶段，其政策主要是关于博士后基金制度的初步建立，明确了设立基金的目的、基金来源等，并且在这一阶段对博士后资助比例较高，资助金额较大，能够满足博士后科研需求。

2. 规范阶段（1988～2001 年）

1988 年 5 月，根据国务院机构改革的决定，博士后管理工作由国家科委划转人社部进行归口管理。人社部将博士后工作作为高层次人才队伍建设的重要内容和有效手段，组织协调中央和地方各有关部门改革管理体制，完善政策措施，加大投入力度，扩大设站和招收博士后人员的规模。1989 年 5 月成立博士后基金会及博士后基金会理事会，并将"国家博士后科学基金会"改名为"中国博士后科学基金会"。1993 年 6 月，博士后基金会第二届理事会通过《中国博士后科学基金资助条例》；1996 年 11 月，在总结以往经验的基础上，广泛征求各方意见，博士后基金会第三届理事会通过了新的《中国博士后科学基金资助条例》。该条例对 1993 年的"条例"进行修改，第一次将博士后基金确定为"是一种带有补助性质的科研工作基金"。同时，全面修正了基金的申请、评审和管理使用的有关规定，缩短博士后基金的申请期限。经过此阶段的调整和发展，博士后基金的运作也逐渐规范化、制度化（表 2-3）。

表 2-3　博士后基金规范阶段的相关文件

文件名称	文号	颁布时间
《中国博士后科学基金资助条例》	中博基字〔1993〕9 号	1993 年 9 月 9 日
《关于印发〈中国博士后科学基金资助条例〉的通知》	中博基字〔1996〕5 号	1996 年 12 月 10 日

博士后基金规范阶段，其政策主要是调整并完善基金的申请、评审和管理规定，努力使基金运作规范化、制度化。

3. 改革阶段（2002 年至今）

2002 年以前，博士后基金的资助水平基本不变，但飞速发展的经济及迅速提高的居民收入水平使这一资助额度越来越显得力度不足。同时，博士后事业也呈加速势头，各种政策的支持及实际需要都促使博士后站设站数量、博士后招收数量迅速增长，博士后获资助比例从 1997 年开始直线下滑，2002 年跌至

14.26%。资助比例及强度的大幅降低，使基金受重视程度越来越低，申报比例越来越低，极大弱化了基金的作用。

按照我国市场经济发展的新要求，博士后基金进行了相应改革。2002 年年底，财政部批复同意将"主要以本金运作收益作为博士后基金资助金"的方式改为"基金本金保本取息与国家年度预算拨款相结合"的资助方式。这种新方式，既保证了对博士后基金的稳定投入，缓解了当时博士后的资助范围和资助强度等的问题，又积极探索市场化的融资渠道，广泛吸引社会团体、个人积极投资博士后基金。这一阶段，博士后基金真正尝试建立以国家财政投入为主的投资主体的多元化市场机制。博士后基金改革阶段的相关文件如表 2-4 所示。

表 2-4　博士后基金改革阶段的相关文件

文件名称	文号	颁布时间
《关于发出〈中国博士后科学基金评审资助问题调研函〉的通知》	中博基字〔2004〕19 号	2004 年 9 月 20 日
《关于印发〈中国博士后科学基金资助规定〉的通知》	中博基字〔2008〕1 号	2008 年 1 月 24 日
《关于进一步加强中国博士后科学基金资助总结报告收集工作的通知》	中博基字〔2013〕13 号	2013 年 8 月 21 日

博士后基金改革阶段，主要改革基金资助方式，致力于建立博士后基金投资主体多元化的市场机制，保证博士后基金来源。

博士后事业发展的实践证明，博士后基金的建立，促进了"人才强国"战略和"科教兴国"战略的实施，在吸引、培养、使用高层次人才方面，发挥了独特的不可替代的重要作用，为中国经济社会发展做出了应有的贡献。

2.1.4　博士后基金的资助状况

自 1987 年博士后基金开始实施资助以来，博士后基金资助体现出以下三个特点：①资助金总额基本呈逐年走高的趋势，除个别年份略有下降外，其他年份都是比往年有所增加。从曲线整体走势看，资助金额呈走高趋势。②资助金总额呈现出三个明显的增长波段，2002 年、2005 年和 2011 年分别为不同增长波段的起点。③资助金总额增长呈现出由慢到快的特点。1987～2013 年的 27 年，博士后基金资助经费达到 17 亿元，如图 2-2 所示。

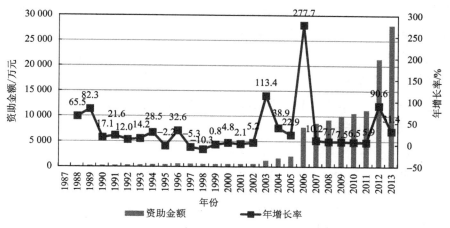

图 2-2　1987～2013 年博士后基金资助金额和年增长率

历年的申请人数与资助人数可以反映出博士后基金的影响力和申请难度。博士后基金的吸引力主要受到两方面影响：一是基金资助的强度；二是基金申请成功率。如图 2-3 所示，2005 年以前，除 1998 年申请人数、1991 年和 1997 年获得资助人数比前一年下降外，申请人数与获得资助人数基本呈增长态势。

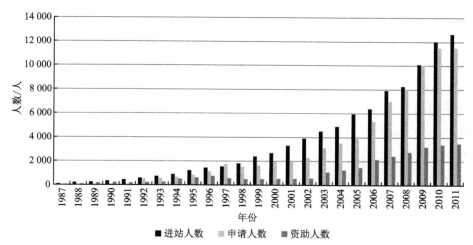

图 2-3　1987～2011 年博士后进站人数、博士后基金申请人数和获资助人数

博士后基金申请人数与资助人数及其比例可以从另外一个侧面反映博士后基金对博士后科研资助的吸引力。博士后基金的历年资助人数与当年进站人数基本呈正比发展。从第一次实施资助的 1987 年开始，当年资助人数约占当年进站博士后人数的 43%，1989 年创下资助面历史新高，达到74%。其后进入第一波下降通道，到 1993 年资助面为 35%后出现了反弹，到 1994 年资助面又上升为 57%。然后进入第二波下降通道，2002 年资助面更是创出历史新低的 14%，其后反弹到 2009 年的 32%，之后保持在 30%左右。如图 2-4 所示。

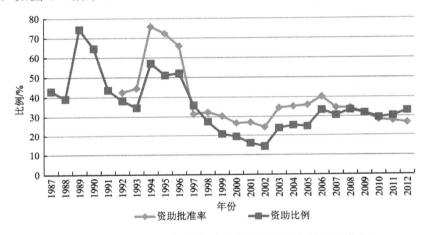

图 2-4　1987～2012 年博士后基金资助比例和资助批准率

资助批准率是指当年申请资助数与批准资助数的比例；资助比例是指当年资助人数与进站人数的比例

从历年资助面的变化中不难发现，博士后基金实施资助的 1987 年，设置的资助面为 43%，即符合进站条件的博士后基本有一半能够获得资助，而其后的资助面几乎呈现波动式下降趋势。1987～2011 年的 25 年资助中，只有 6 个年份高于创立时的资助面，其他年份都低于其资助面。同时，反映出博士后基金的资助面极不稳定，高的年份达到 74%，最低的年份仅为 14%，两者相差 60个百分点。

博士后基金特别资助是从 2008 年开始实施的一种新的资助制度，分析特别资助人数与进站人数之比，可以从另一个方面反映国家对博士后的资助力度。如图 2-5 所示，从 2008 年开始实施的博士后特别资助的比例由最初的 6.07%逐步提高到 2010 年的 6.96%，即博士后基金特别资助人数占到当年进站博士后人数的比例为 6%～7%，并呈现缓慢增长态势。

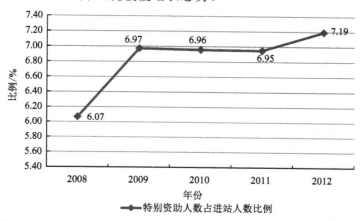

图 2-5　2008～2012 年博士后基金特别资助人数占当年进站人数比例

博士后基金资助最多的学科门类主要集中在工学、理学和医学类，文史教类的资助所占比例相对较小。其中，工学占到 34.40%，其次是理学（26.98%），然后是医学（11.11%），其他 9 类学科资助比例均低于 10%，如图 2-6 所示。

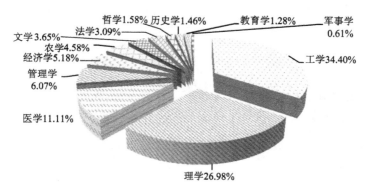

图 2-6　1987～2012 年博士后基金资助学科门类分布

如图 2-7 所示，1987～2012 年博士后基金获资助人员地区分布中，北京获资助人数达 11 109 人，是获资助人员最多的城市，占获资助总人数的 35.77%，上海、江苏、广东、黑龙江和湖北地区的获资助人员数占总获资助人员数的比例均在 5%以上，浙江、陕西、山东和辽宁地区的获资助人员数占总获资助人员数的比例均在 3%～4%，其他各地区所占比例均在 3%以下。

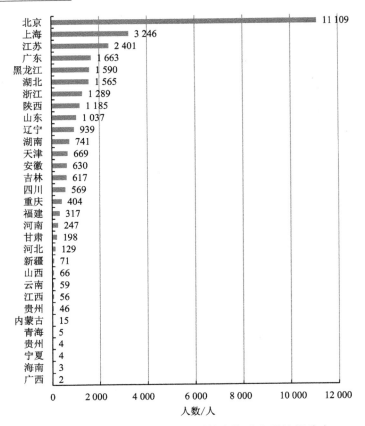

图 2-7　1987～2012 年获博士后基金资助人员地区分布

1987～2012 年，共有 1356 个单位获得过博士后基金的资助，其中大学 512 个，占获博士后基金资助单位的 38%；科研机构 719 个，占获博士后基金资助单位的 53%；企业博士后科研工作站 125 个，占获博士后基金资助单位的 9%（图 2-8）。

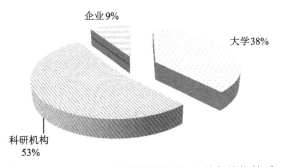

图 2-8　1987～2012 年获资助博士后所在单位性质

　　通过以上博士后基金资助现状的分析可以发现博士后基金资助的 6 个特点，如下。

　　1）博士后基金资助人数增长滞后于进站人数增长。从获得博士后基金资助人数与博士后进站人数来看，1987 年以来的 20 多年间，博士后进站人数增长了近 100 倍，增速显著。与此同时，获得博士后基金资助人数增长却相对缓慢。1990～1993 年，获得博士后基金资助人数年平均增长 9%，而同期博士后进站人数年平均增长 32%；1994～2002 年，博士后进站人数不断增长，年平均增长率达 20%，而同期获得博士后基金资助人数年平均增长率仅为 1%，相对于博士后进站人数的年平均增长率获得博士后基金资助人数几乎没有增长。从 2003 年开始，资助情况才有所改善。

　　2）获得资助人数与博士后基金申请人数比例总体呈下降趋势。从获得资助人数与博士后基金申请人数比例来看，1987～1988 年，资助比例在 40% 左右。1989 年，资助比例大幅增长，高达 74%；1990～1991 年、1994～1996 年也维持在 50% 左右的高比例，此阶段为资助人数与博士后基金申请人数比例历史上最高的阶段。1997～2005 年长达 9 年的时间里，资助比例均在 30% 以下；2000～2002 年，资助比例为历史最低，平均仅为申请人数的 16%；2003 年，资助比例有所增长，达 24%；2004～2005 年，资助比例基本与 2003 年持平；2006 年，资助比例增长到 33%，此为继 1996 年以后，资助比例首次突破 30%。2007～2012 年，资助比例保持在 31% 左右。

　　3）博士后基金历年的资助总额整体上呈逐年上升趋势。截至目前，博士后基金已先后资助 54 批，资助博士后 36 367 人，总资助金额 11.67 亿元。2006 年财政部批准设立特别资助，并于 2008 年启动第一批特别资助，现已资助 6 批，资助博士后 4716 人，总资助金额 56 170 万元。1985～2002 年的 18 年间，国家投入基金会本金 5130 万元，用收益资助支出 6522 万元，资助了 6207 人。2003～2005 年，博士后基金会利用国家财政预算拨款资助金额达 4948 万元，资助 3785 人，平均资助强度 1.31 万元。2006～2013 年，资助金额 16.01 亿元，资助人数 31 093 人，资助比例达进站人数的 31%，资助强度达 5.15 万元。

　　4）博士后基金资助强度仍然偏低。从博士后基金平均资助额来看，1987～1993 年，博士后基金平均资助额为 0.72 万元；1994～1996 年，博士后基金平均资助额为历史最低，平均资助额只有 0.36 万元；1997 年，博士后基金平均资助额首次突破万元大关，达到 1.01 万元；1998～2005 年，博士后基金资助人数不断增长，同时博士后基金总额也持续增加，这一时期博士后基金平均资助额保持在 1 万元左右，增长趋势平缓；2006 年，博士后基金资助总额空前高涨到 7788 万元，资助 2138 人，平均资助额达 3.64 万元，比 2005 年增长了 159.86%；2006～2013 年这一时期的博士后基金平均资助额为历史最高。虽然博士后基金平均资助额达到 7 万元，但是鉴于当前的物价、市场情况，仍不能完全满足博士后研究人员开展自主性、创新性科研工作的需要。

5）博士后基金在地域分布上不平衡。1987～2012 年博士后基金资助人数比例高的 10 个城市大多集中在我国东部地区，少数在中部地区，这 10 个城市的资助人数占据了总资助人数的 84.37%；资助比例在 1%～3% 的大都是中部城市；西部城市较少获得博士后基金资助。这说明，博士后基金的资助在地域上差异很大，经济发达地区获得资助人数多，经济欠发达地区相对较少，甚至没有。

6）博士后基金在学科分布上不平衡。自博士后基金制度实施以来，基金在学科上的分布非常不平衡，始终存在重理工、轻文史教的现象。1987～1990 年，非理工学科资助人数仅有总资助人数的 0.38%；1991 年，博士后基金资助名单中首次出现了农学和医学。1992 年，在社会科学领域设立博士后科研流动站的学科以经济学为主，加上法学、中国语言文学、外国语言文学和历史学，共 5 个一级学科。随着时间的推移，虽然博士后科学基金所资助的学科越来越丰富，但总体上还是以资助理工学科为主。

2.1.5　博士后基金的地位和作用

中国博士后科学基金资助对象是最富发展潜力和创新能力的年轻博士后人才，这部分人群正处于思想最活跃、最容易出科研成果的黄金年龄段，这一阶段也是最需要得到资助和激励的阶段，特别是刚毕业的博士进站后急需科研经费，而这部分博士后的科研经费往往来自合作导师课题费，在使用上有许多限制。博士后在站只有 2～3 年时间，由于其他基金资助的方向是科研项目，在完成时间、项目跟踪等方面都设有一些限制条件，博士后在站 2～3 年内很难申请到，博士后基金的设立填补了这一空白。中国博士后科学基金是设立时间较早、资助金额较少、专门为博士后开辟的科研资助通道，已经成为博士后自主开展高水平科学研究活动的重要资助途径。

与国家其他青年科技人才资助计划（基金）相比较，博士后基金有其独特的优势和特点。

一是为博士后人才成长提供公平竞争、脱颖而出的机会。处于学术生涯早期的博士后已经完成了严格的科研训练，但学术积累和研究经验相对较少，独立申请其他基金时，获资助机会很少。在我国，国家自然科学基金和社会科学基金都设有青年基金项目，支持青年科学技术人员自主选题，重点培养青年科技人员独立主持科研项目、进行创新研究的能力；资助对象为具有高级专业技术职务（职称）或者具有博士学位的人员，年龄限制为 35 周岁及以下（自然科学基金）和 39 周岁及以下（社会科学基金）。博士后人员满足申请条件，但上述两项青年科学基金项目的基金获得者主要是博士毕业 5 年左右（平均年龄为 32～34 岁）的副教授、副研究员，只有极少数博士后人员能够获得青年科学基金项目的资助。由于青年科学基金项目的执行期较长（国家自然科学基金为 4 年），博士后在站期间无法按时完成，这进一步增加了他们申请青年科学基金项目的难度。博士后科学基金的设立与运作，为自愿投身于科学研究事业的博士后提供了脱颖而出的重要机遇。

二是促进博士后研究人员积累独立组织科研工作的经验。当前，国内外研究资助机构都高度关注博士后人员的培养，设法为他们创造适当的研究培训和学术生涯发展的机会，为博士后人员提供一定程度的财务上的独立性，可以使他们有更多自由从事所在实验室已受资助研究课题之外的研究。我们在调研中发现，博士后和博士后合作导师都认为，博士后科学基金项目是"自己找题目，自己找方法，自己找答案"的一种有益探索，对于我国博士后成长为独立从事科学研究的科研人员有重要意义。

三是激发博士后人员的创新活力。我国要求博士后人员年龄须在 40 岁以下，目前我国博士后人员的平均年龄为 32 岁左右。处于这个年龄段的科研人员创新意识强，科研潜力大，具有一定的理论及学科功底。这一时期也是出成果特别是高难度创新成果多的黄金年龄段。如果此时没有较大范围地及时投入，将丧失极为宝贵的成才黄金期。由于出创新成果的科研周期较长，一般要资助 5 年以上才能取得重大进展，所以对这些人才的培养必须提前投入。

四是有助于博士后人员学术人格的养成和学术自信心的建立。大多数博士后的研究经费来源于合作导师的项目经费。科研机构和高校的项目负责人在取得政府或企业的研究项目或合同项目后,往往需要大批的博士后作为研究助手。这些博士后一般自己不能选择研究课题,他们的费用是在研究项目中支付的,并得到政府机构或合同方的认可。博士后在完成这些研究任务过程中,通常缺少自主性,也较难养成独立的学术人格。中国已进入自主创新发展的新阶段,高级人才较为匮乏,增加中央和地方政府部门对博士后研究经费的投入,改变目前中国博士后独立研究资助比例偏低的状况,有助于迅速培养造就中国经济社会发展所需要的高层次人才。

五是对博士后人员的科研经费投入有很好的投资长期回报预期。博士后基金受资助者是合作导师的科研主力,其受资助的博士后科学基金项目与合作导师的研究项目相互补充。博士后在承担博士后科学基金项目过程中,积累了自己感兴趣的研究问题和研究网络,这有利于他们在今后的科研活动中开展进一步的深入探索,具有很明显的"种子基金"特征。他们在完成博士后科学基金项目后,取得了许多重要的研究成果,有的成果在国内外产生了较大影响。

博士后基金以吸引、培养、使用高层次人才为宗旨,致力于为高层次人才提供强有力的制度保障和经费支持,为他们营造优良的科研、生活环境,为高层次青年人才的脱颖而出创造条件。博士后基金作为国家对博士后工作重要的调控和激励手段,对培养博士后创新人才和促进高层次人才队伍建设,起到了独特的不可替代的重要作用。

2.2 博士后基金绩效评估需求分析

近年来,博士后基金资助总额快速增长,资助强度明显提高,财政部、人社部等有关部门对博士后基金的发展给予了越来越高的关注并寄予厚望。随着博士后招收规模的扩大及国家对博士后培养质量要求的不断提高,无论是建设创新型国家、实施人才强国战略,还是促进博士后基金自身发展,都需要建立科学的博士后基金绩效评估体系,开展基金绩效评估工作。

2.2.1　国家财政绩效管理的要求

20 世纪 90 年代以来，为适应社会主义市场经济发展和建立公共财政体制的要求，我国政府做出了深化预算管理制度改革的重要决策。我国政府以公共财政为指导，以公共服务均等化为目标，围绕着财政资金分配和使用的规范性、安全性与有效性这一主线，积极推进部门预算改革，初步确立了与公共财政框架相适应，预算编制、执行相制衡的预算管理体系。依照"公开透明、完整统一、科学规范、廉洁高效"的原则，通过部门预算、收支两条线、国库集中收付制度、政府采购制度、政府财政管理信息系统等预算管理制度改革，初步建立起一套编制有标准、执行有约束、绩效有考评的较为科学规范的现代预算管理制度。

近年来，部门预算改革已得到积极推进，根据预算改革的发展要求，财政部于 2005 年制定《中央部门预算支出绩效考评管理办法（试行）》，2007 年试点颁发《中央级民口科技计划（基金）经费绩效考评管理暂行办法》（表 2-5），在科技经费管理领域，以开展绩效评估为突破口，推动了绩效预算的实施。2009年 6 月财政部又出台《财政支出绩效评价管理暂行办法》，并于 2011 年做了修订。出台该办法的目的是加强财政管理，科学合理地建立财政评价指标体系，提高财政资金的使用效率，对财政的投入和产出做出公正客观的评价。在该办法中，对绩效评价的原则、内容、目标，以及绩效评价指标、评价标准和评价方法等做了明确规定。在 2011 年的修订版本中，增加了对于部门整体支出的绩效评价，细化了绩效评价的工作程序，对于绩效评价结果的应用有了更为明确的目的导向。

表 2-5　财政支出绩效评价管理政策文件

颁布年份	文件
2005	《中央部门预算支出绩效考评管理办法（试行）》
2007	《中央级民口科技计划（基金）经费绩效考评管理暂行办法》
2009	《财政支出绩效评价管理暂行办法》
2011	《财政支出绩效评价管理暂行办法（修订）》

财政部关于部门支出绩效的评价体系包括七个方面的评价内容：基础工作

管理、绩效目标管理、绩效运行监控、绩效评价实施、评价结果应用、绩效管理创新及监督发现问题。评价指标包括：推进度、申报率、目标覆盖率、细化率、监控率、评价覆盖率、应用率、目标管理创新、评价推进创新、结果应用创新、违规率。该评价指标涉及部门的组织宣传等基础工作、项目申报与监控、项目实施及评价，以及达到的社会影响即创新等各个方面，比较全面地评价了部门资金支出的结果。科学化、精细化的管理不断促进财政资金的使用效益提高，绩效评价结果的应用也在一定程度上得到强化，但仍存在一些问题：财政的绩效理念尚未深入人心，存在"重分配、轻管理，重支出、轻绩效"的思想，绩效评价主体单一，评价指标体系的科学性及合理性不够等问题。

博士后基金作为财政支出的一个组成部分，虽然资助力度较小，但是对资金的运用管理也不可忽视。博士后基金目前尚未建立起统一的绩效评价体系，其资金的分配、管理及受资助者在获资助后所取得的成就是否达到了基金设立的目的及预期目标还没有一个有效的评价体系来进行评价。根据财政部的财政支出绩效评价管理的要求，博士后基金急需一个合理有效的绩效评价体系来体现资助基金的运用、使用效益，从而评判基金的资金是否能够达到优化配置，是否能够达到基金对人才的资助作用。因此，建立博士后基金绩效评估机制既是基金管理工作的发展需要，也是适应财政绩效预算改革的必然要求。

2.2.2　博士后基金发展的需要

截至目前，博士后基金资助已成为我国博士后事业的重要组成部分，与其他基金相比，博士后基金坚持对"人"的资助，支持创新，支持交叉学科研究，在促进新兴学科发育方面起到了积极的推动作用。但是也应该看到，博士后基金的发展还不适应博士后事业发展需要，基金在确立优先资助领域、扶持弱势学科、关注创新型研究等方面的灵活性不够，资助效率还有待提高；基金评审、经费管理和跟踪问效机制还有待进一步建立和完善。

2007 年，博士后基金会第四届理事会通过了《中国博士后科学基金资助管理规定》，规定要求对资助经费的使用管理情况进行监督检查，对基金使用效益进行评估，对获资助者的成长情况进行跟踪问效。《中国博士后事业发展"十二五"规划》提出博士后工作要坚持"扩大规模与提高质量相统一"，强调要将博士后人员的质量建设放在更加突出的位置。目前基金资助工作中一定程度上存在着重前期申请轻后期管理、重申请数量轻申请质量的现象，通过申请基金资助和开展资助项目对博士后研究人员进行科研训练的功能相对弱化，基金资助效益还有提升的空间。《中国博士后科学基金资助"十二五"规划》明确提出"十二五"期间的博士后基金资助工作坚持基金经费使用管理效率优先、审计监督、跟踪问效的原则，培养博士后创新人才，构建博士后基金资助完善的跟踪问效机制。因此，开展博士后基金绩效评估研究有其紧迫性和重要性。

2.2.3　博士后基金绩效评估的功能

以开展博士后基金绩效评估工作为抓手，提升博士后基金资助工作的管理水平。通过开展博士后基金绩效评估，可以深入分析资助工作中存在的问题，系统总结基金资助的人才效益和社会效益，不断校正基金资助目标，改进管理机制。

1. 全面评估基金运作过程，发现基金资助问题

博士后基金成立 30 多年来，没有进行过较为系统的绩效评价工作，对工作中问题的认识也只是来自自身的直观感觉和在工作中听到的各设站单位相关工作人员的反馈，缺乏科学、系统的评判，常造成有些问题发现不及时，改进不彻底，不能达到最佳效果。建立博士后基金绩效评估机制，可以及时了解基金运作的过程和结果，有助于我们对基金运行的全面把握，有助于我们更好地认识基金资助工作中存在的问题和不足，并及时改进。

2. 完善基金运作机制，保持基金良性运转

从世界范围来看，各类科研基金的运行几乎都包括绩效评估，绩效评估是基金运行整个过程不可或缺的有机组成部分。尽管由于博士后基金的特点及历史原因迄今未能建立绩效评估机制，但并不意味着博士后基金不需要进行绩效评估。相反，缺少绩效评估机制给博士后基金工作带来了一些不利影响，如对获资助博士后约束性差、对博士后的引导作用出现偏差、难以巩固基金的权威性等。因此，建立博士后基金的绩效评估机制，是使基金运作机制得以完善、使基金能够健康良性运转不可缺少的步骤。

3. 系统总结基金资助效益，扩大基金影响力

博士后基金成立 30 多年来，其主管部门财政部、人社部等部门都希望对

基金绩效有一个全面、清晰的认识，并以此为依据决定基金下一步的工作方向；同时，随着市场经济体制的不断完善、博士后制度的迅速发展，博士后基金资助已走进越来越多人的视野，社会公众对资助制度的效能也越来越关注，希望对资助的实际效果有更多的知情权。只有建立起基金资助的绩效评估体系，及时跟踪基金工作的各个环节，才能满足这些需求，并使基金工作得到更好的发展。

2.2.4 博士后基金绩效评估的特点

由于博士后基金的定位特点，对基金工作尤其是基金的资助效果进行评估也就与其他基金有很大不同，相应地，要面对其他基金不曾遇到的诸多难点与矛盾。博士后基金绩效评估主要呈现出以下两个方面的特点。

1. 博士后基金绩效评估周期长

对于博士后基金来说，最可能考虑到的长期评价就是获资助者在接受资助一定时间（如 3 年或 5 年）之后对其科研水平或科研成果进行评价。如果对博士后基金的实施效果进行短期评价，主要是考察博士后在基金使用完毕后取得了哪些成果，这些成果反映了基金投入的部分直接产出。但目前的两种博士后基金由于数额较少，一般不能支撑一个完整的科研项目，只能作为博士后科研活动的启动经费或补充经费，在博士后科研活动中所起的直接作用也常常表现为辅助性的，如协助完成一些重大课题申报的前期工作、刺激一些新思路的形成并加以初步验证，对于有些课题则仅仅能够用于购买一些试剂、资料等。正因为如此，博士后基金绩效评估的评估时间设定较长，通常为 5 年一个周期。

2. 博士后基金绩效评估关注人才发展和创新研究

博士后基金资助突出强调对"人"的资助和对博士后创新能力的要求，这是博士后基金资助区别于其他基金资助的鲜明特点。博士后基金设立主要是为了启动博士后人才的独立科研道路，协助博士后人才迅速成长。这一目的能否达到，应该主要关注博士后人才的成长状况，这似乎更需要对受资助者有一个长时期的观察。而博士后基金为达成这一目的所起的作用，对博士后的鼓励和激励，以及对其新思路的刺激、信心的增强等精神层面的无形作用似乎更强于基金在科研中的具体有形作用，但现有的技术对这些无形作用难以评价，仅评价其有形作用则难以反映基金设立的长期目的。所以，博士后基金绩效评估从整体绩效评估和项目绩效评估两方面反映博士后基金在发挥种子基金作用、鼓励创新、营造环境、促进人才成长、促进学科全面均衡发展、促进新兴交叉学科发展、促进产学研结合等方面的作用。

2.2.5　博士后基金的资助绩效特征

如前所述，结合博士后基金的战略定位、目标和作用，总结发现博士后基金的三个资助绩效特征，如下。

1. 博士后基金促进了博士后事业发展

博士后基金资助已成为我国博士后事业的重要组成部分，许多单位和部门把获得博士后基金资助的情况纳入本单位和部门的评估考核指标，对做好博士后工作具有导向作用，有的甚至把获得博士后科学基金资助作为博士后出站留校工作、职称晋升、科研经费配套、确定重点培养对象等的一个重要条件。博士后科学基金在引导地方部门和设站单位加大投入方面起到了很好的辐射和带动作用，地方部门和设站单位每年的配套投入远远超过了基金本身的投入。通过这些机制，博士后基金有力地促进了博士后事业良性发展。

2. 博士后基金促进了博士后人才培养

博士后基金鼓励创新，对博士后开展创新研究、迅速成才发挥了巨大的推动作用。通过择优资助的机制对优秀博士后人才起到了遴选和甄别的作用。博士后在基金资助下，研究能力普遍有了较大幅度的提升，成为设站单位的科研主力，许多重要的研究项目都由博士后去承担。通过博士后基金资助，一大批学术水平高、创新能力强的年轻人才得到培养，并迅速成长为学术技术带头人。据初步统计，有博士后经历的人员入选"新世纪百千万人才工程"国家级人选、国家有突出贡献的中青年专家、享受国务院政府特殊津贴、国家 973 计划项目首席科学家、中国科学院（简称中科院）"百人计划"、国家杰出青年科学基金的比例均很高。

3. 博士后基金促进了博士后创新研究

博士后基金资助支持创新，支持交叉学科研究，在促进新兴学科发育方面起到了积极的推动作用。据初步统计，获基金资助的博士后在站期间承担的研究项目中，国家级研究项目占 37.3%，省部级项目占 27.9%，大多数博士后都顺利完成了申请基金时所承担项目的研究任务，有的成果在国内外产生了较大影响。大多数博士后人员在站期间都能参与或主持国家、省部级的科研课题，在科研中发挥的骨干作用越来越大，博士后人员在国际权威杂志上发表的论文越来越多，水平也越来越高。

结合博士后基金的资助绩效特征，通过专家调查、获资助者调查、实地调研、案例分析、专家研讨等方式，本书从人才成长、科研产出、参与和主持国家重要科研项目等方面分析基金资助项目的微观绩效特征；从吸引人才、发现人才、引进海外人才、发挥种子基金作用、鼓励创新、营造环境、促进人才成长、促进学科全面均衡发展、促进新兴交叉学科发展、促进产学研结合、扶持西部地区人才等方面分析基金资助项目的整体绩效特征，为构建博士后科学基金绩效评估体系提供依据。

第3章　博士后基金整体绩效评估体系设计

由于博士后基金资助运行目的、资助过程的特殊性，本章基于循证评估设计理论，建立基于"评估议题—关键问题—证据"的博士后基金整体绩效评估框架，试图通过文本分析、数理统计、文献计量和问卷调查等评估方法对基金的资助情况做出定性与定量分析。

3.1　评估目的

博士后基金整体绩效评估目的可以分为三个方面：

1）对博士后基金运行以来25年（1987～2011年）资助工作的经验和成效进行回顾、总结和检验，评估分析其运行状况。需要通过评估回答的问题是：博士后基金战略定位及其在国家人才资助体系中所发挥的作用；博士后基金在吸引、发现、培养和锻炼优秀青年人才，营造良好的人才成长环境，促进高层次人才成长等方面的成效。

2）对博士后基金的资助和管理现状进行分析与比较。需要通过评估解决的问题是：博士后基金资助政策和管理机制的有效性。

3）进一步明确发展和完善博士后基金制度的着力点，不断提高管理水平和资助效益。需要通过评估回答的问题是：博士后基金面临的挑战、新需求及政策与管理的改进建议。

3.2　评估对象

博士后基金整体绩效评估是对获得博士后基金资助的研究群体和基金资

助政策与管理机制的评估。

3.3 评估的时间范围

博士后基金整体绩效评估的时间范围分为两类：长期绩效评估和定期绩效评估。从时间维度看，长期绩效评估覆盖自博士后基金运行以来 25 年（1987～2011 年）的获得面上项目和特别项目资助的博士后研究群体、博士后基金资助政策的演变过程和基金资助的管理运行机制；定期绩效评估以 5 年为一个评估周期，考察 5 年内博士后基金的资助绩效状况[①]。

3.4 评估内容

博士后基金整体绩效评估的内容分为四个方面：博士后基金的战略定位及资助战略；博士后基金的资助绩效；博士后基金的管理绩效；博士后基金的影响。评估内容由 11 个关键议题组成：①博士后基金在国家创新体系中的战略定位；②博士后基金的资助战略；③博士后基金促进人才成长的成效；④博士后基金促进原始创新和高技术产业化的成效；⑤博士后基金促进学科发展的成效；⑥博士后基金的资助工具；⑦博士后基金的同行评议；⑧博士后基金的管理模式；⑨博士后基金鼓励创新和营造环境；⑩博士后基金促进高端人才国际化；⑪引导地方建立博士后科研基金。

3.5 评估逻辑模型

根据博士后基金的战略定位、评估背景需求分析，结合基金绩效评估的基本要素和环节，图 3-1 构建了博士后基金整体绩效评估逻辑模型。其评估准则主要包括以下几个方面。

1）相关性（relevance）：战略需求—战略目标。博士后基金资助人才成长

---

① 本书第 5 章实证研究部分进行了长期绩效评估，定期绩效评估可参照进行。

受到促进创新型青年科技人才培养与成长的战略需求驱使，因此相关性指博士后基金的战略目标与国家战略需求之间的关联程度。

2）有效性（effectiveness）：战略目标—结果。有效性是指通过博士后基金的绩效结果来评估战略目标的实现程度。

3）效率（efficiency）：资助—产出；资助—结果。效率是指通过将博士后基金的产出和结果与资助进行比较来评估资助所产生的相对有效性。

4）影响（impact）：影响—战略需求。影响指博士后基金资助人才成长产生的影响是否满足了所面临的国家战略需求，发挥了既定的作用。

5）管理（management）：管理主要是评估博士后基金资助人才成长的资助政策与过程管理是否合理有效。

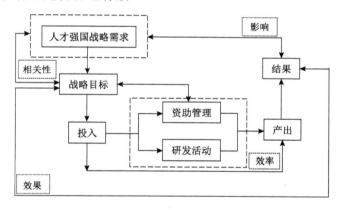

图 3-1　博士后基金整体绩效评估逻辑模型

3.6　评估方法

博士后基金整体绩效评估采用"评估议题—关键问题—证据"的评估模式。首先确定评估议题，明确关键问题所在；然后建立寻求支撑的证据链，对相关证据做出定性与定量分析；最后根据得出的结论总结评估结果。

整体绩效评估采用定性与定量相结合的评估方法。定性方法包括专家调查、实地访谈、问卷调查、政策文件分析等；定量方法包括项目管理数据统计、成果调查、文献计量等。评估的信息证据来源包括：①已有数据库：博士后基金会历年工作积累的政策文本库和数据库，科学技术部（简称科技部）、教育部、国家自然科学基金委员会、人社部、中国科学院等官方网站的政策文件和统计数据；②通过评估过程建立的数据库，包括实地访谈、问卷调查、案例研究等产生的数据。

2013 年 3～4 月，本课题组在中国博士后科学基金会的支持下，与中国科学院地质与地球物理研究所、中国社会科学院（简称中国社科院）和清华大学的博士后基金获资助人员，博士后设站单位管理人员，以及博士后基金评审专家进行了座谈，旨在从不同方面全面了解博士后基金的使用和管理，以及基金对于博士后科研和成长的影响（表 3-1）。访谈议题和座谈纪要参见附录 1、附录 2。

表 3-1　座谈会统计

访谈时间	访谈单位	参与人数/人
2013 年 3 月	中国科学院地质与地球物理研究所	4
2013 年 4 月	清华大学	4
2013 年 4 月	中国社会科学院	5

为了全面获得博士后基金申请、评审与管理的过程和结果信息，本课题组设计了三套问卷，组织向三类人群发放（表 3-2）：博士后基金获资助者、博士后基金评审专家和博士后设站单位管理人员。2013 年 7～8 月，调查问卷经专家几轮讨论最终定稿，博士后基金会以电子邮件的方式向被调查者发出。调查采取多阶段随机抽样方法抽取样本，首先抽取分布在全国的 506 个博士后设站单位,在每个调查站点中依据获资助学科比例再分层抽取 2068 名基金评审专家和 2008～2012 年获资助的 2401 名博士后。2013 年 11 月调查问卷回收完毕，有效问卷共覆盖了 76 家博士后科研工作站/流动站（其中博士后科研流动站 65 家、博士后科研工作站 10 家、1 家没有选择是流动站还是工作站）、502 名博士后基金获资助者（分别来自 308 所高等院校、149 家科研院所和 45 家企业）和 469 位博士后基金评审专家（从事学科领域分布为工学 175 位、理学 109 位、医学 49 位、经济学 28 位、管理学 27 位、农学 25 位、文学 22 位、历史学 12 位、法学 10 位、哲学 8 位、教育学 4 位）。调查问卷及统计分析参见附录 4、附录 5。

表 3-2 问卷发放与回收情况

调查对象	发放数量/份	回收样本/份	有效样本/份	回收率/%	有效率/%
博士后设站单位	506	80	76	15.8	95.0
博士后基金获资助者	2401	600	502	25.0	83.7
博士后基金评审专家	2068	750	469	36.3	62.5

3.7 评估组织架构

财政部或人社部作为委托方，成立博士后基金绩效评估领导小组并担任评估顾问委员会的成员，其下建立以中国博士后科学基金会成员为主的评估办公室、以北京理工大学科技评价与创新管理研究中心为主的评估研究机构，以及由评估专家委员会组成的工作小组。

在进行博士后基金绩效评估之前，与评估顾问和专家进行充分沟通，了解评估信息需求，由财政部/人社部提出评估的目标任务和工作要求，统筹安排评估研究工作。博士后基金会为评估工作提供数据支撑、安排实地访谈和调查问卷的发放工作。科技评价与创新管理研究中心整理博士后基金数据及相关统计资料，进行科学计量学分析和文本分析；对选取的有代表性的受资助人员进行问卷调查和案例研究并撰写绩效报告（图 3-2）。

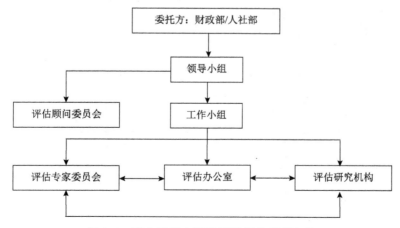

图 3-2 博士后基金资助绩效评估组织架构

单箭头表示参与主体间的委托代理关系；
双箭头表示参与主体间在评估活动开展过程中的业务关系

3.8　评估框架

博士后基金整体绩效评估框架由评估议题、关键问题、证据、证据来源及收集方法四部分组成，以各评估议题的评估为主导，以评估目标的完成程度作为评估各关键议题的证据，而各评估指标根据以定性或定量评估方法获得的支撑信息来判断，如表 3-3 所示。

表 3-3　基于"评估议题—关键问题—证据"的博士后基金整体绩效评估框架

评估议题	关键问题	证据	证据来源及收集方法
1. 博士后基金在国家创新体系中的战略定位	博士后基金的战略定位与国家科技人才发展战略的相关性如何	博士后基金的战略定位	博士后基金发展规划文件、年度报告等，文本分析
		博士后基金战略定位与国家科技人才发展战略的相关性	国家科技人才发展战略重要政策文件、重要会议，文本分析
	博士后基金在国家人才资助格局中扮演何种角色	国家人才计划资助体系	各类科技人才计划的资助政策和历年资助数据，文本分析、数理统计
		博士后基金在国家青年人才计划资助体系（资助人员规模、资助经费）中的比重	博士后基金和其他青年人才资助计划的历年资助数据，数理统计
	博士后基金如何应对创新型国家建设提出的挑战	《国家中长期科学和技术发展规划纲要（2006－2020 年）》、人才规划纲要、国家科技创新大会、十八大文件中对科技人才的部署	《国家中长期科学和技术发展规划纲要（2006－2020 年）》、人才规划纲要、国家科技创新大会、十八大文件，文本分析
		博士后基金资助工作"十二五"规划与博士后事业工作"十二五"规划中对相关政策文件部署的应对	博士后基金资助工作"十二五"规划与博士后事业工作"十二五"规划文件，文本分析
2. 博士后基金的资助战略	评审原则和资助导向是否适当	博士后基金的评审原则	博士后基金资助规定，文本分析
		博士后基金的资助导向	博士后基金资助规定、发展规划等文件，文本分析
		针对评审原则和资助导向是否适当的观点	问卷调查专家、获资助博士后的观点
	资助格局是否与战略定位相适应	博士后基金资助格局的演变	博士后基金资助规定、发展规划等文件和历年资助数据，文本分析、数理统计
		资助格局适当性的观点	问卷调查专家、获资助博士后的观点

续表

评估议题	关键问题	评估证据	证据来源及收集方法
3. 博士后基金促进人才成长的成效	对吸引人才的作用	获博士后基金资助的人数年均变化情况	获博士后基金资助的总人数（各年度），基金会数据库
		博士后进站、申请资助及获得资助情况	博士后进站、申请资助及获得资助情况（各年度），基金会数据库
		博士后进站人数占当年博士生毕业人数比例	博士后进站人数、当年博士生毕业数，基金会数据库、科技统计年鉴
		对博士后基金受资助者的问卷调查	问卷调查获资助博士后的观点
	对选拔和发现人才的作用	受资助博士后占当年进站博士后比例	博士后进站数、获资助数（各年度），基金会数据库
		博士后基金历年资助批准率	博士后申请资助数、获资助数（各年度），基金会数据库
		博士后基金特别资助的资助批准率	博士后申请特别资助数、获资助数（2007～2012 年），基金会数据库
		专家、受资助人员对博士后基金发现人才作用的观点	问卷调查获资助者、专家对博士后基金对发现人才作用的观点
	对引进海外人才的作用（海外留学博士生、外籍博士生）	受资助者博士学位在海外取得的比例	受资助者博士学位在海外取得数、获资助数（各年度），基金会数据库
		外籍博士后统计情况	外籍博士后情况，基金会数据库
		专家、受资助人员对博士后基金吸引海外人才作用的观点	问卷调查获资助者、专家对博士后基金对吸引海外人才作用的观点
	发挥创新人才培养种子基金的作用	博士后基金是受调查博士后科研人员第一笔科研基金的比例	问卷调查获资助者第一笔科研基金来源，基金会数据库
		博士后基金是受调查人员在站期间主要经费来源的比例	问卷调查获资助者在站期间主要经费来源，基金会数据库
		专家、受资助人员对博士后基金发挥种子基金作用的观点	问卷调查获资助者、专家对博士后基金发挥种子基金作用的观点
	对促进青年科研人员成长的作用	青年科研人员获资助前后职位晋升情况	问卷调查获资助青年科研人员获资助前后职位变化
		青年科研人员获资助前后科研成果产出变化情况	问卷调查获资助青年科研人员获资助前后科研成果产出变化情况
		受资助者获得国家科技奖的情况	获国家科技奖的受资助博士后情况，基金会数据库
		专家、受资助者对博士后基金促进青年科研人员成长作用的观点	问卷调查获资助者、专家对博士后基金促进青年科研人员成长作用的观点

续表

评估议题	关键问题	评估证据	证据来源及收集方法
3. 博士后基金促进人才成长的成效	对加快杰出青年人才的作用	获资助人员后续成长为杰出青年基金获得者	获杰出青年基金资助的受资助博士后情况，基金会数据库
		获资助人员后续成长为千人计划创新人才	入选千人计划创新人才的受资助博士后情况，基金会数据库
		专家、受资助者对博士后基金对加快杰出青年人才成长作用的观点	问卷调查获资助者、专家对博士后基金对加快杰出青年人才成长作用的观点
		博士后基金加快杰出青年人才成长的典型案例	访谈典型杰出青年人才，案头研究
	对加快领军人才成长的作用	获资助人员后续成长为两院院士	成长为两院院士的受资助博士后情况，基金会数据库
		获资助人员后续成长为973计划项目首席科学家	获973计划项目首席科学家的受资助博士后情况，基金会数据库
		专家、受资助者对博士后基金对加快领军人才成长作用的观点	问卷调查获资助者、专家对博士后基金对加快领军人才成长作用的观点
		博士后基金加快领军人才成长的典型案例	访谈典型领军人才，案头研究
	对促进创新研究团队产生的作用	获资助人员后续成长为创新群体负责人	成为创新群体负责人的受资助博士后情况，基金会数据库
		获资助人员后续成长为教育部创新团队负责人	成为教育部创新团队负责人的受资助博士后情况，基金会数据库
		博士后基金对创新研究团队培育作用的典型案例	访谈典型创新研究团队负责人，案头研究
	对边远和少数民族地区青年人才的扶持作用	获博士后基金资助人员的地区分布	获博士后基金资助人员的地区（各年度），基金会数据库
		博士后科研流动站和工作站的地区分布	博士后科研流动站和工作站的地区分布（各年度），基金会数据库
		西部地区博士后基金获得者所占比例	西部地区获资助博士后人数，基金会数据库
		专家、受资助人员对博士后基金对扶持西部地区人才作用的观点	问卷调查获资助者、专家对博士后基金对扶持西部地区人才作用的观点

续表

评估议题	关键问题	评估证据	证据来源及收集方法
4. 博士后基金促进原始创新和高技术产业化的成效	促进原始创新的成效	博士后基金资助发表的 SCI 论文情况	获博士后基金资助发表的 SCI 论文数，统计分析
		国家科技奖获得者受博士后基金资助情况	国家科技奖获得者受博士后基金资助情况，基金会数据库
		博士后基金对科学成果的贡献——基于案例分析	访谈典型案例，案头研究
		博士后基金资助取得的重大科学突破	案头研究
	促进高技术研发及产业化的成效	博士后基金受资助者申请专利情况	问卷调查博士后基金受资助者申请专利情况，统计分析
		企业博士后科研工作站中博士后出站后继续留在企业工作的比例	问卷调查企业博士后科研工作站中博士后出站后继续留在企业工作情况，统计分析
		博士后基金促进高技术研发及产业化的案例分析	访谈典型案例，案头研究
5. 博士后基金促进学科发展的成效	促进学科全面、均衡发展的成效	获博士后基金资助人员的学科分布	获博士后基金资助人员的学科分布（各年度），基金会数据库
		从 Web of Science 收录论文情况看博士后基金对学科发展的贡献	Web of Science 收录受博士后基金资助的论文情况
		专家、受资助人员对博士后基金促进学科全面、均衡发展作用的观点	问卷调查专家、受资助人员对博士后基金促进学科全面、均衡发展作用的观点
	促进新兴交叉学科发展的成效	获博士后基金资助人员的学科分布中新兴交叉学科的比例	获博士后基金资助的新兴交叉学科人员数，基金会数据库
		专家、受资助人员对博士后基金促进新兴交叉学科发展作用的观点	问卷调查专家、受资助人员对博士后基金促进新兴交叉学科发展作用的观点
		博士后基金促进新兴交叉学科发展的典型案例	访谈典型案例，案头研究
6. 博士后基金的资助工具	博士后基金资助项目的设置是否合适	资助工具设置的演变	博士后基金会，统计分析
		基金资助在学科间的分布情况	获资助博士后学科统计，基金会数据库，统计分析
		基金对女性和少数民族人员的资助情况	获资助博士后为女性和少数民族的资助统计，基金会数据库，统计分析
		博士后基金会管理人员对资助工具设置是否合理的观点	访谈博士后基金会管理人员对资助工具设置是否合理的观点

续表

评估议题	关键问题	评估证据	证据来源及收集方法
7. 博士后基金的同行评议	博士后基金的资助评审是否合适	博士后基金同行评议的执行情况	博士后基金会管理文件，调查问卷
		博士后基金同行评议的质量情况	博士后基金会管理文件，调查问卷
8. 博士后基金的资助管理	博士后基金的资助管理是否与其资助活动相适应	博士后基金的项目结题管理	博士后基金会管理文件，文本分析、调查问卷
		博士后基金的项目资金管理	博士后基金会管理文件，文本分析、调查问卷
		博士后基金的财政绩效管理	博士后基金会管理文件，文本分析
9. 博士后基金鼓励创新和营造环境	鼓励创新的作用	博士后面上及特别资助项目资助实施办法对受资助项目创新性的要求	博士后基金资助实施办法，文本分析
		专家、受资助人员对博士后基金鼓励创新作用的观点	问卷调查获资助者、专家对博士后基金鼓励创新作用的观点
		典型案例研究	访谈典型案例，案头研究
	营造环境的作用	博士后科研流动站和工作站评估办法中对营造环境的要求	博士后科研流动站和工作站评估办法，文本分析
		专家、受资助人员对博士后基金营造环境作用的观点	问卷调查专家、受资助人员对博士后基金营造环境作用的观点
		典型案例研究	访谈典型案例，案头研究
10. 博士后基金促进高端人才国际化	促进博士后开展国际合作研究的成效	博士后基金受资助者参与重大国际科技合作计划统计	问卷调查获资助博士后申请专利情况，统计分析
		博士后基金受资助者参与国际合作研究情况统计	问卷调查获资助博士后参与国际合作研究情况，统计分析
		博士后基金与其他国家的联合资助项目	博士后基金与其他国家的联合资助项目的政策文件，文本分析
		专家、受资助人员对博士后基金促进博士后开展国际合作研究的观点	问卷调查专家、受资助人员对博士后基金促进博士后开展国际合作研究的观点
	促进博士后的国际交流的成效	博士后基金受资助者在站期间参与国际交流情况统计	问卷调查获资助博士后在站期间参与国际交流情况，统计分析
		专家、受资助人员对博士后基金促进博士后的国际交流的观点	问卷调查专家、受资助人员对博士后基金促进博士后的国际交流的观点
		典型案例	访谈典型案例，案头研究

评估议题	关键问题	评估证据	证据来源及收集方法
10. 博士后基金促进高端人才国际化	促进博士后利用海外的研究资源的成效	受资助者获得他国项目资助统计	问卷调查获资助博士后获得他国项目资助情况，统计分析
		受资助者对博士后利用海外研究资源的观点	问卷调查获资助博士后对博士后利用海外研究资源的观点
		博士后利用海外研究资源的典型案例	访谈典型案例，案头研究
11. 博士后基金引导地方建立博士后科研基金	引导地方建立博士后科研基金的成效	地方省（自治区、直辖市）设立博士后科研资助情况	政策，文本分析

第4章 博士后基金项目绩效评估体系设计及实证研究

4.1 博士后基金项目绩效评估方案

博士后基金的项目绩效是指获得博士后基金资助的项目执行的效果，包括项目资源的使用情况、获得资助后项目取得的成果及对博士后的个人发展所产生的影响，是对项目实施过程和结果的综合反映。值得注意的是，博士后基金项目都是由博士后个人承担，因此对项目绩效的评价可看成是对博士后个人的科研成果及人才成长的评价。

4.1.1 评估目的

项目绩效的评估目的有三方面：①动态掌握获资助项目的执行情况及取得的成效；②及时发现优秀人才，为推荐优秀博士后提供参考；③动态掌握项目执行与资助管理中存在的问题，为改进管理提供参考。

4.1.2 评估对象

项目绩效的评估对象为 2011～2013 年获得博士后基金面上项目和特别项目资助的博士后。

4.1.3 评估时间范围

博士后基金项目绩效定义为获得资助后项目取得的成果及对博士后所产

生的影响，因此将项目绩效分成两个阶段加以考虑：第一阶段属于基金资助所产生的直接效果，称为期内绩效，在执行博士后基金资助项目结束时；第二阶段属于博士后受资助者之后的成长发展，称为延迟绩效，在执行博士后基金资助项目结束的 2～3 年后[①]。

4.1.4　评估原则

博士后基金项目绩效评估原则有 6 点要求：①进行分类评价，如项目类型或学科领域；②以定量指标为主；③数量与质量相结合；④投入与产出相结合；⑤排序与分层相结合；⑥便于管理者操作。

4.1.5　评估方法

第 1 章介绍了主要的科研基金绩效评价（评估）方法，由于博士后基金的资助投入对项目产出和博士后后期发展都有巨大的影响，所以采用综合加权评价法对项目绩效进行评价（评估）较为合适。结合博士后基金的资助特点和资助数据的可得性，我们采用综合加权评价法作为博士后基金项目的主要绩效评价（评估）方法。

4.1.6　项目绩效评估体系设计

建立博士后基金项目绩效评估指标体系，是进行综合评估的基础。本课题组从博士后基金项目的诸多影响因素出发，在分析总结众多科研基金项目评估的相关文献基础上，基于《中国博士后科学基金资助总结报告》构建了评估指标体系。博士后基金项目绩效评估指标体系的合理制定，对于准确衡量博士后基金项目的价值具有重要的意义，也为博士后立项项目决策提供重要的参考依据。

1. 绩效评估指标体系的设计原则

构建博士后基金项目绩效评估指标体系的根本目的在于通过选择适当指标，用以客观、科学地反映和衡量博士后基金项目完成的质量情况，从而为基金管理机构

---

① 限于数据的可得性，本书在博士后基金项目绩效评估实证研究部分仅考虑了期内绩效。

决策提供参考依据。对于指标的筛选，要把便于度量的、内涵丰富的主导性指标作为评估指标。只有构建了恰当的博士后基金项目绩效评估指标体系，才能科学、客观地反映项目完成情况，帮助基金管理部门更为有效地管理基金。下面根据博士后基金项目的特点，提出博士后基金项目绩效评估指标体系构建应遵循的原则。

（1）科学性原则

确定的指标体系要能客观真实地反映博士后基金项目完成质量情况的内涵和特征，所选取的指标要具有科学内涵和意义，包括信度和效度两个方面的要求。信度主要是指评估结果的可靠性或一致性，即同样一个项目由不同专家在不同场合、时间进行评估所得到的结果的一致性程度；效度是指该评估指标体系对项目进行评估的准确性程度，也就是说，指标含义须具有单一性特征，即评估指标的定义无交叉和重复。效度比信度的作用更为重要。

（2）客观性原则

项目绩效评估指标体系所涉及的事物属性应能全面、真实地反映事物的本质和评估的目标，不能凭主观设计。

（3）可行性原则

所选指标应概念明确，结构清晰，简单明了，指标所反映的信息应能被非专业管理人员和公众掌握与理解。评估指标的数据应便于采集和测定，方便统计和计算。资料收集应具有可行性和可操作性，并尽量节省成本，用最少的投入获得最大的信息量。

（4）整体性原则

建立博士后基金项目绩效评估指标体系，应围绕评估目标，指标体系设置要系统而全面，能够从各个方面描述博士后基金项目完成状况，并组成一个完整的体系，综合地反映基金项目的内涵、特征及评估水平。

（5）层次性原则

按其等级性要求，分层次构建指标体系，有利于建立明确的评估框架，提高工作效率，降低系统的复杂程度，同时通过分层分类的方法可以从各角度直观地判断博士后基金项目完成状况，便于评估结果分析与总结。

（6）定性与定量相结合的原则

指标要尽可能地量化，但任何事物都具有一定的规定性，对于一些在目前认识水平上难以量化且意义重大的指标，可以用定性指标来描述，结合国内外研究成果及专家评判的形式完成指标的研究，从而提高工作效率，提高可接受性和可操作性。

2. 绩效评估指标体系的构建

本书将借鉴以往研究中的指标体系，分层次构建博士后基金项目绩效评估指标体系。由于博士后基金项目绩效评估包含多方面影响因素，将这些评估指标分类别、分层次研究进而形成一个系统的体系，可以使基金项目的评估更加清晰、准确，从而做出全面、客观、合理的评估。

博士后基金项目所包含的学科种类很多，不同学科指标的侧重点不同，对于同一指标，有的学科体现得比较明显，有的学科体现得不太明显，为了研究工作的可操作性，在博士后基金项目绩效评估指标体系中选择了一些能够反映基金项目特点的共性的指标。将定量与定性相结合，对于可量化部分，运用客观评估系统进行评估；对于难以量化部分，仍采用专家讨论评估方法，提供一定的评估标准，以减少非公正因素的干涉（表 4-1、表 4-2）。

表 4-1　博士后基金项目绩效综合评估指标体系（理工类）

总目标	指标分类	一级指标	二级指标
博士后基金项目绩效综合评估指标体系	研究条件	平台和团队	参与国家级科研项目数
			参与省部级科研项目数
			依托国家级研究平台
			依托院士团队、科学基金创新群体、科技部创新团队、教育部创新团队
	研究成果	获奖（项）	获国家级科技奖项数
			获省部级科技奖/社会科学奖项数
			获国际学术奖项数
		会议特邀报告	国际会议特邀报告数
			国内会议特邀报告数
		论文/专著（篇/部）	中文核心期刊论文数
			SCI/SSCI/AHCI 收录期刊论文数
			EI 收录期刊论文数
			中文专著数
			外文专著数

续表

总目标	指标分类	一级指标	二级指标
博士后基金项目绩效综合评估指标体系	研究成果	专利与成果应用	国内专利申请和授权数
			国际专利申请和授权数
			软件著作权/数据库
			新仪器/新方法
			成果推广应用数
			实现经济效益（万元）
	人才发展	科技/人才计划资助	主持国家级科研项目数
			主持省部级科研项目数
			获得国家级人才计划支持
			获得省部级人才计划支持
		人才成长	出站时答辩成绩等级
			代表性科研成果贡献

表 4-2　博士后基金项目绩效综合评估指标体系（人文、社科、经管类）

总目标	指标分类	一级指标	二级指标
博士后基金项目绩效综合评估指标体系	研究条件	平台和团队	参与国家级科研项目数
			参与省部级科研项目数
			依托国家级研究平台
			依托院士团队、科学基金创新群体、科技部创新团队、教育部创新团队
	研究成果	获奖（项）	获国家级科技奖项数
			获省部级科技奖/社会科学奖项数
			获国际学术奖项数
		会议特邀报告	国际会议特邀报告数
			国内会议特邀报告数
		论文/专著（篇/部）	中文核心期刊论文数
			SCI/SSCI/AHCI 收录期刊论文数
			EI 收录期刊论文数
			中文专著数
			外文专著数

续表

总目标	指标分类	一级指标	二级指标
博士后基金项目绩效 综合评估指标体系	人才发展	科技/人才计划资助	主持国家级科研项目数
			主持省部级科研项目数
			获得国家级人才计划支持
			获得省部级人才计划支持
		人才成长	出站时答辩成绩等级
			代表性科研成果贡献

本小节对选取的研究条件、研究成果、人才发展三个大层面下具体的考察方面及指标进行具体的说明。

（1）研究条件

研究条件主要指博士后所在的平台和团队，包含四个二级指标：参与国家级科研项目数，参与省部级科研项目数，依托国家级研究平台[国家重点实验室、国家工程（技术）研究中心、国家工程实验室、国家重点学科基地、985 工程创新研究基地、企业国家技术中心]，依托院士团队、科学基金创新群体、科技部创新团队、教育部创新团队。

（2）研究成果

研究成果指标是本指标体系中最为重要的指标之一，它是博士后学术水平的重要体现，选取获奖（项）、会议特邀报告、论文/专著（篇/部）和专利与成果应用四个一级指标①。

1）获奖。获奖励情况是定量指标，分为国家级科技奖励、省部级科技奖励/社会科学奖和国际学术奖三类，其中又有自然类、进步类的区别。国家级科技奖励包括国家自然科学奖、国家科技进步奖和国家发明奖；省部级科技奖励/社会科学奖包括省部级自然科学奖、省部级科技进步奖和社会科学奖。

2）会议特邀报告。会议特邀报告包括国际会议特邀报告和国内会议特邀报告。

3）论文/专著。由于论文计数法具有较强的客观性和直观性，所以论文计

---

① 人文、社科、经管类不含专利与成果应用指标。

数法是一种较常用的方法。在绩效评估的过程中不能过分注重论文数量，这样往往会导致许多低质量作品的产生，而且由于不同学科发表论文的难易不同，不同学科核心期刊的数量不同，这使得单纯运用计数法很难进行跨学科的比较，也不利于公正合理的科研评估。为了弥补这一缺陷，选择国际检索系统收录数这一指标，来保证论文的质量。对于博士后基金项目的学术创新分析，可以根据论文在国际检索系统（SCI、SSCI、AHCI、EI）中的收录情况进行客观判断。

所谓专著，指针对某一领域加以研究所写成的著作。博士后基金项目可能是某一领域的系统研究成果，其研究成果中应该包括其研究期间出版的专著。对于专著的具体量化分析，我们可以从发行量、总字数来进行客观评估。但本指标体系仅以出版专著数来衡量。

4）专利与成果应用。博士后基金项目要体现其科技创新性，可以通过获得的专利数和成果应用来评估。由于这些专利是由国家或各省份颁发的，具有一定的认同性，所以能很好地表现该项目的完成情况。这些指标的确定是根据历史上博士后基金项目的结题情况统计出来的，博士后基金项目专利指标包括中国专利申请与授权数和国际专利申请与授权数；成果应用指标包括软件著作权/数据库、新仪器/新方法、成果推广应用数、实现经济效益四个二级指标。

（3）人才发展

1）科技/人才计划资助。作为种子基金项目，大部分博士后基金项目有一定的延续性，如果在本项目的基础上能申请到其他相关的项目资助，无疑说明本身的项目完成情况良好，对其评估有正面的促进作用。因此，我们选取人才发展作为博士后基金项目绩效评估指标之一。获得博士后基金资助以后受到其他科技计划或人才计划的资助可看成项目实施所产生的影响。该指标主要包含主持国家级科研项目数、主持省部级科研项目数、获得国家级人才计划支持和获得省部级人才计划支持四个二级指标。

2）人才成长。博士后基金获资助者的成长状况由定性指标博士后出站时的答辩成绩和取得的代表性科研成果组成，相应等级或分值由博士后设站单位组织专家进行评审做出判断[①]。

[①] 由于数据的可得性，本书在博士后基金项目绩效评估实证研究部分未采用该定性指标。

3. 构建综合加权评价模型

综合加权评价法通过层次分析法确定子目标和各指标权重，然后用线性加权法对博士后基金结题情况进行综合评估。其技术路线如图 4-1 所示。

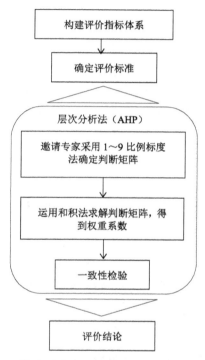

图 4-1 博士后基金项目绩效综合加权评价模型

4. 项目绩效评估指标权重的确定

博士后基金项目绩效评估指标权重是指标相对于评估目标重要性的一种度量，指标权重的确定对博士后基金项目绩效的准确评估具有重要的意义，是综合评估的重要环节。不同的权重往往会导致不同的评估与预测结果。而赋权常常是一种随意行为，不同的人出于其价值准则和理念的不同，对同一指标的重要程度会有不同的理解，因此保证指标体系权重分配的科学性和合理性一直是多指标综合评估中特别关心的问题。

由于层次分析法可以确定指标的权重，本书将选用该方法来确定权重。层次分析法是在系统理论的基础上解决实际问题的方法，是定性和定量相结合确定各因素权重的方法，使评估更加科学、合理，较好地反映了各种因素对于博士后基金项目的重要地位。因此，本书将选择定量和定性相结合的层次分析法确定每一层因素的权重。层次分析法求解问题的整个过程体现了人脑思维的基本特征，即分析—判断—综合，使人们对复杂问题判断、决策的过程得以系统化、数量化。

5. 项目绩效综合评估

对象的综合分是最高层的结点，最低层是若干个评估指标，设有 n 个，即 x_1，x_2，$\cdots$，x_n，最高层的权重系数为 w_1，w_2，$\cdots$，w_n，则综合评估公式为 $\sum w_i x_i$。将指标采用同一分制后，对评估对象的各个指标进行打分，即得综合分：

$$y = \sum_{i=1}^{n} w_i x_i$$

4.2 博士后基金项目绩效评估实证研究

前述建立了博士后基金项目绩效综合评估指标体系，并介绍了综合加权评价法，构建了综合加权评价模型。在本节中针对具体博士后基金项目完成状况，根据已经构建的指标体系和综合加权评价模型，应用到具体实例中，说明该体系和方法的适用性。因为目前只能获得 2011～2013 年部分博士后基金获资助者的出站总结报告，所以在实证研究部分我们只考虑了博士后基金获资助者的项目期内绩效，进行了试评估。

本课题组从博士后基金获资助者出站时提交的《中国博士后科学基金资助总结报告》中获得项目指标数据，在中国博士后科学基金会的支持下，课题组获得了 2011～2013 年博士后基金获资助者的出站总结报告，共 2535 份。根据学科的差异性，前文构建了针对理工科和人文、社科、经管学科的博士后基金项目绩效综合评估指标体系。在本节中，从 12 大学科门类 80 个一级学科中共抽取哲学（哲学）、经济学（应用经济学）、法学（政治学）、理学（物理学、生物学）、工学（材料科学与工程、计算机科学与技术、信息与通信工程）、管理学（管理科学与工程）6 个学科门类中的 9 个一级学科进行项目评估，如表 4-3 所示。

表 4-3　博士后基金项目绩效综合评估学科选取情况

学科门类	一级学科	项目数
哲学	哲学	25
经济学	应用经济学	101
法学	政治学	35
理学	物理学	64
	生物学	113
工学	材料科学与工程	136
	计算机科学与技术	72
	信息与通信工程	40
管理学	管理科学与工程	46

　　因为定性评估指标无法获得，所以在试评估中，我们仅考虑了定量评估指标，学科选好后，专家针对两大类学科分别赋予了博士后基金项目绩效综合评估指标不同的权重，如表 4-4、表 4-5 所示。

表 4-4　理工科博士后基金项目绩效综合评估指标权重

总目标	指标分类	一级指标	二级指标
博士后基金项目绩效综合评估指标体系（1）	研究条件（0.2）	平台和团队（0.2）	参与国家级科研项目数（0.07）
			参与省部级科研项目数（0.03）
			依托国家级研究平台（0.06）
			依托院士团队、科学基金创新群体、科技部创新团队、教育部创新团队（0.04）
	研究成果（0.6）	获奖（0.1）	获国家级科技奖项数（0.05）
			获省部级科技奖/社会科学奖项数（0.02）
			获国际学术奖项数（0.03）
		会议特邀报告（0.1）	国际会议特邀报告数（0.06）
			国内会议特邀报告数（0.04）
		论文/专著（0.3）	中文核心期刊论文数（0.03）
			SCI/SSCI/AHCI 收录期刊论文数（0.1）
			EI 收录期刊论文数（0.1）
			中文专著数（0.03）
			外文专著数（0.04）

续表

总目标	指标分类	一级指标	二级指标
博士后基金项目绩效综合评估指标体系（1）	研究成果（0.6）	专利与成果应用（0.1）	国内专利申请和授权数（0.02）
			国际专利申请和授权数（0.04）
			软件著作权/数据库（0.01）
			新仪器/新方法（0.01）
			成果推广应用数（0.01）
			实现经济效益（0.01）
	人才发展（0.2）	科技/人才计划资助（0.2）	主持国家级科研项目数（0.07）
			主持省部级科研项目数（0.03）
			获得国家级人才计划支持（0.07）
			获得省部级人才计划支持（0.03）

表 4-5　人文、社科、经管类学科博士后基金项目绩效综合评估指标权重

总目标	指标分类	一级指标	二级指标
博士后基金项目绩效综合评估指标体系	研究条件（0.2）	平台和团队（0.2）	参与国家级科研项目数（0.07）
			参与省部级科研项目数（0.03）
			依托国家级研究平台（0.06）
			依托院士团队、科学基金创新群体、科技部创新团队、教育部创新团队（0.04）
	研究成果（0.6）	获奖（0.1）	获国家级科技奖项数（0.05）
			获省部级科技奖/社会科学奖项数（0.02）
			获国际学术奖项数（0.03）
		会议特邀报告（0.1）	国际会议特邀报告数（0.06）
			国内会议特邀报告数（0.04）
		论文/专著（0.4）	中文核心期刊论文数（0.09）
			SCI/SSCI/AHCI 收录期刊论文数（0.1）
			EI 收录期刊论文数（0.1）
			中文专著数（0.09）
			外文专著数（0.02）
	人才发展（0.2）	科技/人才计划资助（0.2）	主持国家级科研项目数（0.07）
			主持省部级科研项目数（0.03）
			获得国家级人才计划支持（0.07）
			获得省部级人才计划支持（0.03）

　　根据确定的权重，本课题组对 9 个学科共计 632 个博士后基金项目进行了综合评估，评估结果见附录 6。根据得分结果我们对不同学科确定了得分等级，根据得分等级我们确定了不同学科位于相应等级的项目数比例，如表 4-6 和图 4-2～图 4-10 所示。

　　根据排序结果与图表可知，大部分特别资助项目要比面上项目的完成质量好，但总体而言，项目完成质量并不是很理想，一方面是因为博士后基金的资助成效在短期内无法完全显现，另一方面也说明博士后基金需要加强后期的成果管理，提高博士后基金的资助效益。可以预料，相对于期内阶段（项目结题时），延迟阶段（项目结题 2～3 年后）的项目完成质量普遍会提高。

表 4-6　博士后基金项目得分等级

学科名称	A	B	C	D
哲学	20 分以上	10～20 分	1～10 分	1 分以下
应用经济学	20 分以上	10～20 分	1～10 分	1 分以下
政治学	10 分以上	5～10 分	1～5 分	1 分以下
物理学	15 分以上	10～15 分	1～10 分	1 分以下
生物学	15 分以上	10～15 分	1～10 分	1 分以下
材料科学与工程	20 分以上	10～20 分	1～10 分	1 分以下
计算机科学与技术	15 分以上	10～15 分	1～10 分	1 分以下
信息与通信工程	20 分以上	10～20 分	1～10 分	1 分以下
管理科学与工程	20 分以上	10～20 分	1～10 分	1 分以下

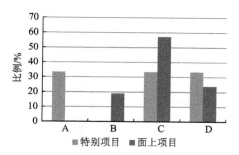

图 4-2　哲学领域博士后基金资助项目等级比例分布

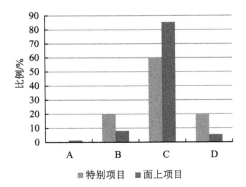

图 4-3 应用经济学领域博士后基金资助项目等级比例分布

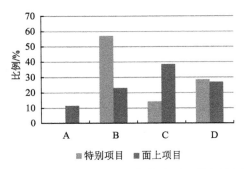

图 4-4 政治学领域博士后基金资助项目等级比例分布

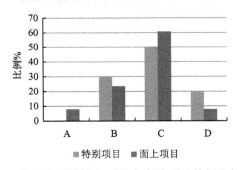

图 4-5 物理学领域博士后基金资助项目等级比例分布

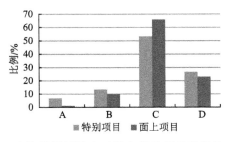

图 4-6 生物学领域博士后基金资助项目等级比例分布

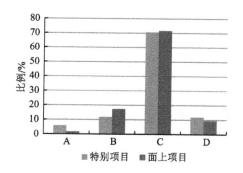

图 4-7　材料科学与工程领域博士后基金
资助项目等级比例分布

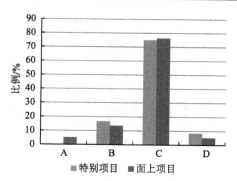

图 4-8　计算机科学与技术领域博士后基金
资助项目等级比例分布

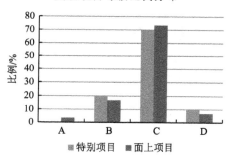

图 4-9　信息与通信工程领域博士后基金
资助项目等级比例分布

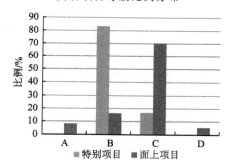

图 4-10　管理科学与工程领域博士后基金
资助项目等级比例分布

　　项目绩效评估是科研管理的重要手段之一，也是提升博士后基金管理水平和提高资助金使用效率的方式之一，但由于科学研究具有长期性、积累性、结果的多重性与不确定性等特点，也带来了绩效评估的复杂性。在对博士后基金资助项目进行绩效评估时，应在评估短期绩效的基础上，实施动态监测评估，对比期内绩效（博士后基金项目结束时）和延迟绩效（博士后基金项目结束2～3年后），着重从宏观战略与长期发展的角度去衡量。

第 5 章　博士后基金资助与管理取得的成效

5.1.1　博士后基金在国家创新体系中的战略定位

1. 博士后基金的战略定位与国家科技人才发展战略的相关性

（1）博士后基金的战略定位

1985 年经国务院批准，中国开始试行博士后制度，设立博士后科研流动站。根据《国务院批转国家科委、教育部、中国科学院关于试办博士后科研流动站报告的通知》（国发〔1985〕88 号）的精神和博士后基金会章程，设立博士后基金。旨在资助具有创新能力和发展潜力的优秀博士后，促使他们在科研工作中完成创新研究，并迅速成长为适应社会主义现代化建设需要的各类复合型、战略型和创新型人才。这种带有补助性质的科研工作经费，在培养博士后创新能力和科研能力方面起到了非常重要的作用。

博士后基金推出伊始，就定位于对博士后个人的资助，认为博士后基金可以作为博士后在博士毕业后开始科研工作的过程中能够自由支配的"第一桶金"，帮助他们顺利完成从学生到独立科研工作者的转变。通过协助博士后开展其所研究项目，迅速提高科研水平。多年来，博士后基金会始终坚持这一宗旨，在评审标准设立中不是只看到项目本身的价值、意义、可行性，更注重综合考察博士后本人的整体情况及其思想的创新性，选择那些综合素质比较高、发展潜力大的博士后进行资助，对人才的迅速成长、脱颖而出起到了不可替代的作用。

博士后基金是国家级人才基金，择优资助具有创新能力和发展潜力的优秀博士后，培养、锻炼高层次、创新型青年科技人才。

（2）博士后基金战略定位与国家科技人才发展战略的相关性

我国科技人才发展战略是在改革开放的实践中逐步形成的，从邓小平同志"尊重知识，尊重人才"的号召到当前中央领导同志提出的要实施"人才强国战略"，我国的科技人才发展战略经历了恢复与发展时期（1978～1984 年），计划经济下的科技体制改革时期（1985～1991 年），市场经济体制变革下的经济转轨时期（1992～1998 年），以及依靠创新、人才的发展时期（1999 年至今）四个阶段。

第一阶段以全国科学大会的召开为标志，党中央、国务院在这次全国科学大会上提出了"科学技术是生产力"和"知识分子是工人阶级的一部分"的论断，确立了科技人员的工人阶级地位，恢复"文化大革命"以前的行之有效的科技政策，促进科技人才的成长，调动科技人员的积极性和创造性，促进科技人才的合理流动。

第二阶段是中国在"有计划商品经济"理论指导下、在计划经济体制条件下实施全面改革的时期。这一时期科技人才政策的主要特点是围绕"面向""依靠"方针，鼓励和促进科技人才在经济建设中发挥更大的作用。1985 年，我国开始试办博士后科研流动站，试行博士后研究制度和博士后基金资助制度，鼓励和支持博士后中有科研潜力和杰出才能的优秀年轻人才，使他们在某些方面得到优厚的条件，以便顺利开展科研工作，迅速成长为高水平的研究人才。

第三阶段是中国从计划经济体制向市场经济体制迅速转变的时期。这个时期的科技人才政策的主要特点是：通过法律法规环境建设，建立、完善以市场调节为基础的科技人才资源开发制度和机制，科技人才培养开发、使用配置走向法制化轨道。博士后基金自 1986 年出台试行条例，经过 1993 年和 1996 年两次修改，其内容主要包括资助等级与金额，申请条件与评审，以及使用与管理等。在不断的修改中，对博士后基金的资助规定越来越详细，资助制度逐步规范。

第四阶段是中国在市场经济条件下经济发展模式向依靠创新、依靠人才，提高自主创新能力，建设创新型国家发展变化的关键时期，也是我国科技人才队伍建设向创新型科技人才队伍建设发展变化的关键时期。这段时期，中国出台了大量与人才发展相关的政策，对创新型科技人才队伍发展正在产生巨大、深远的影响。自 20 世纪 90 年代以来，特别是 1996 年以来，随着在站博士后人数的增加和银行利率的降低及物价指数的上涨，博士后基金出现了资助比例和资助强度逐年下降的情况。2003 年开始改革基金资助办法，在保留保本取息运作模式的同时，建立了国家财政年度拨款的资助制度，继 2002 年年底基金投入模式变化之后，2006 年，博士后基金再次改革，加大中央财政对博士后科学基金的投入力度，同时自 2008 年开始对一部分特别优秀的博士后实施特别资助。2012 年，资助经费再度大幅度提高。

随着我国经济、社会的快速发展和"人才强国"战略的深入实施，逐步大力推进科技人才队伍建设，特别是加强高层次、创新型人才队伍建设，这对于加快科技进步和创新，建设人才强国和创新型国家具有重大意义。博士后基金择优资助高层次、创新型青年科技人才，对于实施"人才强国"战略、培养博士后创新人才和促进高层次人才队伍建设，具有独特的不可替代的作用。

2. 博士后基金在国家科技人才资助格局中扮演的角色

20 世纪 90 年代以来，为促进青年科学技术人才的成长，加速培养、造就一批进入世界科技前沿的优秀青年学术带头人和创新团队，各有关部门针对中国科技队伍发展过程中青年人才、青年杰出人才短缺的问题，以及后备研究人才培养的需要，设立了专门支持青年科技人才培养和成长的专项计划，达十多项，形成了从后备研究人才培养到包括青年人才、杰出青年人才、海外杰出青年人才、创新研究群体、地区科技人才等的较为完整的科技人才资助计划体系，有力地支持了青年科技人才的培养与成长，在中国基础研究队伍建设中发挥了重要的作用。

博士后基金是设立时间较早、资助金额较少、专门为博士后开辟的科研资助通道。如表 5-1、表 5-2 所示，与其他青年类基金相比，博士后基金具有如下特点。

1）博士后基金是博士后科研人员获得资助的最主要的渠道。处于学术生涯早期的博士后，学术积累和研究经验相对较少，独立申请其他基金时，获资助机会很少。国家自然科学基金和社会科学基金虽然都设有青年基金项目，但由于博士后在站时间短、流动性强而受到诸多限制，只有极少数博士后人员能够获得。博士后基金只针对博士后进行资助，大大提高了获得资助的概率。

2）博士后基金资助覆盖面广，针对性强。自 1987 年博士后基金启动以来，1987～2010 年累计资助博士后 23 914 名，占同期进站博士后总人数的 29.5%，是国家资助博士后科研工作的主渠道之一。

3）博士后基金资助额度不高。对于大多数博士后来说，博士后基金资助不可能完整资助其完成在站期间的研究项目，而采用小额度、短期的资助形式，既能体现博士后工作的特点，又能兼顾国家财力，是"用经费投入的小平台推动博士后人才培养的有效手段"。

4）博士后基金发挥了种子基金的作用。博士后在承担博士后基金项目过程中，积累了自己感兴趣的研究问题和研究网络，有利于他们在今后的科研活动中开展进一步的深入探索，具有明显的"种子基金"特征。

表 5-1　中国各类科技人才支持计划（基金）的实施情况

定位	计划名称	发起部委	设立时间	支持对象	实施情况
后备研究人才	国家基础科学人才培养基金	国家自然科学基金委员会	1996 年	100 多个基础科学人才培养基地、6 个大科学工程和 6 个特殊学科点	至 2012 年，共资助 132 948.5 万元
青年人才	中国博士后科学基金	人社部	1985 年	博士毕业生	至 2012 年，累计资助博士后 31 547 人，累计资助金额达到 9.01 亿元（含 235.7 万美元）
	国家青年科学基金	国家自然科学基金委员会	1987 年	35 岁以下青年科技人员	至 2012 年，共资助 65 543 项，资助总额达 133.75 亿元，平均资助强度 20.41 万元
	跨世纪优秀人才培养计划	教育部	1993～2001 年	高校优秀青年教师	至 2001 年，共选出 540 名入选者
	高等学校优秀青年教师教学科研奖励计划	教育部	1999～2002 年	高校优秀青年教师	至 2002 年，共选出 429 名青年教师
	留学回国人员科研启动基金项目	教育部	1990 年	45 岁以下留学归国且在教学、科研单位从事教学、科研工作者	至 2012 年，共资助 42 批
	优秀青年教师资助计划	教育部	1987～2003 年	留学回国青年教师	至 2003 年，共资助 2218 人，资助总额达 1.29 亿元，平均资助强度约 6 万元
	新世纪优秀人才支持计划	教育部	2004 年	高校优秀青年学术带头人	至 2012 年，共支持 9952 人，理科 50 万元/人，社科 20 万元/人
杰出青年人才	博士后基金特别资助项目	人社部	2008 年	取得了重大自主创新研究成果和在研究能力方面表现突出的博士后	截至 2013 年，已累计开展特别资助工作 6 批，共资助博士后 4540 人，资助金额 5.60 亿元
	优秀青年科学基金	国家自然科学基金委员会	2012 年	优秀青年科学技术人员	2012 年首批支持 400 人，资助强度 100 万元/人
	青年拔尖人才支持计划	中组部	2012 年	国内 35 周岁以下优秀青年人才	2012 年首批支持 201 人，自然科学领域每人 120 万～240 万元、哲学社会科学和文化艺术领域每人 30 万～60 万元

续表

定位	计划名称	发起部委	设立时间	支持对象	实施情况
杰出青年人才	国家杰出青年科学基金	国家自然科学基金委员会	1994 年	杰出青年科学家	至 2012 年，共资助 2764 人，资助总额达 36.95 亿元，平均资助强度 133.6 万元
	长江学者奖励计划	教育部	1998 年	海内外优秀青年学术带头人	至 2012 年，共支持特聘教授 1589 人、讲座教授 712 人
	百千万人才工程	人社部等七部委	1995 年	青年学术技术带头人	至 2010 年，共遴选出青年学术带头人 4113 名
海外杰出青年人才	百人计划	中科院	1994 年	海内外优秀青年学术带头人	截至 2012 年年底，"百人计划"入选者达 1978 人，引进"国外杰出人才"1398 人，国内"百人计划"277 人，项目"百人计划"78 人
	海外及我国香港、澳门青年学者合作研究基金	国家自然科学基金委员会	1998 年	海外及我国香港、澳门青年学者	至 2012 年，共资助 1277 人，资助总额 4.76 亿元，平均资助强度 37.2 万元
	杰出青年科学基金	国家自然科学基金委员会	2005 年	海外杰出青年科学家	至 2008 年，共资助 42 人，资助总经费 7280 万元，平均资助强度 173.3 万元
	外国青年学者基金	国家自然科学基金委员会	2009 年	海外杰出青年科学家	至 2012 年，共资助 278 项，资助额度 5350 万元，平均资助强度 19.24 万元
	千人计划	中组部	2008 年	海外高层次创新创业人才	截至 2012 年，"千人计划"共引进海外高层次人才 2793 人，其中创新人才 2266 人，创业人才 527 人
	春晖计划	教育部	1997 年	海外留学人员	教育部资助往返国际旅费及按助理教授、副教授和教授每月分别 5000 元、7000 元和 8000 元的奖励津贴
创新研究群体	创新研究群体科学基金	国家自然科学基金委员会	2001 年	优秀中青年科学家和骨干	至 2011 年，共资助 314 个创新研究群体，资助总经费 168 780 万元，平均资助强度 537.5 万元
	创新团队发展计划	教育部	2004 年	高校创新团队	至 2012 年，共资助 679 个创新团队，资助总经费 322 800 万元，平均资助强度 300 万元
地区科技人才	地区科学基金	国家自然科学基金委员会	1989 年	边远地区、少数民族地区科技人员	至 2012 年，共资助 11 357 项，总资助经费 2 410 488.79 万元，平均资助强度 21.22 万元

表 5-2　中国青年科技人才支持计划（基金）比较

定位	计划名称	发起部委	设立时间	支持对象	政策措施
青年人才	中国博士后科学基金	人社部	1985 年	博士毕业生	设立面上资助项目（一等 10 万元/人；二等 8 万元/人）和特别资助项目（15 万元/人），支持博士后开展创新研究
	国家青年科学基金	国家自然科学基金委员会	1987 年	35 岁以下青年科技人员	支持青年科学技术人员开展平均资助强度为 25 万元/项、资助期限为 3 年的基础研究工作
	新世纪优秀人才支持计划	教育部	2004 年	高校优秀青年学术带头人	支持高等学校优秀青年学术带头人开展资助强度为自然科学类 50 万元/项、哲学社会科学类 20 万元/项、资助期限为 3 年的创新研究
优秀青年人才	优秀青年科学基金	国家自然科学基金委员会	2012 年	优秀青年科学技术人员	支持具备 5～10 年的科研经历并取得一定科研成就的青年科学技术人员，开展资助期限为 3 年、资助强度为 100 万元/项的基础研究
	青年拔尖人才支持计划	中组部	2012 年	国内 35 周岁以下优秀青年人才	为重点学科领域的青年创新人才提供为期 3 年、最高可达 240 万元的科研经费，并实施对入选者的后续培养政策
杰出青年人才	国家杰出青年科学基金	国家自然科学基金委员会	1994 年	杰出青年科学家	支持在基础研究方面已取得突出成绩的青年学者自主选择研究方向，开展资助期限为 4 年、资助经费为 200 万元/项（数学和管理科学 140 万元/项）的创新研究
	百人计划	中科院	1994 年	海内外优秀青年学术带头人	为各类百人计划入选者提供科研经费，供其开展具有国际水平的科研工作和国际合作研究
	长江学者奖励计划	教育部	1998 年	海内外优秀青年学术带头人	支持特聘教授和讲座教授组建学术团队，推动学科发展和学术梯队建设，特聘教授为 20 万元/年，讲座教授奖金为 3 万元/月

3. 博士后基金应对创新型国家的挑战

2006 年国家提出实施"增强自主创新能力，建设创新型国家"的发展战略，不仅要建设以企业为中心的技术创新体系，还要建设以公立科研机构、大学为中心的知识创新体系，建设全方位、高效的国家创新体系。国家科技人才向创新型科技人才队伍倾斜，《国家中长期科学和技术发展规划纲要（2006—2020

年）》、全国科技创新大会、党的十八大报告将博士后制度确立为高层次人才制度，提出要改进和完善博士后制度，使大批优秀拔尖人才得以脱颖而出。《国家中长期人才发展规划纲要（2010—2020年）》提出要改革完善博士后制度，建立多元化的投入渠道，发挥高等学校、科研院所和企业的主体作用，提高博士后培养质量。

为应对创新型国家带来的挑战，博士后基金在促进博士后人才队伍建设、博士后人才地区间合理布局，以及引导博士后服务经济社会发展需要等方面要有所作为，完善与社会主义市场经济体制及博士后人员成长规律相适应的博士后基金资助制度。《国家中长期人才发展规划纲要（2010—2020年）》和《中国博士后科学基金资助工作"十二五"规划》做出了如下部署。

（1）根据博士后人才培养战略，优化人才资助格局，丰富基金资助的内涵和种类

一是突出特别资助的"特别"作用。除强化目前特别资助奖励优秀在站博士后的作用外，要积极探讨实施进站前资助，吸引优秀博士进站，使特别资助成为引领最优秀的博士后人才成长的基金资助形式。二是区分博士后的不同培养目标，丰富面上资助类型。可以考虑学科、是否为企业博士后及地区三种区分形式。重点资助学科包括基础学科、新兴学科、交叉学科、国家重点发展学科。对在《国家中长期科学和技术发展规划纲要（2006—2020年）》提出的战略性新兴产业、关系国家经济社会发展的重点产业做企业博士后的人员，以及西部边远地区博士后人员予以倾斜资助。三是增加对资助项目成果的资助。为鼓励博士后研究人员潜心科研、扎实治学，可尝试从获得中国博士后科学基金资助的项目中，择优选择国家经济建设、社会建设、高新技术产业发展等前沿学科领域，以及重大基础性研究、创新性研究的项目成果，按学科集结成册并正式出版，固化和留存基金资助的优秀学术成果，供社会利用、大众分享，以期发挥巨大的社会效益和经济效益。

（2）加强博士后基金制度建设，确保博士后基金资助的科学、公正、择优、高效

如何使有限的基金发挥出最大的效益，在很大程度上要靠规范的制度和管理来保证，主要在以下三个方面加强基金资助工作的制度建设。一是要进一步完善专家评审资助制度。基金评审要严格依靠专家，不断充实和完善专家数据

库，坚持公开、平等、竞争、择优的原则，提高基金评审和资助的科学性与准确性。二是逐步建立绩效评估制度。评估是检查博士后基金资助效益的一个重要手段，对提高资助工作水平具有重要意义。评估内容包括资助对象的准确性、资助评审的科学性和资助效益。要通过认真研究论证，制定科学的绩效评估指标体系，建立起相应的机制。要建立博士后基金资助效益评估的数据库，对获资助博士后的科研情况和人才成长情况进行跟踪，采集相关数据，建立并及时更新数据库，对基金资助进行分析评估。集中评估一般两年一次。通过严格绩效评估，促进资助评审的严谨规范，促进基金资助效益的提高。三是建立博士后基金经费管理制度。理事会换届后，我们要按照国家有关经费管理的规定，尽快研究制定基金经费管理办法，报人社部、财政部，确保博士后基金资助的规范性、安全性和有效性。

5.1.2　博士后基金的资助战略

根据博士后基金的资助目标"创新完善制度，稳步扩大规模，注重提高质量，造就创新人才"的要求，博士后基金的资助战略遵循 4 个原则：与博士后事业发展协调一致，博士后基金保持平稳较快发展的原则；以博士后创新人才为资助对象，依靠专家评审，公开公正、科学择优的原则；基金经费以中央财政拨款为主导，多层次配套，多元化投入的原则；基金经费使用管理实行效率优先，审计监督、跟踪问效的原则。

根据《中国博士后事业发展"十二五"规划》，中国博士后科学基金会将以提高基金使用效益为目的，调整基金资助申报条件，实施西部地区人才资助计划，并加强对基金资助的后期管理。为使博士后设站单位和博士后了解基金资助政策，体现公平、公正、公开的资助原则，中国博士后科学基金会编写了《中国博士后科学基金资助指南》。

1. 博士后基金的评审原则、资助导向和资助格局

（1）评审原则

《中国博士后科学基金资助规定》（中博基字〔2008〕1 号）提出基金资助通过专家评审确定资助对象，坚持科学、公正、竞争、择优的评审原则。这一评审原则在博士后基金的评审工作中得到了坚持，《中国博士后科学基金资

助工作"十二五"规划》明确指出严格依靠专家评审，坚持公平、公正、择优，维护博士后基金的良好声誉。

（2）资助导向

博士后基金资助工作的重要使命是扶持博士后开展创新研究，因此，博士后基金鼓励博士后开展创新性研究，让博士后真正实现自找方向、自找课题、自找方法。《中国博士后科学基金资助规定》指出博士后基金资助尤其是特别资助对从事基础研究、原始性创新研究、前沿技术研究、战略性新兴产业研究，以及中西部边远地区博士后的资助给予适当倾斜。

2014 年博士后基金面上资助针对西部地区博士后人员，设立"西部地区博士后人才资助计划"，对在西部边远贫困地区、边疆民族地区和革命老区博士后设站单位从事博士后研究工作的博士后予以资助，不含这些地区的部队设站单位、中央直属高校、985 高校、211 高校及中国科学院的研究所。中国博士后科学基金会根据当批次面上资助经费总额和资助比例，确定"西部地区博士后人才资助计划"资助地区和资助人数，并优先对所申报项目与倾斜地区经济和社会发展密切相关的博士后进行资助。

（3）资助格局

博士后基金自 1986 年出台试行条例，经过 1993 年、1996 年、2008 年三次修改，其内容主要包括资助等级与金额，申请条件与评审，以及使用与管理等。在不断的修改中，对于博士后基金的资助规定越来越详细，其资助经费来源基本没有变化。在 1986 年和 1993 年的政策文件中只有两个资助等级，分别是人民币 1 万元和外汇 2000 美元，人民币 0.5 万元和外汇 1000 美元，1993 年提出对于特殊资助者的资助金额可适当提高，但不得超过最高等级的 50%，并开始提出成果管理；在 1996 年确定了基金资助性质，增加了 3 万元人民币的等级，并要求资助金获得者在国内外发表有关论著时，标注"中国博士后科学基金资助"字样；2008 年提出面上资助与特别资助两种资助形式，面上资助有 5 万元和 3 万元两个等级，对于特别资助给予一次性 10 万元的资助。对博士后基金的申请条件的要求基本没有变化，从 1996 年开始提出不能申请资助的情况。在评审、使用和管理等方面越来越详尽，但并未做大方向上的改变。2008 年提出了两种资助形式，对每一种形式的申报、使用与管理都做了规定。2012 年再一次提高资助金额，面上一等增加到 8 万元，面上二等增加到 5 万元，特别资助增加到 15 万元（表 5-3）。

表 5-3　博士后基金资助格局演变

政策名称	发布时间	基金来源	资助金额	资助条件
国家博士后基金试行条例	1986 年 11 月 12 日	1. 国家专项拨款； 2. 国内外各种机构、团体、单位或个人的捐赠； 3. 各级政府资助； 4. 其他收入	一等：1 万元和 2000 美元 二等：0.5 万元和 1000 美元	1. 品学兼优，在研究工作中做出过优异成绩； 2. 进博士后科研流动站工作超过半年，工作进展顺利； 3. 年龄在 35 周岁以下。根据不同情况，可适当放宽年龄限制
博士后基金资助条例	1993 年 9 月 9 日	—	A1：1 万元 A2：0.5 万元 B1：2000 美元 B2：1000 美元	1. 品学兼优，德才兼备，在研究工作中做出过优异成绩； 2. 申请资助项目应具有重要理论意义或应用价值，具有创新性和先进性； 3. 具备完成申请资助项目的基本条件
博士后基金资助条例	1996 年 12 月 10 日	—	一等：3 万元 二等：2 万元 三等：1 万元	1. 具有良好的思想品德、较高的学术水平和较强的科研能力，在研究工作中做出过优异成绩； 2. 申请资助项目应具有重要的科学意义或应用价值，具有创新性和前沿性； 3. 具备完成申请资助项目的基本条件
博士后基金资助规定	2008 年 1 月 24 日	中央财政拨款，列入中央财政年度预算。接受国内外各种机构、团体、单位或个人的捐赠。鼓励各地区、各部门、各设站单位予以配套资助	一等：5 万元 二等：3 万元 特别资助：10 万元	对从事基础研究、原始性创新研究和公益性研究，以及中西部等艰苦边远地区博士后的资助给予适当倾斜
中国博士后科学基金-2012	2012 年	—	一等：8 万元 二等：5 万元 特别资助：15 万元	—

2. 博士后基金资助战略适当性的观点

为了评估博士后基金评审原则的适当性、资助导向的适当性和博士后基金的资助格局是否体现其战略定位和资助导向，本课题组对博士后设站单位管理人员、博士后基金评审专家和博士后获资助人员进行了问卷调查。对回收的 1224 份问卷调查结果的分析表明：

1）20%的博士后基金评审专家认为现行的评审原则非常适当，13%的博士后基金评审专家认为现行的资助导向非常适当，另外有71%的博士后基金评审专家认为现行的博士后基金评审原则和资助导向都比较适当（图5-1）。

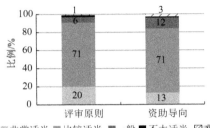

图 5-1　博士后基金评审专家对现行博士后基金评审原则和资助导向是否适当的观点

2）50%的博士后设站单位管理人员认为博士后基金的资助定位与国家科技人才发展战略的相关性比较大，35%的认为非常大；58%的博士后基金评审专家认为博士后基金的资助定位与国家科技人才发展战略的相关性比较大，28%的认为非常大；46%的博士后获资助人员认为博士后基金的资助定位与国家科技人才发展战略的相关性比较大，30%的认为非常大（图5-2）。

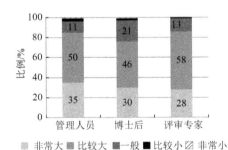

图 5-2　有关博士后基金的资助定位与国家科技人才发展战略的相关性的观点

3）53%的博士后设站单位管理人员认为博士后基金在博士后科研资助中发挥了主导作用，44%的认为起到了辅助作用；55%的博士后获资助人员认为博士后基金在博士后科研资助中发挥了主导作用，38%的认为起到了辅助作用；54%的博士后基金评审专家认为博士后基金在博士后科研资助中发挥了主导作用，40%的认为起到了辅助作用（图5-3）。

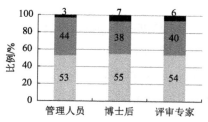

图 5-3　有关博士后基金在博士后科研资助中发挥作用的观点

5.1.3 博士后基金促进人才成长的成效

1. 吸引、发现和引进人才

博士后基金的设立，为博士后开辟了专属的科研资助渠道，自 1987 年启动以来，基金资助人数从当初的 43 人增长到 2013 年的 4689 人，增长了 108 倍，获资助博士后数量迅猛增长。如图 5-4 所示，资助人数随着基金资助格局的变化发生了三次震荡，在 1989 年、1994 年、2003 年出现近乎翻倍的增长速度。

1992～2012 年，博士后进站人数与申请博士后基金资助人数一直保持着同等比例的增长，而获得资助人数的增长率远不及申请资助人数的增长率（分析详见第 2 章）。这充分说明随着博士后招收数量的增多，申请博士后基金的人数在大幅度增加，博士后基金对于博士后人才具有一定的吸引力。

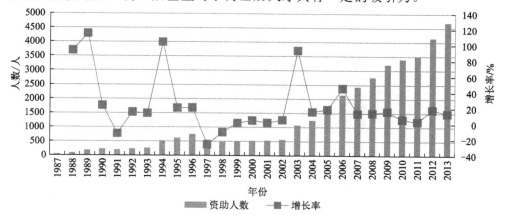

图 5-4　1987～2013 年博士后基金获资助人员变化情况

2008 年增设博士后基金特别资助项目，对在站期间取得重大自主创新研究成果和在研究能力方面表现突出的博士后给予特别经费资助，其资助批准率维持在 40% 上下（图 5-5）。特别资助项目加大了对优秀博士后人才的支持力度，激励创新型思维和想法，对于鉴别更突出的创新型人才起到重要作用。

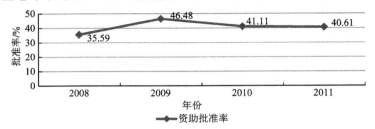

图 5-5　2008～2011 年博士后基金特别资助项目资助批准率

如图 5-6 所示，留学生博士回国做博士后的人数虽然在部分年份有所下降，但总体呈增长趋势。1985 年博士后制度的建立使留学博士意识到在国内博士后开始受到政府重视，有很大的发展前途，开始不断有留学博士回国做博士后。之后博士后科研流动站/工作站的广泛设立，制度的进一步完善，以及资助和评估机构的增加，更吸引了大量留学博士回国做博士后。1985～2011 年，留学博士回国做博士后人数共有 2707 人，其中 2011 年的留学博士回国做博士后人数达到历年之最。博士后制度的不断完善和博士后基金的不断发展，更能满足博士后对于科研和工作的需要，进一步丰富了国家人才层次结构，满足了国家对于人才的需求。

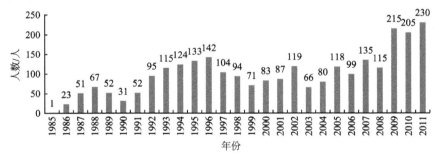

图 5-6　1985～2011 年留学生博士回国做博士后人数统计
1985～2011 年，留学生博士回国做博士后人数共有 2716 人

根据中国博士后官网数据统计，近几年外籍博士后招收比例在 1%～2%，主要人员来自印度、巴基斯坦、伊朗等国家。由此可见，虽然外籍博士后呈逐年增长趋势，但是都主要来自发展中国家，来自发达国家的博士后很少。此外，外籍博士后获得博士后基金资助的比例也微乎其微，一方面是因为外籍博士后

人数少，难以同国内博士后激烈竞争；另一方面是因为博士后基金资助类型中并未设置对海外博士后的资助，这在很大程度上削弱了外籍博士或博士后来中国做博士后的意愿和能力（图 5-7、图 5-8）。

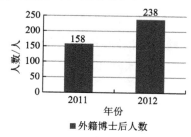

图 5-7　2011～2012 年外籍博士后人员统计

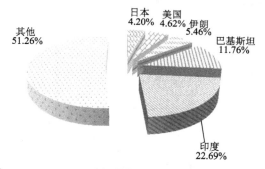

图 5-8　2011～2012 年外籍博士后人员所属国别统计

2. 加强培养青年人才

博士后基金自设立以来，坚持对基础研究的资助，致力于对博士后研究人才的培养和发展，而承担博士后基金项目，可以刺激博士后的创新思维，激励博士后取得学术成果，因此本课题组根据博士后基金资助数据库的数据信息，从获资助博士后的年龄分布、出站去向和在站期间取得的学术成果与科研奖励等角度分析博士后基金对青年人才的培养作用[①]。

（1）博士后基金获资助者的年龄和性别分布

如图 5-9 所示，30 岁以下的博士后基金获资助者分布较少，2011 年之前均为个位数，之后两年开始有所增长；30～35 岁的博士后基金获资助者分布较多，且 2006 年之后呈线性增长趋势，为获资助者中的主力；36～40 岁的博士后基

---

① 一方面，由于博士后出站报告实行宽松管理制度，很多出站博士后的信息并不完全，尤其是 2009 年该信息为空；另一方面，2011～2012 年获资助的博士后的资助信息也并不全面。

金获资助者除个别年份外也呈现缓慢增长趋势；40 岁以上的博士后基金获资助者在 2002～2006 年有平稳增长，但随后开始缓慢下降。在博士后基金获资助者愈来愈年轻化的同时，其性别比例也趋向合理，如图 5-10 所示，虽然男性博士后基金获资助者仍占据很大比例，但可以看到，随着时间的推移，女性博士后基金获资助者也在大幅度增加，两者增长率差别并没有很大。

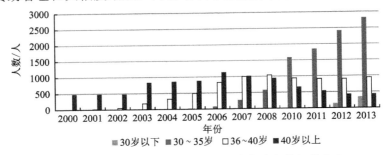

图 5-9　2000～2013 年博士后基金获资助者的年龄分布

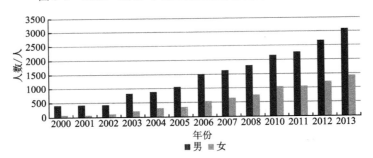

图 5-10　2000～2013 年博士后基金获资助者的性别分布

（2）博士后基金获资助者取得的科研成果

从国际科研活动的普遍规律来看，博士后研究阶段是青年科技人才出思想、出成果、进一步奠定科研基础的重要时期。图 5-11～图 5-13 是 2000～2012 年博士后获得基金资助后取得的科研成果，主要包括论文、专著和专利三种类型。由图形走向可以看出，从 2005 年开始科研成果才开始呈现迅速上升趋势，到 2010 年出现拐点，之后逐年下降。如前所述，因为博士后出站报告采取后期宽松管理方式，很多出站成果信息并不完全，而且 2011～2012 年获资助的博士后的资助信息也并不全面，所以据此判断，随着时间的推移，获博士后基金资助人数越来越多，其科研成果也会呈迅猛增长态势。

如图 5-11 所示，博士后基金获资助者发表的论文在国内刊物和国际刊物上同比例分布，国际期刊论文一度曾超越国内期刊论文；会议论文不同于期刊论文，国内学术会议论文在 2006 年之后一直缓慢下降，而国际学术会议论文则在 2010 年之前稳步上升。

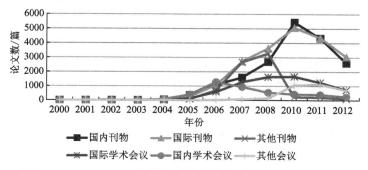

图 5-11 2000～2012 年博士后基金获资助者的论文产出情况

图 5-12、图 5-13 是 2000～2012 年博士后在获资助期间产出的专著和专利情况，虽然都呈现上升态势，但仍可以发现合著专著要远高于独著专著，发明专利占明显优势，实用新型和外观设计专利占很小比例，说明成果具有较好的创新性。

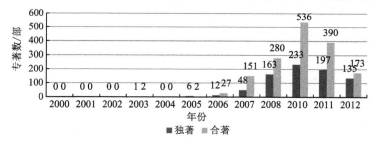

图 5-12 2000～2012 年博士后基金获资助者的专著产出情况

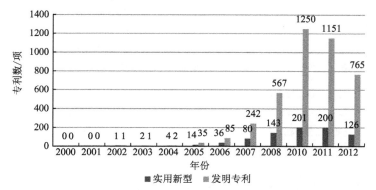

图 5-13 2000～2012 年博士后基金获资助者的专利产出情况

外观设计专利因数量极少没有在图中列出

（3）博士后基金获资助者参与的科研项目

博士后的培养目标是"在使用中培养，在培养和使用中发现更高级的人才"，因此，博士后在站期间大都是各种类型科研项目的主力，对于博士后基金获资助者更是如此。如图 5-14 所示，博士后在获资助期间承担最多的是国家级科研项目，增长速度也最快，同时部委和省部级科研项目也同比例小幅增长；图 5-15 是这些科研项目的性质，其中，自由探索性基础研究项目最多，其次是应用研究项目，这两者差距并不大，说明博士后基金获资助者更多注重实现和转化自己的创新性想法；然后是战略性基础研究项目，这些项目的承担符合国家的科技战略发展和需求，与国家的科技政策导向具有一致性。

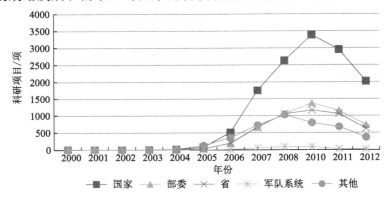

图 5-14　2000～2012 年博士后基金获资助者参与的科研项目情况

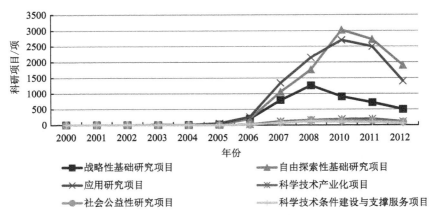

图 5-15　2000～2012 年博士后基金获资助者参与的科研项目性质

（4）博士后基金获资助者获得的科研奖励和基金支持

博士后基金获资助者在站期间除取得了优异的科研成果之外还荣获多种

类型的科技奖励和基金支持，如图 5-16 所示，博士后获得最多的是省部级科技奖励，其次是社会科技奖励，还有少部分得到了国家科技奖励的认可，随着时间的推移，获奖人数在增多，奖励类型也在增多。因为目前我国的博士后在站时间一般为 2～3 年，无法完整完成一项重大科研项目，所以获得项目制科学基金资助的博士后并不多。而由图 5-17 可知，大部分博士后在获得博士后基金资助后仍能得到国家和省部级自然科学基金与社会科学基金的青睐，说明博士后基金的锻炼培养使其更有能力承担更多类型、更高能力的资助和支持。同时，可以看出，自然科学基金项目远远高于社会科学基金项目。

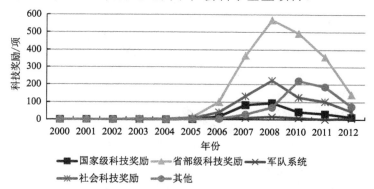

图 5-16　2000～2012 年博士后基金获资助者获得的科技奖励类型

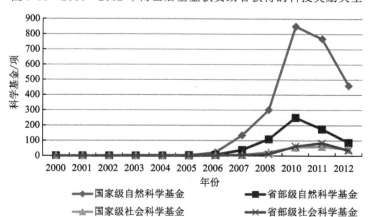

图 5-17　2000～2012 年博士后基金获资助者获得其他基金的资助情况

（5）博士后基金获资助者的出站去向

博士后作为高层次人才代表，获资助后通常能取得代表性的科研成果，出站后也通常会选择回到原科研单位跟踪前沿理论或留在设站单位和流动到新单位继续深造。在博士后基金获资助者出站单位类型的调查中发现，高校和科研院所仍然是博士后们的首选，博士后的科研想法得到支持、科研成果得到肯定后更能激发其从事科研事业的信心和决心。而作为产、学、研结合的最佳载体，企业博士后科研工作站却不能很好地发挥引才留才作用，一方面是因为企业不具备高水平的研究力量，而高校有着高水平专家，博士后更希望选择科研环境好的平台；另一方面是因为更多博士后从事的是基础性研究工作，成果取得的时间通常较长，而企业更看重产出效益。所以，选择流动到企业的博士后很少（图 5-18、图 5-19）。

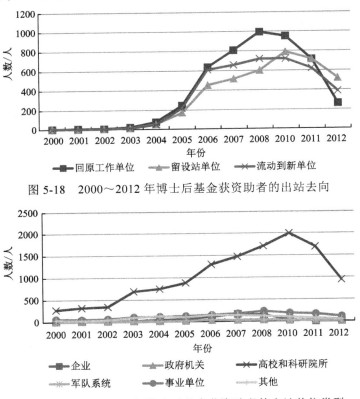

图 5-18　2000～2012 年博士后基金获资助者的出站去向

图 5-19　2000～2012 年博士后基金获资助者的出站单位类型

3. 造就杰出和领军人才

博士后基金的资助可以帮助博士后凝练研究方向，为其后续研究成果的取得奠定基础，现在已经成为院士的 50 名博士后中，有许多创新设想就是在博士后基金资助下通过自主探索得到的。本课题组利用已掌握的博士后基金获资助者与两院院士、973 计划项目首席科学家、长江学者、创新群体负责人、国家杰出青年、教育部创新团队负责人等人员的姓名、单位和研究方向进行匹配，通过匹配发现获资助者后续成长情况。截至 2011 年，获得博士后基金资助的院士为 24 人，973 计划项目首席科学家 42 人，在获得博士后基金资助后，405 名博士后后续又得到了国家杰出青年科学基金的资助，另外有百余位博士后后续成长为长江学者、创新群体负责人、教育部创新团队负责人等（图 5-20）。

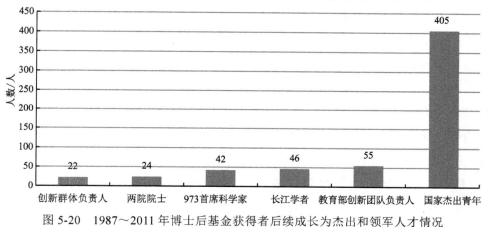

图 5-20　1987～2011 年博士后基金获得者后续成长为杰出和领军人才情况

本课题组采用文献计量的方法，从所著论文学科方向的角度对博士后基金造就杰出和领军人才进行分析，并选取院士的 SCI 论文进行实证分析。选取院士作为实证分析对象，原因主要有两个：一是院士代表了中国学术界的最高水平，具有较高的研究意义；二是出于数据需求的考虑，院士的名单人数能够准确获得（表 5-4）。

表 5-4　获得博士后基金资助的院士名单

姓名	受资助批次	专业	姓名	受资助批次	专业
方滨兴	10	信息网络与信息安全	席南华	5	数学
侯建国	7	凝聚态物理	郑兰荪	1	无机化学
黄民强	7	信息通讯	朱日祥	8	理论物理
穆穆	3	大气动力学	焦念志	11	生物海洋学
欧进萍	4	力学	赵宪庚	11	物理学
彭实戈	5	数学	王超	17	地质学
苏义脑	5	钻井工程	文兰	5	数学力学
田中群	3	化学	孟安明	9	发育生物学

姓名	受资助批次	专业	姓名	受资助批次	专业
王恩哥	9	凝聚态物理	周其林	5	有机化学
王光谦	8	水力学	朱玉贤	11	植物生物学
段树民	12	神经生物学	李言荣	14	信息与通信工程
赖远明	28	土木工程	谭天伟	15	化学工程与技术

从论文的角度出发，对比分析同一研究领域受过博士后基金资助的院士与未受过博士后基金资助的院士的论文产出，来研究博士后基金的资助对研究人员的后期成长是否有促进作用。

在 WOS 数据库中以作者姓名为关键词进行检索，为了保证数据的完整性，尽可能考虑作者姓名的所有拼写情况，采用多种检索方式的组合，以郑兰荪院士为例，检索方式包括"AU=Zheng LanSun""AU=L.S.Zheng""AU=Zheng Lan-Sun""AU=Zheng, LanSun"等，文献类型=Article，语言=English，时间=所有年份。将检索之后得到的数据导入文献计量 Vantage Point 软件，根据作者所在单位、作者主要研究方向进行数据清理，并进行分析。

以化学领域为例，在 24 位受过博士后基金资助的院士和 11 位没有受过博士后基金资助的博士后院士中，分别有 4 位、3 位的研究领域为化学，对这 7 位的论文数据展开被引频次及 H 指数的分析，得到的结果如表 5-5、表 5-6 所示。

表 5-5　获得博士后基金资助的院士论文文献计量分析（化学领域）

姓名	SCI 论文数	篇均被引频次	最高被引频次	H 指数
郑兰荪	278	10.9	376	36
田中群	140	13.3	443	48
周其林	83	14.4	163	24
谭天伟	208	4.4	124	20

表 5-6　未获得博士后基金资助的博士后院士论文文献计量分析（化学领域）

姓名	专业	SCI 论文数	篇均被引频次	最高被引频次	H 指数
张希	高分子化学和物理	117	10.1	160	24
刘炯天	化工、冶金	21	0.48	7	2
付贤智	化学工程与技术	170	17	242	37

对比表 5-5 和表 5-6 的结果发现，受过博士后基金资助的院士的 SCI 论文

产出数量较多，被引频次较高，H 指数较高，相对而言比较有优势，说明博士后基金对于院士的发展有一定帮助。

为了验证博士后基金对受资助者研究方向的凝练作用，选取郑兰荪教授发表论文的全样本和受资助后 5 年内发表论文的样本的关键词，分别开展文献计量分析，如图 5-21 所示。

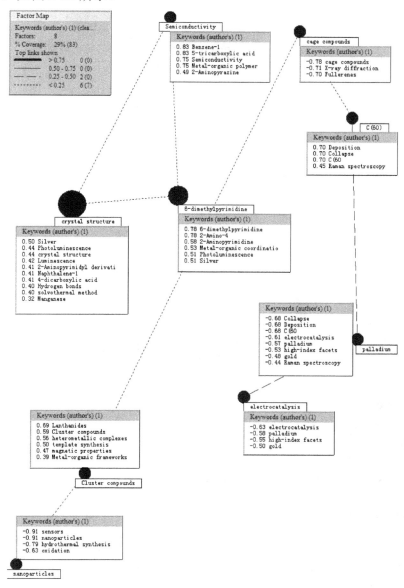

（a）

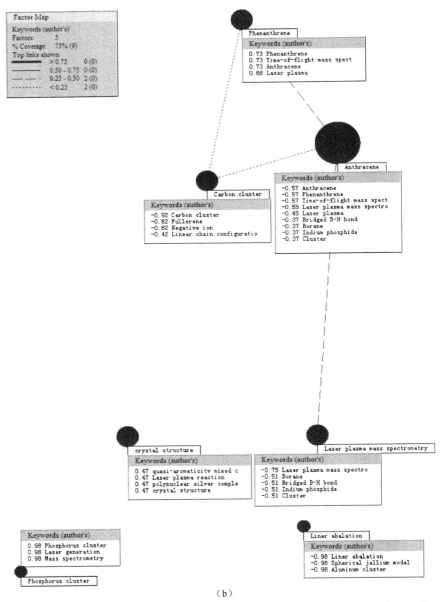

（b）

图 5-21　郑兰荪院士获资助 5 年内发表文献与所有文献关键词因子地图比较

　　通过对郑兰荪院士获得博士后资助之后 5 年内发表的 SCI 论文和其发表的所有 SCI 论文的对比发现，郑兰荪院士在其科研工作早期就凝练了其研究方向，即原子团簇科学研究，并且在持续的研究中不断扩展研究的内容，如纳米微观结构材料的制备、激光离子源射频等研究热点，证明博士后基金对于凝练研究方向具有积极作用。

4. 促进人才成长的观点

（1）吸引、发现和引进人才

吸引、发现和引进优秀博士后人才是博士后基金的主要资助目标。在回收的 1224 份调查问卷中，博士后设站单位管理人员、博士后基金获资助人员和博士后基金评审专家普遍认为博士后基金在吸引和发现优秀博士后人才方面起到比较重要的作用。由图 5-22 可知，博士后基金在促进人才成长方面起到非常重要的作用，其中 60% 左右的人员认为博士后基金能够吸引优秀博士后人才，65% 以上人员认为博士后基金可以发现、培养和稳定博士后队伍，相较之下，引进海外人才的作用还未充分发挥，综上，博士后基金吸引、发现人才的成效比较显著。

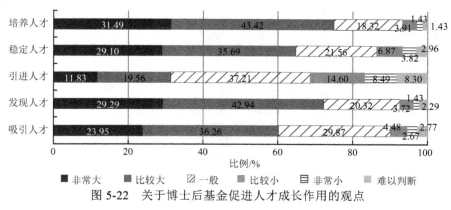

图 5-22　关于博士后基金促进人才成长作用的观点

博士后在职业生涯初期获得第一笔科研基金对其顺利开展科学研究工作起着非常大的作用，501 份博士后基金获资助者的调查问卷显示，中国博士后科学基金、国家青年科学基金和国家社会科学基金是其第一笔科研基金的主要来源，占据了 98% 的比例。调查问卷显示，52% 的博士后设站单位管理人员认为博士后基金是博士后科研人员获得资助的主要渠道，45% 的认为是最主要的资助渠道，还有 3% 认为这是唯一的资助渠道；55% 的博士后基金评审专家认为博士后基金是博士后科研人员的主要资助渠道，40% 认为是最主要的资助渠道（图 5-23）。此外，对博士后基金获资助人员的问卷调查显示，16% 的获资助人员认为"如果没有获得博士后基金资助，自己的研究选题将难以开展研究"（图 5-24）。

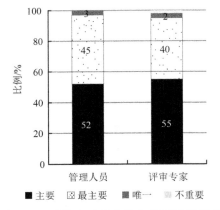

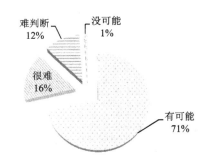

图 5-23　对博士后基金作为科研资助渠道　　图 5-24　如果未获得博士后基金资助是否会
　　　　　重要性的观点　　　　　　　　　　　　　开展相同的研究

（2）加强培养青年人才

对于从事基础研究的博士后来说，博士后基金不仅是其科研职业生涯的起点，也是引领其进入科研殿堂的阶梯与基石。对博士后基金获资助者的调查问卷显示，获得博士后基金资助后，博士后的科研态度会发生积极转变，获得博士后基金资助对其科学研究和价值观有积极影响，使博士后的科研能力得到不同程度的提升，对博士后的职业生涯有较大的正影响（表 5-7、表 5-8、图 5-25、图 5-26）。首先，博士后基金的资助使博士后自信心增强、动力更足、工作更严谨、更加重视原创性研究；其次，通过博士后基金资助博士后的研究组织能力得到加强、研究效率明显提高，进而能够开展重大科学问题研究；最后，博士后基金资助确立了博士后从事科学研究的职业选择，有助于其为科学事业做出贡献。

表 5-7　博士后获博士后基金资助后在科研态度方面的变化

评估内容	频数	比例/%
自信心增加，积极申报其他科研课题	444	88.45
动力更足，对科研工作更加投入	384	76.49
更加重视原创性研究，给自己提出更高的研究目标	351	69.92
工作更加严谨，发表研究成果更加慎重	263	52.39
锐气增加，敢于挑战权威	89	17.72
没有明显变化	5	0.1

表5-8　博士后通过博士后基金资助获得的能力提升

能力项	频数	比例/%
研究组织能力，为以后的科学研究积累了经验	435	86.65
研究效率明显提高，研究进程得到加快	282	56.18
开展重大科学问题研究的能力得到加强	272	54.18
国际合作能力得到加强	86	17.13
其他	17	3.39

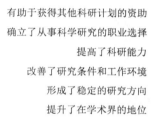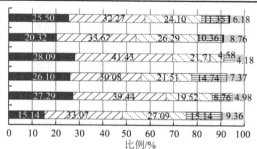

图5-25　获博士后基金资助对职业生涯的影响

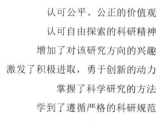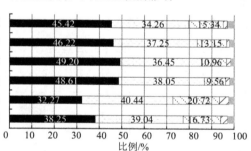

图5-26　博士后基金资助对科学研究和价值观的影响

博士后基金注重对人的资助，强调高层次创新型青年人才的培养，在回收的1224份调查问卷中，博士后设站单位管理人员、博士后基金获资助人员和博士后基金评审专家对博士后基金提高博士后研究水平、促进博士后人才成长及促进博士后队伍稳定等作用发表了类似的看法。

1) 53%的博士后设站单位管理人员认为博士后基金对提高设站单位博士后研究水平、促进博士后人才成长具有主导作用，47%认为具有辅助作用；56%的博士后基金获资助人员认为博士后基金对提高设站单位博士后研究水平、促进博士后人才成长具有主导作用，41%认为具有辅助作用；50%的博士后基金评审专家认为博士后基金对提高设站单位博士后研究水平、促进博士后人才成长具有主导作用，43%认为具有辅助作用（图5-27）。

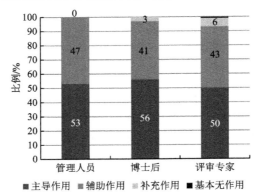

图 5-27 博士后基金对提高博士后研究水平、促进博士后人才成长作用的观点

2）53%的博士后设站单位管理人员认为博士后基金对博士后队伍的稳定、激励及导向起到了主导作用，46%认为起到了辅助作用；60%的博士后基金获资助人员认为博士后基金对博士后队伍的稳定、激励及导向起到了主导作用，35%认为起到了辅助作用；48%的博士后基金评审专家认为博士后基金对博士后队伍的稳定、激励及导向起到了主导作用，46%认为起到了辅助作用（图5-28）。

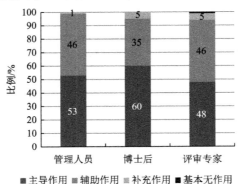

图 5-28 博士后基金对博士后队伍发展起到稳定、激励和导向作用的观点

（3）造就杰出和领军人才

获得博士后基金资助对于博士后后续获得承担计划支持、基金资助或荣誉起到重要的作用。在回收的 502 份博士后基金获资助人员调查问卷中，有 370

位补充了其后来获得的荣誉和承担的责任，结果显示，获得博士后基金资助对其后续承担青年科学基金项目起到突出的作用（图 5-29）。

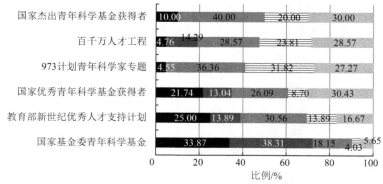

国家杰出青年科学基金获得者 10.00 40.00 20.00 30.00
百千万人才工程 4.76 14.29 28.57 23.81 28.57
973 计划青年科学家专题 4.55 36.36 31.82 27.27
国家优秀青年科学基金获得者 21.74 13.04 26.09 8.70 30.43
教育部新世纪优秀人才支持计划 25.00 13.89 30.56 13.89 16.67
国家基金委青年科学基金 33.87 38.31 18.15 4.03 5.65

■ 非常大　 ■ 比较大　 ■ 一般　 ☰ 比较小　 ▨ 没有关系

图 5-29　博士后基金资助与博士后人员后来获得其他荣誉或承担责任的关联度判断

如图 5-30 所示，回收的 1224 份调查问卷显示，调查对象对博士后基金促进人才成长的作用有普遍的认同，其中发挥创新人才种子基金、促进青年人才成长和扶持边远和少数民族地区人才的作用比较大。

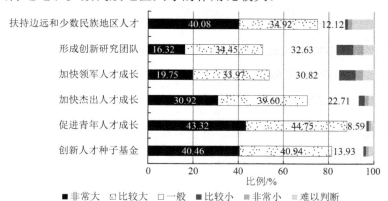

扶持边远和少数民族地区人才 40.08 34.92 12.12
形成创新研究团队 16.32 34.45 32.63
加快领军人才成长 19.75 33.97 30.82
加快杰出人才成长 30.92 39.60 22.71
促进青年人才成长 43.32 44.75 8.59
创新人才种子基金 40.46 40.94 13.93

■ 非常大　 ☷ 比较大　 □ 一般　 ■ 比较小　 ▨ 非常小　 ▨ 难以判断

图 5-30　调查对象关于博士后基金对促进人才成长发挥作用的观点

5. 促进人才成长的案例

本课题组在调查问卷的发放与实地访谈的过程中，搜集了一些优秀博士后基金获得者的案例资料。

（1）吸引和发现人才

博士后基金资助制度遴选和发现了一批优秀的青年科研工作者。获得博士后面上基金资助的人员，陆续又获得博士后基金特别资助或者国家自然科学基金青年科学基金项目资助，出站博士后大多已留校并继续从事相关的科研工作，出站博士后近 5 年取得的成绩主要还是体现在发表国际论文、承担国家课题和职称晋升等方面。北京邮电大学信息光子学与光通信国家重点实验室博士后袁学光，获博士后科学基金资助，2011 年出站后留校任教，长期从事光纤通信系统和嵌入式通信系统方面的研究。先后参与完成了国家 863 计划项目、国家"十一五"规划项目、国家"十二五"规划项目、与企业合作技术开发在内的多项科研项目。现为中国通信学会会员、北京通信学会学术委员会秘书、NGB（中国下一代广播电视网）工作组家庭网专题组北京邮电大学代表。上海海洋大学校水产博士后科研流动站博士后付元帅，获得中国博士后科研基金面上项目一等资助，现在就职于上海海洋大学水产与生命学院。付元帅已正式发表 2 篇 SCI 论文；另有 4 篇 SCI 论文已投稿，其中 2 篇正在审稿阶段；作为项目申请人获得上海海洋大学骆肇荛科技创新基金重点资助，获得上海市优秀毕业论文培育计划资助。

案例 1   南京航空航天大学丁文锋

1. 博士后基金资助情况

项目负责人：丁文锋

所在单位：南京航空航天大学航空宇航科学与技术博士后科研流动站

资助时间：特别资助项目（2007）

2. 博士后基金项目获资助者的成长情况

丁文锋，2006 年 6 月至 2008 年 7 月为南京航空航天大学航空宇航科学与技术博士后科研流动站博士后，随后留校任教，并于 2011 年 3 月至 2013 年 3 月在中航工业西安航空发动机（集团）有限公司博士后科研工作站开展博士后研究工作（与南京航空航天大学联合培养），主要从事航空发动机关键零部件高效精密磨削研究，现为教育部创新团队"难加工材料的高性能加工技术"学术骨干。2008 年 5 月丁文锋被评为副教授，2011 年 5 月破格晋升为教授，2013 年 9 月被评为博士生导师。

近年来，丁文锋一直致力于先进磨削加工工艺与装备技术的基础研究，着重对钎焊 CBN 超硬磨料砂轮研制及其在航空航天难加工材料高效加工中的应用进行了深入研究。2011～2013 年，他主持国家级、省部级纵向科研项目 8 项[项目来源包括：国家自然科学基金青年科学基金项目与面上项目、中国博士后科学基金面上项目（一等）与特别资助项目、江苏省自然科学基金项目、教育部博士点基金（新教师类）项目、航空科学基金项目、江苏省博士后科研资助计划项目]，以及企业委托项目 4 项，作为学术骨干承担 973 计划课题、国防基础科研项目等多个重要研究项目，曾获得 2009 年度全国百篇优秀博士学位论文提名奖与第八届南京市自然科学优秀学术论文奖、2008 年度江苏省优秀博士学位论文、2007 年度南京市白下区第五届"白下十大杰出青年"和南京航空航天大学"优秀博士后"、2006 年度国家国防科学技术工业委员会委属高校"优秀毕业生"与第五届"挑战杯"中国大学生创业计划大赛金奖（第一完成人）等多项荣誉。他入选 2012 年度江苏省"青蓝工程"中青年学术带头人培养对象、2013 年度江苏省"333 高层次人才培养工程"第三层次暨中青年科学技术带头人。

目前，丁文锋以第一完成人申请发明专利 6 项，授权发明专利 2 项；在 *Materials Science and Engineering A*、*International Journal of Advanced Manufacture Technology*、*Journal of Materials Engineering and Performance*、《机械工程学报》等期刊以第一作者发表学术论文 28 篇（SCI 收录 20 篇），并被国内外知名学者多次引用或评述。同时，他还担任国内外多份知名学术期刊的审稿人。

案例 2　陕西师范大学高学强

1. 博士后基金资助情况

项目负责人：高学强

所在单位：陕西师范大学历史文化学院历史学博士后科研流动站

资助时间：面上资助项目（2008）

2. 博士后基金项目获资助者的成长情况

高学强，2007 年 9 月进入陕西师范大学历史文化学院历史学博士后科研流动站，在合作导师萧正洪教授指导下，依托陕西师范大学历史文化学院国家级重点学科中国古代史和教育部人文社会科学重点研究基地——西北历史环境与经济社会发展研究院开展博士后研究工作"清代陕南的民间纠纷及其解决——基于地方志、碑刻与司法档案的研究"。

高学强在博士后研究工作中能打破学界目前在法律史研究中重法律史料而轻历史史料、重宏观研究而轻微观研究、重中央机构研究而轻地方研究的缺陷,以搜集到的大量关于清代陕南民间纠纷解决的第一手资料为依据,尤其是第一次使用了大量尚未整理出版的陕西省档案馆珍藏的清代陕南紫阳县正堂司法档案,创造性地开展地域性法律史研究,选题新颖,研究视角独特,研究方法科学,填补了国内外法律史学界和历史学界在清代陕南民间纠纷解决机制问题研究中的空白。在博士后出站报告答辩中其报告受到专家一致好评,被评为优秀博士后研究工作报告。

高学强除了与合作导师经常进行沟通和交流外,还与校内外法学界和史学界相关领域的专家学者建立了密切的合作关系,共同探究及推动多学科的发展。高学强具备高度的科研热忱和优异的科研潜质,古文功底和史料功夫扎实;尤其具备杰出的对交叉学科的融合及创新引导能力,是不可多得的青年人才,科研潜力很大。

在合作导师萧正洪教授的指导下,高学强自入站以来先后在 CSSCI 来源期刊独立发表学术论文 5 篇,其他论文数篇,相继获批主持教育部人文社会科学研究基金项目、国家社会科学研究基金后期资助项目和陕西省社会科学基金项目各 1 项,主持陕西师范大学校级科研项目 2 项,所有这些都为其博士后研究工作的顺利进行和完成打下了坚实的基础。

案例 3　华北电力大学雷兢

1. 博士后基金资助情况

项目负责人:雷兢

所在单位:华北电力大学能源动力与机械工程学院博士后科研流动站

资助时间:面上资助项目(2009)、特别资助项目(2010)

2. 博士后基金项目获资助者的成长情况

雷兢,男,博士,华北电力大学能源动力与机械工程学院副教授。

雷兢 2009 年 7 月进入华北电力大学能源动力与机械工程学院博士后科研流动站，合作导师为刘石教授，依托本学院电站设备状态监测与控制教育部重点实验室及教育部长江学者和创新团队发展计划等科研项目，开展博士后研究工作"热物理量可视化场测量反演算法研究"。

入站以后，雷兢在多相流电容层析成像可视化测量的理论与工业应用方面展开了深入研究，取得了重要的研究进展。在理论研究方面，雷兢突破电容层析成像图像重建信息量匮乏的瓶颈，创新性地提出了融合被测对象动态演化信息与电容层析成像测量信息的成像方法与高性能求解算法，有效改善了成像质量，开辟了电容层析成像复杂场测量的新途径；突破常规成像算法需要执行大量迭代来获得高质量图像，难以满足在线成像要求的瓶颈，原创性地提出了基于多测量向量的降维重建方法，将图像重建的欠定问题转化为超定问题，缓解了图像重建问题的病态本质，间接增加了成像过程的信息量，显著提高了图像重建速度与成像质量，开辟了电容层析成像反问题求解的新途径。在应用研究方面，雷兢与课题组成员合作，在国际上首次实现了多孔介质中燃烧火焰的电容层析成像可视化测量，阐明了火焰成像的机理，为探索多孔介质燃烧的复杂物理与化学机理提供了科学依据；突破电力和冶金行业中煤粉燃料输送极低浓度造成的在线浓度、流速、流量同时测量难题，与课题组成员原创性地提出了旋流浓集的稀疏气固两相流测量方法，将热物理学科原理和电学感应原理结合，以流动规律主导，增强传感能力，获得了较为准确的测量结果，为气力输送气固两相流提供了有力的在线测量方法，推动了电容层析成像方法的量化测量研究，拓宽了该方法的应用范围。

依托国家能源与环境可持续发展战略的重大需求，雷兢在二氧化碳地质封存、高温地热、页岩气动态运移机理、信号与图像处理等方面进行了深入探索。依托课题组的教育部高等学校学科创新引智基地项目，雷兢积极地与国内外相关同行建立密切的合作关系，并与剑桥大学、曼彻斯特大学、伯明翰大学、诺丁汉大学、得克萨斯大学的相关研究人员建立了稳定的项目合作关系，共同探究及推动能源利用与转化过程中的交叉学科发展。

雷兢具备高度的科学精神与创新精神,思维活跃,善于捕捉与把握国际研究前沿,具备杰出的对于交叉学科的融合及创新能力,相关研究工作获得了国际同行的好评。根据 2000 年至今 SCI 数据库的统计,以"电容层析成像"(Electrical Capacitance Tomography)为关键词,雷兢的 SCI 发文量全球排名第五。

雷兢自入站以来在国际主流期刊发表 SCI 学术论文 18 篇,主持了中国博士后科学基金(特别资助与二等资助)、国家自然科学基金及中央高校基本科研业务费等的科研项目。他作为学术骨干参与了国家自然科学基金重点项目、国家 973 项目、国家 863 项目、教育部长江学者和创新团队发展计划项目、教育部高等学校学科创新引智基地项目等多个国家级重要科研项目。他还受邀担任 *Measurement Science and Technology*、*IET Signal Processing*、*Measurement*、*Instrumentation Science & Technology*、*Computers and Electrical Engineering*、*Journal of Computational and Applied Mathematics*、*ASME Journal of Heat Transfer* 等多个国际学术期刊的论文评审专家;担任 2010 年第六届世界工业过程层析成像大会学术委员会委员、2013 年英国工程技术学会可再生能源发电国际会议技术规划委员会委员。

案例 4　陕西师范大学王静

1. 博士后基金资助情况

项目负责人:王静

所在单位:陕西师范大学马克思主义博士后科研流动站

资助时间:面上资助项目(2011)、特别资助项目(2012)

2. 博士后基金项目获资助者的成长情况

王静,女,副教授,2010 年 11 月进入陕西师范大学马克思主义博士后科研流动站,在合作导师马启民教授指导下,开展博士后研究工作"马克思主义流通理论当代借鉴与应用——西部农产品物流与农村经济可持续发展战略研究"。王静创新传统科研模式,转换研究视角和分析范式,在研究马克思主义流通理论、深入考察西部农产品物流与农村经济客观现实及相关研究的基础上，围绕经济社会发展对西部后续开发的总体要求，紧扣"可持续发展"主题，着力建构西部农产品物流与西部农村可持续发展机制与模式；积极与生态经济学、农业经济学、制度经济学、产业经济学及现代物流科学等领域的国内外相关同行联系，合作研究，推动多学科交叉和融合。

王静具备高度的科研热忱和优异的科研潜质，进入博士后科研流动站前就已主持并完成多个国家级、省部级课题，出版专著 1 部，并在《思想战线》《国际经贸探索》《学术论坛》等刊物上发表多篇学术论文，部分成果获得了较高的社会评价。进入博士后科研流动站后，王静与合作者用新的研究视角和思路，提出以马克思主义生态价值观作为方法论，揭示概念内涵和实现机理、深化实证分析、构建总体模式，以及优化关键技术、实现机制和路径，旨在为我国经济改革走向理性化路径服务，为整个社会和谐发展提供全新的见解。

在合作导师马启民教授的指导下，王静自入站以来不断创新，成果累累，相继获中国博士后科学基金面上资助和特别资助项目，并主持陕西省社会科学界联合会的重大项目及西安市科学技术局产业技术创新计划项目各 1 项；在国际国内主流期刊发表 SCI、EI、CSSCI 学术论文 15 篇，其中多篇被《新华文摘》《高等学校文科学术文摘》及中国人民大学复印报刊资料转载，并荣获多个省部级以上社会科技奖励。在站期间，王静多次应邀在国际国内学术会议上作学术报告，交流研究成果，并受邀国际期刊 *Advances in Manufacturing Technology* 撰写了学术评论文章。

案例 5　西北工业大学胡新韬

1. 博士后基金资助情况

项目负责人：胡新韬

所在单位：西北工业大学自动化学院电气工程博士后科研流动站

资助时间：面上资助项目（2011）、特别资助项目（2012）

2. 博士后基金项目获资助者的成长情况

胡新韬，2011 年 3 月至 2013 年 3 月在西北工业大学自动化学院电气工程博士后科研流动站工作，主要从事脑功能与多媒体信息融合方面的研究工作。其博士后期间的研究工作相继获得了国家自然科学基金青年科学基金项目、中国博士后科学基金一等面上项目及中国博士后科学基金特别资助项目的支持。胡新韬在 *IEEE Transactions on Multimedia*、*Journal of Magnetic Resonance Imaging*、*Neuroimage*、*Cerebral Cortex*、*Neuroinformatics*、*Journal of Neuro-Oncology*、*Journal of Neurology Neurosurgery and Psychiatry*、*Dementia and Geriatric Cognitive Disorders* 等高水平国际期刊发表论文 20 篇，其中为第一作者的 4 篇。在多媒体处理与分析顶级国际会议 ACM Multimedia，医学影像分析顶级国际会议 MICCAI、IPMI、ISBI、SPIE MI，以及机器学习顶级国际会议 NIPS 等上发表论文 28 篇（7 篇宣读），其中为第一作者的 8 篇（4 篇宣读）。

胡新韬的主要研究工作是试图将脑科学和多媒体信息有效地结合起来，以起到相互补充、互相促进的作用。其所在研究团队在之前的研究工作的实验中发现，用于定位脑网络节点的 fMRI 数据中的数据预处理及处理方法（经典的基于 GLM 模型的激活区检测方法）在激活区检测（脑网络节点定位）中存在着一定的不确定性。结合这个思路，胡新韬申请了中国博士后科学基金面上一等资助项目的资助。2011 年，胡新韬研究团队在大脑网络节点问题上的研究工作取得了突破性进展，依据"连接决定功能"这一神经科学领域广为接受的基础理论，开发了精确定位的大脑皮层地表系统 DICCCOL（Dense Individualize Common Connectivity-based Cortical Landmarks），在多个国际知名期刊，以及高水平国际会议上发表多篇论文。DICCCOL 被多个科学研究新闻机构（如 Science Daily、Neuroscience News）报道，被称为研究大脑的"GPS"。此外，考虑到多媒体底层特征可能与脑功能特征之间存在着互补性，胡新韬提出了融合两个特征空间的研究思路，相关的研究成果发表在 *IEEE Transactions on Image Processing* 和 ACM Multimedia 2013。以基于 DICCCOL 的脑功能引导的多媒体内容分析为基础，结合底层特征与脑功能特征融合的研究思路，胡新韬申请了第五批中国博士后科学基金特别资助，并获得批准。

案例 6　西北工业大学赵新宝

1. 博士后基金资助情况

项目负责人：赵新宝

所在单位：西北工业大学航空学院力学博士后科研流动站

资助时间：面上资助项目（2011）、特别资助项目（2012）

2. 博士后基金项目获资助者的成长情况

赵新宝，2010 年 7 月至 2012 年 9 月在西北工业大学航空学院力学博士后科研流动站从事博士后科研工作，合作导师为长江学者李玉龙。

在从事博士后工作期间，赵新宝积极参与国家项目的申请和研究工作。他先后主持了国家自然科学基金青年科学基金项目 1 项、中国博士后科学基金特别资助项目 1 项、中国博士后科学基金面上资助项目 1 项、凝固技术国家重点实验室博士后基金项目 1 项，总经费达 49 万元。他同时作为项目的联系人或重要完成人，参与了课题组内其他项目的研究，包括国家 973 计划项目 2 项、国家 863 计划项目 1 项、国家自然科学基金项目 2 项。

在这些项目的支持下，赵新宝在国内外重要期刊 *Materials Chemistry and Physics*、*Journal of Alloys and Compounds* 等以第一作者发表学术论文 7 篇，其中被 SCI 收录的有 5 篇，包括 2 区的期刊 2 篇，被 EI 收录的有 6 篇；另外，合作发表学术论文 10 篇。赵新宝先后申请国家专利 4 项，其中 1 项发明和 1 项实用新型已经获得授权；同时多次参加国内外学术会议，并做口头报告。在博士后工作期间赵新宝还积极参加了部分教学工作，先后协助指导 4 名研究生开展课题研究，课题进展顺利，其学术论文已经均被国内外期刊录用。赵新宝指导 2010 级本科生 4 人开展了大学生创新性试验计划项目"工艺参数对镍基单晶高温合金晶体取向的影响"，先后获得校级重点和国家级项目支持，在中期考核中也成绩优异。

案例 7　西北工业大学罗皎

1. 博士后基金资助情况

项目负责人：罗皎

所在单位：西北工业大学材料学院航空宇航科学与技术博士后科研流动站

资助时间：特别资助项目（2011）

2. 博士后基金项目获资助者的成长情况

罗皎，2010 年 10 月至 2012 年 9 月在西北工业大学材料学院航空宇航科学与技术博士后科研流动站从事博士后科研工作，合作导师为李淼泉教授。罗皎在从事博士后科研工作期间，主要从事精密塑性成形理论与技术研究。其研究工作得到了国家自然科学基金、中国博士后科学基金、国家重点实验室自主研究基金、西北工业大学首批基础研究基金等资助。

罗皎在从事博士后科研工作期间以第一作者在 *Materials Science and Engineering A*、 *Journal of Materials Processing Technology*、*Computers, Materials, & Continua* 等国际重要学术刊物上发表学术论文 8 篇（其中 SCI 收录 7 篇，EI 收录 7 篇）；计算机软件著作权登记 3 项；于 2011 年参加了在北京召开的第 12 届世界钛会（The 12th World Conference on Titanium）等国际学术会议，并做了学术报告。

博士后在站期间，罗皎积极参与国家项目的申请和研究工作。她先后主持了国家自然科学基金青年科学基金项目 1 项、中国博士后科学基金特别资助项目 1 项，总经费达 29 万元。同时，作为项目的联系人或重要完成人，罗皎参与了课题组内其他项目的研究，包括国家总装预研项目 1 项、国家级技术推广项目 1 项、国家自然科学基金项目 2 项。在博士后工作期间罗皎也承担了部分教学工作，连续两年荣获"西北工业大学材料学院优秀本科生班主任"称号，先后协助指导 9 名本科生完成本科毕业论文，其中 5 名同学的论文获西北工业大学优秀本科毕业论文。

案例 8　南京航空航天大学乔学斌

1. 博士后基金资助情况

项目负责人：乔学斌

所在单位：南京航空航天大学管理学院博士后科研流动站

资助时间：面上资助项目（2011）

2. 博士后基金项目获资助者的成长情况

乔学斌，南京航空航天大学管理学博士后、研究员，南京医科大学公共卫生硕士（MPH）研究生导师、思想政治教育专业硕士研究生导师，江苏省高校"青蓝工程"中青年学术带头人。乔学斌1992年工作至今先后担任南京医科大学辅导员，江苏省委驻睢宁县扶贫工作队员，南京医科大学校团委副书记、毕业生就业中心主任、新校区建设管理委员会副主任、党委学生工作部部长、学生工作处处长、党委人民武装部部长，现任盐城卫生职业技术学院院长、党委副书记。

乔学斌主要从事医学伦理与医学人文、高等教育管理研究与教学工作，先后为研究生和本科生开设"管理伦理学""思想政治教育理论与实践""形势与政策"等课程。近年来其在《江苏高教》《教育探索》等国内学术刊物发表论文20余篇，出版专著2部，获得全国学生工作优秀学术成果特等奖、江苏省高校思想政治教育优秀科研成果二等奖、江苏省高等教育科研成果三等奖、江苏省高校哲学社会科学研究优秀成果三等奖等各类成果奖近10项。其先后主持并完成全国高等教育科学"十五"计划重点研究计划课题项目、中国博士后科学基金项目、江苏省博士后科学基金项目、江苏省高校哲学社会科学基金项目等多项科研项目。

案例9　中国科学院广州地球化学研究所胡远安

1. 博士后基金资助情况

项目负责人：胡远安

所在单位：中国科学院广州地球化学研究所博士后科研流动站

资助时间：面上资助项目（2012）

2. 博士后基金项目获资助者的成长情况

胡远安，博士后出站后留设站单位中国科学院广州地球化学研究所工作，其主要研究方向为环境系统分析，以数学模型为主要工具，分析、模拟和预测在人类活动影响下污染物在环境系统中的迁移转化规律，在此基础上对环境系统进行最优化分析，为环境污染问题的管理决策提供科学依据。

在中国科学院广州地球化学研究所期间，胡远安参与了国家自然科学基金委员会创新群体项目"有机污染物的区域环境地球化学过程"，负责重金属污染部分，主要包括：系统研究了人类活动对砷、铅、汞等典型重金属污染的影响途径；评估珠三角地区土壤重金属污染，运用决策树模型和有限混合模型等数据挖掘方法，解析土壤重金属的自然来源与人为来源；对照研究了广东海陵湾养殖区与非养殖区沉积物重金属含量，证明水产养殖活动是沉积物中重金属的重要来源；全面分析了荧光灯对汞排放的影响，提出了消减荧光灯汞含量与分类回收相结合的方案。

2013 年，远安主持国家自然科学基金青年科学基金项目 1 项，并已在国际 SCI 发表 20 余篇论文，被引用 200 余次，其中在环境类顶级刊物 *Environmental Science & Technology* 共发表论文 8 篇，在 *Nature* 子刊 *Nature Climate Change* 发表论文 1 篇。

（2）加强培养青年人才

作为起步资金，博士后基金支持博士后对感兴趣的研究方向进行初步探索，博士后基金的自主支配对年轻科研人员起到了积极作用。中国科学院地质与地球物理研究所黄天明以博士后基金项目资助的课题为基础，申请到国家自然科学基金青年科学基金的资助。黄天明以博士后基金项目为基础，相继发表了 5 篇 SCI 论文、2 篇 EI 论文，申请到 1 个实用新型专利，登记了 2 个软件著作权，提出了土地利用变化对地下水影响的评价方法体系，为进一步研究工作奠定了基础。北京邮电大学网络与交换技术国家重点实验室博士后章洋，在博士后期间申请并完成了博士后基金课题"自控身份服务的普适性模型与关键技术研究"，在普适身份管理系统的代理解决方案上取得了显著进展，引入了自生成凭证的概念与相应的实现方法。相关研究成果总结成文章 *A Delegation Solution for Universal Identity Management in SOA*，发表在 *IEEE Transactions on Services Computing* 上，文章 *Universal Identity Management Model Based on Anonymous Credentials*，发表在 2010 年的服务计算国际会议上。基于博士后基金的研究成果和后续的深入研究获得了国家自然科学基金（面上）项目，作为学术骨干参与国家重点基础研究发展计划（973 计划）项目。

案例 1　清华大学李雪松

1. 博士后基金资助情况

项目负责人：李雪松

所在单位：清华大学热能系博士后科研流动站

资助时间：2006 年 12 月至 2008 年 6 月

2. 博士后基金项目获资助者的成长情况

李雪松，于 2006 年进入清华大学热能系并完成了为期 2 年的博士后研究工作，合作导师是顾春伟教授，出站后留校任教。在博士后阶段，李雪松完成了从学生向教师转变的过渡，实现了从导师指定课题到自主策划主持研究课题的转变，提高和完善了自身能力。

在站期间，李雪松多次参加国内外重要的学术会议并做报告，参加了多次校内、系内的研讨会。此外，他还积极协助导师参与实验室的运行和管理工作，先后指导与辅助指导了 3 名本科生毕业设计，以及辅助指导了多名研究生的科研工作，在带领学生做科研的过程中，锻炼了团队组织协作能力；在与学校各个部门如科研处、财务处、设备处等打交道的过程中，了解、熟悉了高校内部的运行机制。

3. 博士后基金资助发挥的作用

中国博士后科学基金是李雪松科研生涯中第一个成功申请主持的项目。通过这个项目，李雪松完成了从凝练科研方向、撰写申请书、主持分配工作直至最后结题这一完整的项目主持过程，得到了全方位的锻炼。此后，他又申请主持了国家自然科学基金项目 1 项、校基金项目 1 项，并作为主要骨干参与了国家自然科学基金项目与 973 项目各 1 项、国际合作项目 4 项、国内横向项目 1 项。

案例 2　中国社会科学院柏俊才

1. 博士后基金资助情况

项目负责人：柏俊才

所在单位：中国社会科学院文学研究所博士后科研流动站

资助时间：面上一等资助（2009）、特别资助（2010）

2. 博士后基金项目获资助者的成长情况

柏俊才，自 2008 年 9 月至 2011 年 12 月在中国社会科学院文学研究所从事博士后研究工作，合作导师是著名学者刘跃进研究员。进站伊始，经与导师协商，其将"北魏文学与文化"作为博士后研究的主导方向，努力从事相关的科学研究，取得了可喜的成果。

在博士后基金的支持下，柏俊才发表论文十数篇，完成《北魏文化探微》（8 万字）、《北魏文学管窥》（11 万字）两篇基金工作报告和《北魏文学与文化考论》（20 万字）的出站报告。在此基础上，柏俊才重新调整思路，以"北魏人口流动与文学演进研究"为题申报国家社科基金项目，于 2012 年获得国家社科基金一般项目（12BZW026）资助。这些成果具有学术前瞻性与创新性，在学术界产生了非常好的影响。鉴于柏俊才已取得的突出成果，2012 年其成功入选教育部新世纪优秀人才。

3. 博士后基金资助发挥的作用

基金项目的取得激发了柏俊才从事科研的兴趣，坚定了他学术研究的信心，使他的科研更上一个台阶。在第 45 批博士后社科基金面上一等资助项目（20090450052）和第 3 批博士后特别资助项目（201003217）资助下，柏俊才取得了可喜的科研成果，代表性的有：①《"竟陵八友"考辨》，独著，61.5 万字，中国社会科学出版社，2011 年 2 月。同时，获山西省 2011 年度"百部（篇）工程"一等奖。②《梁武帝萧衍考略》，独著，25 万字，上海古籍出版社，2008 年 12 月。同时，获山西省第六次社会科学研究优秀成果三等奖。③《沈约"起家奉朝请"的时间新考》，《文学遗产》，2009 年第 5 期。④《刘向生卒年考辨》，《文学遗产》，2012 年第 3 期。这些成果具有学术前瞻性与创新性，在学术界产生了非常好的影响。

案例 3　西安建筑科技大学谢会东

1. 博士后基金资助情况

项目负责人：谢会东

所在单位：西安建筑科技大学环境科学与工程博士后科研流动站

资助时间：面上资助项目（2010）、特别资助项目（2012）

2. 博士后基金项目获资助者的成长情况

谢会东，2010 年 7 月进入西安建筑科技大学环境科学与工程博士后科研流动站，合作导师为王晓昌教授，并于 2013 年 7 月出站。现任西安建筑科技大学理学院副教授，主要研究方向为无机功能材料（铋复合氧化物）的合成、光催化降解有机污染物。谢会东进站以后与合作导师就研究领域的选择进行了深入的探讨，协助合作导师制订科研计划，完成合作导师负责的国家自然科学基金项目等项目，并协助指导 2 名硕士研究生以"光催化"为题进行科学研究。

在站期间，他工作努力，平时及周末都在实验室或办公室查阅资料，及时跟踪国际最新研究现状，并将他的想法及时反馈给学生，让他们进行尝试。他除了指导硕士研究生的实验外，还自己动手做实验。对于所指导研究生的实验存在的问题，他总是和他们共同讨论，为他们指出下一步如何进行实验，敏锐地指明研究方向。他还着重培养研究生的综合能力，包括查资料、各种专业软件的使用、实验具体操作的规范性等。

3. 博士后基金资助发挥的作用

这些项目的获准，尤其是特别资助项目的获准，是谢会东科研生涯中获得的第一笔较大数额的可自行支配的研究经费，使他能够在该经费的支持下做一些自己想做的工作。在特别资助项目的支持下，他开展了铌酸锶铋的水热控制合成、溶胶-凝胶法合成、光催化性能测试、掺杂改性和协同光催化等增强技术研究，同时也开展了其他铋复合氧化物的研究，也取得了一些不错的成果。该资助除了用于试剂、耗材的采购，在样品分析测试、会议交流、科研资料的获取及科研办公条件的改善等方面都给予了他极大支持，使他能够潜心于科学研究，不断进步。谢会东利用此项目经费，购买了铂坩埚、压片机等较贵重的设备，他出站后这些设备留在设站单位，对他今后的工作很有帮助。

科研成果：到 2014 年为止，谢会东以第一作者发表的 SCI 论文 3 篇，CSCD 核心论文 2 篇，会议论文国际开源论文 4 篇，申请并获批中国博士后科学基金面上资助 1 项和特别资助 1 项，其出站报告经流动站工作小组评议为优秀等级。

基金申请：谢会东积极参与各类基金项目的申请，博士后基金资助期间参与申请国家自然科学基金项目 2 次、陕西省自然科学基金项目 2 次、校基础研究项目 1 次、国家大学生创新性实验项目 1 次。

学术会议：2011 年 9 月谢会东参与了在西安举行的 IWA（国际水协会）国际会议"Technologies for Integrated Urban Water Management"，2011 年 11 月参与了在上海举行的"中日高校化工-材料技术与应用论坛"，在论坛上投稿论文 3 篇（2 篇为第一作者）。此外，他指导的 2 名硕士研究生参加了 2012 年 10 月在武汉举行的"第十三届全国太阳能光化学与光催化学术会议"。这些活动促进了其与同行之间的学术交流，开阔了其眼界，对其工作开展大有帮助。

博士后基金不仅提供了科研启动经费，而且极大地激发了博士后的科研动力。基于博士后基金的资助，中国科学院地质与地球物理研究所靳春胜获得了大批宝贵的科研数据，已发表多篇 SCI 论文，为后续获得国家自然科学基金青年科学基金项目奠定了坚实的基础。中国科学院生态中心一站博士后和中国科学院大学二站博士后曾力希，一站期间获得博士后基金面上资助、特别资助及国家自然科学基金青年科学基金资助，二站期间获得博士后基金面上资助一等资助及国家自然科学基金青年科学基金连续资助（强度相当于面上资助），2013 年 6 月晋升为副教授，2013 年 8 月入选香江学者计划。

案例 1　上海海洋大学吴惠仙

1. 博士后基金资助情况

项目负责人：吴惠仙

所在单位：上海海洋大学水产养殖学博士后科研流动站

资助时间：面上二等资助（2006～2007）

2. 博士后基金项目获资助者的成长情况

吴惠仙，2005 年 9 月至 2007 年 8 月于上海海洋大学水产养殖学专业从事博士后研究工作，同年出站后留校任教，2010～2011 年在香港科技大学海岸海洋实验室作为访问学者。吴惠仙主要致力于水体微生物与动物相互关系研究，现主要开展海洋环境生态学、海洋生物活性物质研究。吴惠仙先后主持和参加国家 973 计划项目、国家自然科学基金项目、国家海洋公益项目、上海市科学技术委员会西部合作项目、上海市教育委员会科技创新项目、上海市优秀青年教师科研专项基金项目等各类科研项目 20 余项，发表学术论文 60 余篇，参编教材 1 部，参编著作 1 部，申请专利 5 项，其中发明专利 1 项。自获得博士后基金资助后，其在自己的岗位上兢兢业业，刻苦踏实。

在教学方面，主讲本科生课程 5 门，增开课程 1 门并获校级重点精品课程，指导本科毕业论文 37 人，指导本科实习 28 人。教学效果优秀，连续三年教学评价位列学院前五名。其指导的三项大学生创新项目连续成功获得上海市大学生创新活动计划项目，同时获得第六届"张江高科杯"上海市大学生创业大赛三等奖。作为硕士生导师，吴惠仙成功指导 8 名研究生，所指导的研究生获得多项奖学金，并获得上海市优秀毕业研究生和国家研究生奖学金等殊荣。

在科研方面，吴惠仙主持省部级及其他各类项目 20 项，总经费逾 1000 万元，其中国家级项目 2 项，省部级项目 4 项，推广项目 12 项。作为重要成员参加省部级以上科研项目 3 项。吴惠仙获得各级科研成果奖 4 项，获科技鉴定成果 4 项，2011 年获中共上海市委、上海市人民政府颁发的"上海市对口支援都江堰市灾后重建突出贡献个人"称号。此外，吴惠仙获国家授权专利 17 项，已受理的专利 18 项。其共发表核心期刊学术论文 58 篇，含 SCI 7 篇，其中为第一作者或通讯作者的 39 篇，含 SCI 3 篇。参与编写著作 1 部。

在学科建设和社会工作方面，吴惠仙创办了我国首个专业致力于船舶压载水检测的实验室，这是目前我国第一个获得国际互认的压载水检测实验室，也是目前我国唯一获得中国计量认证（CMA）和中国合格评定国家认可委员会（CNAS）认可的压载水检测实验室。同时，吴惠仙作为骨干人员参加了学院学校重点学科建设和生态站建设工作，参加了学校生态学一级学科硕士点的申请和建设工作。吴惠仙在社会工作上积极参与科技入户与农业推广，利用自己的专业知识服务于社会，开展培训和蹲点服务，技术推广产值已超 60 亿元。

案例 2 中国社会科学院曾菊英

1. 博士后基金资助情况

项目负责人：曾菊英

所在单位：中国社会科学院数量经济与技术经济研究所博士后科研流动站

资助时间：面上一等资助（2011）、特别资助（2012）

2. 博士后基金项目获资助者的成长情况

曾菊英，2010 年 8 月进入中国社会科学院数量经济与技术经济研究所博士后科研流动站，师从中国社会科学院数量经济与技术经济研究所研究员李金华，开展博士后研究工作。在站期间曾菊英成功申获了中国博士后科学基金面上资助和特别资助两个项目,在这两个项目的资助下，已经正式发表了 2 篇高质量的论文，并得以在国内外参加学术交流活动 3 次，在交流会上，曾菊英均提交了英文论文，取得了良好的效果。

3. 博士后基金资助发挥的作用

在"第 48 批中国博士后基金面上资助"和"第 5 批中国博士后基金特别资助"项目资助下，曾菊英取得以下成果。一是发表 2 篇文章：2011 年在《数量经济技术经济研究》发表《技术进步与效率改善的一种新测度方法》一文；2012 年在 *International Journal of Intelligent Technologies and Applied Statistics* 发表 *Conduction Mechanism of Medical Service with Environmental Factors: Nonparametric Approach* 一文。二是参加两次学术交流活动：参加 2012 年中国数量经济学年会（2012 年 8 月，新疆），提交《行政管理费和最终消费率对经济增长的路径效应》一文进行交流；参加国际微生物生态学会组织的国际学术会议"The International Symposium on Innovative Management, Information & Production"（2012 年 10 月，越南胡志明市），提交 *What Determines the Medical Expenses in China?* 一文进行交流，其修订版 *Semi-parametric Identification of*

Determinants of Health Expenditures-evidence from in Patients in China 已被 SCI 期刊 *Management Decision* 录用，现已发表。

案例 3　西安建筑科技大学张海涵

1. 博士后基金资助情况

项目负责人：张海涵

所在单位：西安建筑科技大学环境科学与工程博士后科研流动站

资助时间：面上资助（2012）、特别资助（2013）

2. 博士后基金项目获资助者的成长情况

张海涵，2012 年 6 月进入西安建筑科技大学环境科学与工程博士后科研流动站，主要从事环境微生物群落功能基因诊断和水源水库内源污染分子微生态机制研究。

自进站以来，在合作导师黄廷林教授的指导下，张海涵开展了水源水库沉积物微生物代谢活性和种群结构及其驱动内源氮迁移污染的分子机制研究。他阐述了不同水库沉积物细菌和真菌种群功能多样性和驱动氮素转化相关酶活性；明确了水库沉积物功能菌群代谢和遗传多样性的空间异质性；研究结果可为进一步认识水库内源污染的微生物调控机制提供参考，并取得了一定的成果，已有 3 篇第一作者论文被 SCI 收录（最高影响因子为 3.730）。其先后获得国家自然科学基金青年科学基金、高等学校博士学科点专项科研基金、博士后基金会第 52 批面上资助（2012M521750）和第 6 批特别资助（2013T60873）等的资助。

3. 博士后基金资助发挥的作用

作为一名青年科研人员，博士后基金成为其科学研究起步阶段的引擎和催化剂，在第 6 批特别资助支持下，张海涵进一步从宏基因组和元蛋白组角度深入研究水库缺氧区功能菌群结构和代谢特征，诊断水库沉积物脱氮的菌群驱动机制，为我国饮用水环境安全保障提供科学依据。

博士后基金为博士后独立申请科研项目和使用科研经费积累了经验，有力地支持了博士后科研工作的开展，部分解决了博士后在办公费用方面的支出问

题，同时在版面费、会议费等费用方面对博士后的科研工作也起到了较大的支持作用。中国科学院研究生院（现中国科学院大学）博士后潘结南，先后获得第一批中国博士后基金特别资助项目（2008～2011 年）、国家自然科学基金面上项目（2011～2013 年）、国家科技重大专项——大型油气田及煤层气开发专题项目（2009～2010 年）、中国科学院战略性先导科技专项"应对气候变化的碳收支认证及相关问题"子课题（2011～2015 年）等国家级科研项目的资助。其 2009 年获得"河南省高校青年骨干教师"称号，2008 年获得河南省教育厅优秀科技论文一等奖 1 项，2010 年获得河南省第十届自然科学优秀学术论文二等奖 1 项。其发表学术论文近 20 篇。

案例 1　清华大学方诚峰

1. 博士后基金资助情况

项目负责人：方诚峰

所在单位：清华大学人文学院历史学博士后科研流动站

资助时间：面上一等资助（2010）、特别资助（2011）

2. 博士后基金项目获资助者的成长情况

方诚峰，1999 年考入北京大学历史系，2007～2008 年在哈佛大学东亚系做访问学者，2009 年 7 月获北京大学博士学位，同年进入清华大学人文学院历史学博士后科研流动站，致力于宋史研究。其从事博士后工作期间完成科研报告《御笔、道教与祥瑞——论北宋徽宗朝的统治方式》，并在《汉学研究》《唐研究》《北京大学学报》《文献》《国际汉学研究通讯》上发表论文 5 篇，在"宋史年会"等国际学术会议上提交论文 3 篇，内容涉及宋代政治、制度、文献，以及计算机技术在国史研究中的应用。

3. 博士后基金资助发挥的作用

从学生到学者，首先意味着开展独立研究和独立参与甚至组织学术活动。博士后基金的获得大大激励了方诚峰开展自己的独立研究。其在博士后工作期间得到了博士后科学基金的面上资助和特别资助。在博士后科学基金和清华大学历史系的共同资助下，方诚峰与本系孙正军一起组织了以"中古中国的统治方式"为主题的青年学术讨论会。参加研讨会的有来自中国、日本、美国、德国的数十位青年学者，以及清华大学、北京大学等北京高校的在校学生，一些资深学者也莅临指导。组织研讨会为同龄人之间学术友谊的建立、学术交流的开展，做出了贡献。

案例 2　南京航空航天大学孙玉利

1. 博士后基金资助情况

项目负责人：孙玉利

所在单位：南京航空航天大学航空宇航科学与技术博士后科研流动站

资助时间：面上资助（2009～2011）、特别资助（2010～2012）

2. 博士后基金项目获资助者的成长情况

孙玉利，2009 年 1 月至 2011 年 12 月为南京航空航天大学航空宇航科学与技术博士后科研流动站博士后，随后留校任教；2010 年 5 月被评为副教授，2010 年 6 月被评为硕士生导师，现为南京航空航天大学"微细与精密加工"团队学术骨干。孙玉利为中国航空学会会员、中国刀具协会切削与先进制造技术研究会高级会员、南京市机械工程学会青年工作委员会委员。

近年来，孙玉利一直致力于精密超精密加工技术、表面科学与技术基础、应用基础研究，重点对蓝宝石衬底片、空间太阳能电池用超薄锗单晶片、砷化镓片等难加工硬脆材料的低温抛光技术进行了深入研究。2010～2013 年，他主持国家级、省部级纵向科研项目 5 项（项目来源包括：国家自然科学基金面上项目、江苏省自然科学基金面上项目、中国博士后科学基金特别资助项目、中国博士后科学基金面上项目、江苏省博士后科研资助计划项目），其他纵向项目 3 项，以及企业委托项目 2 项，作为学术骨干承担国防"十一五"规划项目、国家自然科学基金项目、江苏省自然科学基金重点项目等多个重要研究项目。其博士学位论文被评为"南京航空航天大学优秀博士学位论文"，获评"2011 年江苏省本科毕业设计优秀指导教师"（单篇，第一指导教师），获评"2011 年江苏省本科毕业设计优秀指导教师"（团队，第二指导教师），获评

"2011 年大学生暑期社会实践优秀指导教师"，2009 年获山东省高校优秀科研成果（自然科学）二等奖 1 项（排名第 3），2009 年获无锡市科技进步三等奖 1 项（排名第 2）。

目前，孙玉利已申请发明专利 40 项，其中授权 22 项；以第一作者在 *Materials and Manufacturing Processes*、*International Journal of Minerals*、*Metallurgy and Materials*、*Advanced Science Letters*、*Integrated Ferroelectrics*、《硅酸盐学报》等国内外学术期刊发表或被录用学术论文 23 篇（其中 SCI 收录 6 篇、EI 收录 13 篇），并被国内外知名学者多次引用。

案例 3　河北师范大学杜运辉

1. 博士后基金资助情况

项目负责人：杜运辉

所在单位：河北师范大学马克思主义理论博士后科研工作站

资助时间：面上一等资助（2012）、特别资助（2012）

2. 博士后基金项目获资助者的成长情况

杜运辉，2011 年 2 月进入河北师范大学马克思主义理论博士后科研工作站，同年 7 月，成功申报国家哲学社会科学规划项目"张岱年与 20 世纪中国哲学研究"（11CZX032），并担任主持人；2012 年 9 月成功申报中国博士后科学基金第 5 批特别资助项目，这是河北师范大学获得的第一个中国博士后科学基金特别资助项目（2012T50243），同年 10 月，又成功申报中国博士后科学基金第 52 批面上一等资助项目（2012M520026）。2012 年 10 月，他应西北大学时任校长方光华的邀请，加入国家社会科学基金西部项目"侯外庐与 20 世纪中国思想史研究"（06XZS001）并担任第二主研人，该项目已于 2013 年 7 月成功结项。进站以来，在博士后基金的资助下，杜运辉在科研方面努力钻研，勤于思考，注重把握当代哲学社会科学理论的学术前沿和争论焦点，不断追求创新和进步。

科研成果：杜运辉积极推动成立"河北师范大学张申府张岱年研究

中心"，2011 年 4 月组织召开了国际性的"河北师范大学张申府张岱年
研究中心成立大会暨张申府张岱年与马克思主义中国化学术研讨会"；
2012 年建立"张申府张岱年研究"网站；2013 年 6 月又组织召开了国际
性的"张申府先生诞辰 120 周年纪念暨学术研讨会"。两次学术会议的
成功召开，已经在国内政界、学界产生重大影响，为河北师范大学的哲
学、马克思主义学科建设做出了一定贡献。此外，杜运辉还于 2012 年
12 月当选国家二级学会"张岱年学术思想研究专业委员会"的常务副秘
书长，并积极参加河北省哲学学会的日常工作，受到有关方面的好评。

　　出版著作两部：《张申府张岱年研究集刊》第 1 辑（主编，32 万字，
河北人民出版社 2013 年版）；《侯外庐先生学谱》（独著，75 万字，
中国社会科学出版社 2013 年版）。

　　在《哲学动态》《文史哲》《现代哲学》《中国社会科学院研究生
院学报》《思想理论教育导刊》《光明日报》等核心期刊及"河北省哲
学学会 2011 年年会""辛卯年黄帝旗帜•辛亥革命与民族复兴"学术研
讨会、"河北师范大学张申府张岱年研究中心成立暨学术研讨会""中
国哲学论坛（2011）""侯外庐先生诞辰 110 周年学术研讨会""张申
府诞辰 120 周年纪念暨学术研讨会"等国内、国际会议上发表文章十余
篇，其中一篇文章被中国人民大学复印报刊资料《中国哲学》全文转载。

（3）造就杰出和领军人才

　　博士后基金对杰出青年人才后续发展和能力的提高发挥了重要作用。博士
后基金是资助者在充满兴趣和精力及知识爆发的阶段使理想转变为现实的桥
梁，是培养、奠定博士后发展方向的基石，使博士后从一名普通的科研工作者
逐渐转变为一个有一定学术影响的学科带头人。北京大学医学部口腔医学博士
后科研流动站博士后刘燕，获得中国博士后科学基金第 5 批特别资助和第 52
批面上资助，从事生物矿化及生物纳米仿生材料的研究，主要集中于非胶原蛋
白（NCPs）与胶原、羟基磷灰石之间的相互作用。刘燕具有丰富的科学研究经
历和大型科研选题经验，承担国家自然科学基金项目 1 项、参与国家自然科学
基金项目主要有 3 项，并获批发明专利 1 项。刘燕曾多次在国际牙科会议上发

表演讲。其在 2011 年进站后获得"北京大学优秀博士后"荣誉称号。2012 年 10 月以来其担任巴西牙科杂志 *Brazilian Dental Science* 审稿人。刘燕以第一作者发表 SCI 论文 9 篇，累计影响因子 51。

案例 1　河北师范大学尚忠林

1. 博士后基金资助情况

项目负责人：尚忠林

所在单位：河北师范大学生物学博士后科研流动站

资助时间：面上资助（2002）

---

2. 博士后基金项目获资助者的成长情况

尚忠林，男，1970 年出生。2001 年于中国农业大学生物化学与分子生物学专业获得博士学位后，进入河北师范大学生物学博士后科研流动站从事博士后研究，于 2003 年出站。尚忠林出站后在河北师范大学生命科学学院任教，2004 年晋升为教授，2006 年被遴选为博士生导师，并于 2006～2007 年、2012～2013 年两次赴英国剑桥大学植物科学系留学、合作研究。

近年来尚忠林主要从事植物发育和逆境生理学研究，重点研究植物细胞外的信使分子的生理功能和信号转导机制。2003 年、2005 年、2008 年、2013 年连续获得 4 项国家自然科学基金（面上项目）资助，2005 年获得河北省自然科学基金资助，2009 年入选教育部"新世纪优秀人才支持计划"。对于其研究成果，尚忠林在包括 *Plant Cell*、*Plant Journal* 在内的国际知名植物生物学杂志发表论文 20 余篇，2010 年获得河北省自然科学奖二等奖。尚忠林 2011 年入选河北省"三三三人才工程"二层次，2012 年获得河北省"有突出贡献的中青年专家"称号。

案例 2　河北师范大学常彦忠

1. 博士后基金资助情况

项目负责人：常彦忠

所在单位：河北师范大学生物学博士后科研流动站

> 资助时间：面上资助（2004）

2. 博士后基金项目获资助者的成长情况

常彦忠教授自 2007 年 12 月出站以来，一直在脑铁稳态调控的分子机制，脑铁代谢异常与神经系统疾病发病的机制，机体铁吸收、转运、分布、排泄及其铁稳态调控的分子机制，以及预防和治疗铁代谢紊乱与氧化损伤引起的相关疾病相关新药制备与功能方面从事研究工作，并取得了突出成果。

常彦忠教授担任中国神经科学学会神经内稳态和内分泌分会副主任，中国生物物理学会自由基生物学与自由基医学专业委员会专业委员，河北省细胞生物学会秘书长，河北省神经科学会常务理事，河北省生理科学会常务理事，河北省解剖学会理事，《生物学通报》杂志常务编委，*Journal of Biochemical and Pharmacological Research* 编委，为 *JBC*、*JCP*、*Alzheimer's Disease*、*Regulatory Peptides*、*Peptides*、*BMC Genomics* 等杂志审稿专家。常彦忠 2012 年被评为河北省有突出贡献的中青年专家，2011 年底被任命为河北师范大学分析测试中心副主任，2013 年晋升为二级教授。

科研成果：常彦忠在 SCI 收录期刊发表论文 32 篇，其中为通讯作者的论文 21 篇，2010 年、2012 年连续发表影响因子分别为 7.074、8.209、8.456 的研究论文，获得 5 项国家发明专利。其主编学术专著《铁代谢失衡相关疾病的分子生物学原理》（2012 年由人民卫生出版社出版），主编《组织学图谱》（2012 年由高等教育出版社出版）。2010 年其作为副主编由科学出版社出版《铁代谢与相关疾病》，该著作在国内外产生了较大影响，常彦忠与浙江大学王福俤、国家纳米科学中心共同获得了2015 年在中国举行国际生物铁学术大会的举办权。常彦忠申请并获得国家自然科学基金面上项目 2 项、合作申请并获得国家自然科学基金重点项目 1 项，河北省杰出青年基金项目 1 项。其 2011 年获河北省自然科学三等奖（第一完成人），2009 年获河北省自然科学三等奖（第二完成人），2012 年获得河北省自然科学一等奖（第四完成人）。2008 年常彦忠荣获石家庄市优秀科技工作者。2008 年 1 月至 2009 年 1 月，其获得国家留学金资助，应国际铁代谢研究领域著名专家 T. A. Rouault 邀请，在美国国立卫生研究院做访问教授。

教学成果：国家"十一五"规划教材《人体组织学与解剖学》编委，《人体组织学与解剖学自学指导》副主编，2007 年、2013 年两版均由高等教育出版社出版。常彦忠 2007 年被评为河北师范大学教学名师。其 2008 年申报并获批"人体组织学与解剖学"国家级精品课，为课程主讲人，2010 年申报并获批"人体与动物科学"国家级教学团队，为教学团队主要成员。

人才培养：2007 年以来共培养博士研究生 7 人，其中 1 人的博士论文获得河北省优秀博士毕业论文；培养硕士研究生 22 人，其中 3 人的硕士论文获得河北省优秀硕士毕业论文。

通过对博士后设站单位提供的优秀博士后基金获资助者的案例进行分析，发现博士后基金促进人才成长发挥的作用主要体现在以下四个方面。

1）博士后基金帮助博士后完成从科研项目的参与者到科研项目的主持人之间角色的转变，博士后从凝练科研方向、撰写申请书、主持分配工作直至最后结题得到了全方位的培训和锻炼。

2）博士后基金是博士后科研起步阶段的引擎和催化剂，使博士后获得可自主支配的科研启动经费，激励了博士后从事科研的信心，坚定了其学术生涯的目标定位。

3）博士后基金作为"第一桶金"和"种子基金"，支持博士后开展独立创新研究，为其后续科研方向的凝聚、科研成果的取得和科学研究的坚持奠定了坚实的基础。

4）博士后基金项目推动了基础研究与教育相结合，推动了大批优秀博士后的顺利晋升，为重要科研成果取得和学术带头人的成长做出了重要贡献。

5.1.4　博士后基金促进原始创新和高技术产业化的成效

1. 促进原始创新

博士后基金支持博士后开展创新研究，在博士后科研工作中发挥着独特的作用，特别是博士后科研工作多学科交叉与综合、立足科技前沿的研究，以及源源不断地进行高素质、多层次创新人才培养，是促进原始创新所需的科技和人才基础的重要保证。对博士后基金资助的论文进行文献计量分析，可以反映出基金资助的论文质量、数量等绩效特征，因此本小节对标注博士后基金资助的论文展开文献计量分析、调查问卷和典型案例研究。

（1）文献计量

本课题组选取 Web of Science 数据库作为数据来源，Web of Science 数据库从 2008 年 8 月开始要求获基金资助的文献标注基金组织名称，基于 Web of Science 数据库，选取 2009～2013 年获中国博士后科学基金资助的论文为统计对象，分析博士后基金促进原始创新的绩效。在 Web of Science 数据库中，同一个基金可能会被标注成不同的名称，如 China Postdoctoral Science Foundation funded project、CPSF、China Postdoctoral Science Foundation 等都表示受博士后基金资助，对这些名称进行合并处理。此外，由于博士后科学基金的项目成果主要以论文为主，所以选择文献类型=Article，时间跨度为 2009～2013 年，在数据库中检索到受中国博士后科学基金资助的论文共 13 294 篇。将数据导入文献计量 Vantage Point 软件，进行文献计量分析。

第一，获博士后基金资助的论文年度分布（图 5-31）。

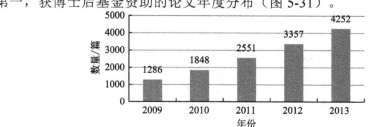

图 5-31　2009～2013 年受博士后基金资助的 SCI 论文年度分布图

2009～2013 年获博士后基金资助的 SCI 论文数量呈现出明显的上升趋势，年均增速 35%左右。这一方面反映了博士后基金受到越来越多的关注，另一方面反映出博士后基金对博士后研究的扶持逐渐增多。2009～2013 年，获博士后基金资助的博士后人均 SCI 发文量分别为 0.5 篇、0.6 篇、0.8 篇、0.8 篇、0.8 篇，人均发文量较少。

第二，获博士后基金资助的论文期刊来源分布。

　　根据获资助论文的期刊来源和期刊的影响因子可以看出论文的质量。检索到的 2009～2013 年获博士后基金资助的论文被收录在 2324 种期刊中，总被引频次为 52 609 次，篇均被引频次为 4.37 次。论文刊登的期刊排名前十的大部分属于生物、物理、化学领域（表 5-9）。

表 5-9　2009～2013 年受博士后基金资助论文的期刊来源分布前十位

期刊名称	2013 年期刊影响因子	该期刊论文所占比例/%
PLoS One	3.73	1.410
J. Alloy. Compd.	2.39	0.875
Acta Phys. Sin.	0.869	0.817
J. Appl. Phys.	2.21	0.738
Appl. Surf. Sci.	2.112	0.716
Trans. Nonferrous Met. Soc. China	0.917	0.701
Math. Probl. Eng.	1.383	0.651
Crystengcomm	3.879	0.622
Chem. Commun.	6.378	0.615
J. Mater. Chem.	6.101	0.586

注：2013 年期刊影响因子数据来自 MedSci 2014 年期刊智能查询系统（2013 年度）

　　第三，获博士后基金资助的论文第一作者的机构分布。

　　2009～2013 年获博士后基金资助的论文中，排名前十的第一作者所在机构除了中国科学院之外全部是中国高校，并且在发表论文超过 50 篇的机构中，高校占 97.5%。可见，高校博士后是获基金资助的主要群体，科研院所和企业博士后虽然占有一席之地，但份额很小（图 5-32）。

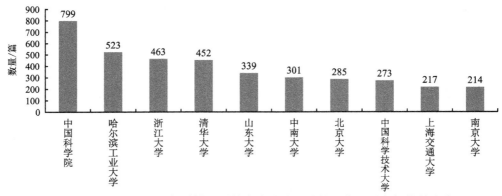

图 5-32　2009～2013 年受博士后基金资助论文的第一作者所在机构前十位

第四，获博士后基金资助的论文合作国家分布前十位。

由于现代科学研究中高度国际化和合作化的发展态势，基金论文表现出了很好的合作研究态势。2009～2013 年获得博士后基金资助的论文中，国际合作论文并不理想，超过 90% 的论文是由国内研究人员合作完成的（图 5-33）。

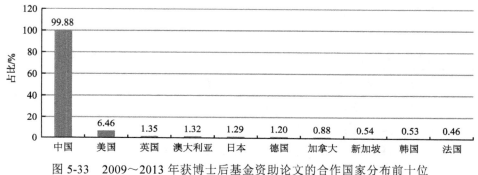

图 5-33　2009～2013 年获博士后基金资助论文的合作国家分布前十位

通过文献计量分析可以发现，基金的资助有助于博士后学术成果的形成，对基础研究的促进作用较大，对本国的科技发展起到了促进作用。获资助人员发表的论文总数很多，但人均发文量较少，论文的影响力不够，被引频次低；基金经费大部分投入在中国科学院和高校的研究人员上，其他科研院所和企业博士后获资助较少。

（2）调查问卷和典型案例研究

调查问卷显示，博士后基金获资助者中 46% 的获资助人员认为在博士后基金资助下所取得的科研成果是其更高水平科研成果的起点和基础，40% 认为是重要科研成果之一，还有 12% 认为这是其最具代表性的科研成果（见附录 5 "博士后基金获资助者问卷分析" 中的图 6）。

博士后基金在促进原始创新方面发挥了重要作用。清华大学计算机系博士后李红波，师从孙增圻教授，主要从事网络控制系统方面的研究。在站期间李红波在广泛阅读的基础上及时与老师进行深入讨论，以洞悉本领域的前沿热点和各类方法的真谛。其所在的实验室具有非常好的实验平台，在博士后基金的资助下，其在实验平台上将所研究的理论算法和本领域代表性方法逐一实现。通过工程实践和实验对比，不但加深了其对算法的理解和认识，还促使其发现一些算法在实际应用中存在的缺点和不足。其从算法面临的工程应用问题出发，寻求有针对性的解决方法并进行深入的理论研究，所得研究结果整理成文后得到了审稿人的高度评价。

案例1　清华大学季向阳
1. 博士后基金资助情况 项目负责人：季向阳 所在单位：清华大学自动化系博士后科研流动站 资助时间：面上一等资助（2008年9月）、特别资助（2009年3月）
2. 博士后基金项目获资助者的成长情况 　　季向阳，2008年5月在中国科学院计算技术研究所获得博士学位，随后进入清华大学自动化系博士后科研流动站从事博士后研究工作，合作导师为戴琼海教授，2010年出站后留在清华大学自动化系工作。 　　季向阳在博士后工作期间确立新兴研究方向——压缩感知为研究目标，密切结合原有的研究基础进行研究探索，于2008年9月申请并获得了博士后基金面上一等资助。随着已有研究方向的深入开展，以及与合作导师、学生的仔细交流，季向阳开始尝试把压缩感知研究拓展到光场的感知与计算中的多视点图像高质量三维重建,并于2009年3月申请并获得了这一研究课题的博士后基金特别资助。
3. 博士后基金资助发挥的作用 　　博士期间季向阳的研究方向是视频压缩技术，研究有效去除海量视频数据冗余的理论与技术。随着国务院在《关于鼓励数字电视产业发展若干政策的通知》中已明确要求推进"三网融合"，促进网络和信息资源共享，这势必对视频压缩技术提出极大的挑战。如何在这样的重大应用需求中找到共性、核心瓶颈问题进行研究无疑是非常重要的。博士后阶段其所在的自动化系宽带数字媒体技术实验室团队是一个具有良好学术氛围的研究团队，研究范围涉及多媒体技术的多个研究领域。 　　压缩感知是一个新兴的研究方向,其目标是通过比传统香农-奈奎斯特定理所需的采样数目更少的测度就能够实现自然信号的采集。事实上，压缩感知理论在包括统计学、信息论、编码理论、计算机科学理论在内

的许多领域及其工程应用中都具有重要的影响。鉴于此，结合国际数字
媒体的发展前沿，以及国内媒体采集、存储与传输应用的重大需求，季
向阳决定首先开展高效稀疏表示图像的冗余基构造和冗余基下的图像压
缩采样方法的研究，用于高效的图像编码与压缩采样。以此研究目标为
主旨，季向阳于 2008 年 9 月和 2009 年 3 月申请并获得了博士后基金面
上一等资助和特别资助。

案例 2　清华大学梅子青

1. 博士后基金资助情况

项目负责人：梅子青

所在单位：清华大学生命科学学院博士后科研流动站

资助时间：特别资助（2012）

2. 博士后基金项目获资助者的成长情况

梅子青，2010～2013 年在著名结构生物学家施一公实验室从事博士
后研究，主要研究领域为蛋白酶体的结构与功能。在站期间，梅子青在
世界上首次独家解析了原核蛋白酶体调节亚基 MecA-ClpC 的晶体结
构，并以第一作者在《自然》杂志上发表论文 1 篇。该文章入选"2011
年中国高校十大科技进展"，并被"科学网"评为"2011 年十大最受
关注论文"第一名。其承担国家自然科学基金项目 1 项、博士后基金
面上资助项目 1 项、清华大学-北京大学生命联合中心特等博士后基
金项目 1 项。

3. 博士后基金资助发挥的作用

梅子青在博士阶段所研究的课题是蛋白酶体的晶体结构解析，是
该领域几十年来一直没有解决的世界难题。通过努力，她已经寻找
到一些解决该问题的线索，但是最关键的问题还未获攻破。博士后
阶段，她留在著名结构生物学家施一公实验室继续攻克这一世界难
题。回顾整个课题的攻克过程，博士后基金的支持使得其更加坚定
地坚持自己的研究目标，并且敢于创新，尤其是在课题进展进入瓶
颈期的时候。

案例3　中国科学院广州地球化学研究所王琰
1. 博士后基金资助情况 项目负责人：王琰 所在单位：中国科学院广州地球化学研究所博士后科研流动站 资助时间：面上资助（2012）

2. 博士后基金项目获资助者的成长情况

王琰，2011年7月进站从事博士后研究工作，研究方向为持久性有机污染物的环境命运，主要研究持久性有机污染物在环境中的来源、状态、归趋及潜在危害。王琰曾先后参与4个国家自然科学基金项目，2012年获得博士后基金面上资助项目（2012M511844），2013年获得国家自然科学基金青年科学基金（No. 21307133）的资助。其先后在 *Environmental Science & Technology*、*Atmospheric Environment*、*Environmental Pollution*、*Science of the Total Environment* 等期刊发表论文12篇，其中第一作者SCI论文6篇。

我国是氯化石蜡全球第一大生产国和出口国，但对环境中氯化石蜡污染的研究还处于起步阶段。中国科学院广州地球化学研究所博士后王琰，对珠江支流之一的东江流域进行了野外调查研究，共采集和分析了土壤、大气及大气沉降三种不同介质的200多个样品。通过对东江流域环境中氯化石蜡的污染水平、组成成分和区域分布进行系统性的研究，王琰发现：东江流域内东莞、广州及惠州的部分地区环境中氯化石蜡的污染较为严重，土壤中的含量高达1.8微克/克，大气中的含量高达20纳克/米³，大气沉降通量高达36微克/（米²·天）。污染严重的地区主要集中在东莞东部及东莞和惠州交界地带，这些地区工业相对发达，特别是金属和电子加工业。惠州东部和河源地区由于工业相对薄弱，人口较少，所以氯化石蜡污染较轻。从组成上看，短链及氯含量少的轻质组分在偏远地区含量较高，而长链及氯含量较高的重组分在东莞等污染区含量较高，说明轻质组分更易于挥发，随大气迁移、扩散。受亚热带季风气候影响，夏季大气中氯化石蜡的含量较高，而冬季沉降样品中氯化石蜡含量较高，这说明大气中氯化石蜡含量主要受气相控制，而沉降样品中氯化石蜡含量主要受颗粒相控制。复杂的环境过程导致氯化石蜡组分在不同的环境介质及不同的地区间均出现分流现象。轻质组分更易于挥发进入大气并迁移至偏远地区，而重组分更易于沉降进入污染区附近的土壤。由于轻组分的氯化石蜡生物毒性较大，所以可能对偏远地区产生更为严重的环境危害；而重组分氯化石蜡虽然毒性相对较小，但其半衰期长，所以对污染区造的环境效应持续时间可能更长。该研究成果已发表在 *Environmental Science & Technology* 上。该项研究得到中国博士后科学基金面上资助项目（2012M511844）和中国科学院创新方向性项目（KZCX2-YW-Q02-01）的支持。

2. 促进高技术研发及产业化

高新技术是指那些对一个国家或地区的政治、经济和军事等各方面的进步产生深远的影响，并能形成产业的先进技术群。其具有高智力、高收益、高战略、高群落、高渗透、高投资、高竞争、高风险的特点。一般认为，高技术包括六大技术领域、12 项标志技术和 9 个高技术产业。六大高技术领域是信息技术、生物技术、新材料技术、新能源技术、空间技术和海洋技术，它们将在 21世纪获得迅速发展，并通过广泛的实用化和商品化成为日益强大的高技术产业。六项高技术领域中的 12 项标志技术，是已经萌发但还远未成熟的前沿技术。本小节通过博士后基金获资助者取得的专利情况、出站后进入企业的人数，以及问卷调查和典型案例来分析博士后基金对促进高技术研发及产业化发挥的作用。

博士后基金资助本身所具有的择优资助的性质，营造了激励博士后创新的学术氛围，申报项目的档次水平越来越高。博士后科学基金经费使用灵活，既可用于实验仪器设备等直接科研开支，又可用于参加学术交流、发表专利等，博士后在基金资助下，成为合作导师的得力科研助手。由图 5-34 可知，博士后基金获资助者申请授权的专利类型主要是技术含量较高的发明专利，且专利数量在逐年上升，说明博士后基金促进了创新成果的应用，有较好的市场前景。从博士后基金获资助者出站流向企业的人数看（图 5-35），并不乐观，大多数博士后选择了留在科研单位从事基础研究，对于参与企业高技术研发，使创新成果尽快实现产业化还需要进一步加强。

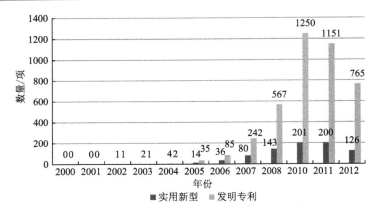

图 5-34 2000～2012 年博士后基金获资助者的专利产出情况
外观设计专利因数量极少没能在图中列出

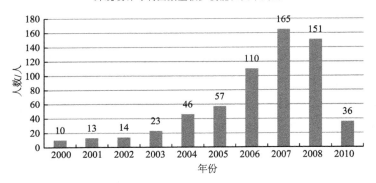

图 5-35 2000～2010 年博士后基金获资助者出站去向企业的人数

对博士后基金获资助者的调查问卷显示，博士后基金对促进高技术研发和科研成果产业化的作用一般（图 5-36）。

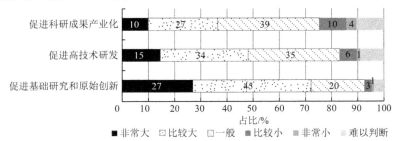

图 5-36 调查对象的博士后基金对促进原始创新的观点

据统计，博士后都顺利完成了申请基金时所承担项目的研究任务，有的成果在国内外产生了较大影响。大连盛辉钛业有限公司在站博士后张久文带领技术团队，在植入用 Ti6Al7Nb 材料推广和口腔医疗器械开发方面取得了突出业绩。其先后完成了口腔铸造用钛及钛合金医疗器械的开发、NiTi 超弹性和热激活正畸丝的开发、口腔正畸支抗钉的设计、口腔种植体和基台的设计、骨整合表面处理工艺开发，共申报专利 6 项，并使企业通过了二类口腔科材料医疗器械生产企业许可认证。他系统研究了 Ti6Al7Nb 生物医用合金在熔炼过程中元素烧损规律，铸锭开坯锻造工艺，以及棒线材轧制和拉拔工艺，实现了具有自主知识产权的 Ti6Al7Nb 棒线材制备技术。张久文为企业带来约 300 万元的经济效益，并且实现了 Ti6Al7Nb 生物医用合金材料的国产化，填补了国内空白。

大连汉信生物制药有限公司 2012 年出站博士后舒晓宏，在站期间获得了博士后基金第 48 批面上资助项目二等资助，以丰富的知识背景和扎实的科研能力，带领团队承担项目研究工作，在国内较早发现了白藜芦醇在恶性细胞及正常细胞中的代谢形式的种属间差异，白藜芦醇具有个体化治疗价值，为在临床上选择性用药和个性化治疗提供生物标记物，具有良好的市场前景。这一研究为临床应用提供了理论支持和现实的指导意义。舒晓宏 2013 年度参与编写了《中药鉴定学》等高校教材，荣获辽宁省自然科学学术成果奖论文类特等奖（排第 1 名），以及"辽宁省高等学校杰出青年学者""大连市领军后备人才"的荣誉称号。出站后晋升为大连医科大学教授，被聘为博士生导师。

案例 1　中国铁道科学研究院李颖

1. 博士后基金资助情况

项目负责人：李颖

所在单位：中国铁道科学研究院博士后科研流动站

资助时间：面上二等资助（2009）

2. 博士后基金项目获资助者的成长情况

铁路轨道几何检测系统是保障铁路运行安全、指导养护维修的重要技术装备。通过数据处理系统获取大量轨道数据，对列车运行品质及轨道状态变化规律做出评价，为铁路运营安全评估提供技术支撑，而对于开行高速动车组的高速铁路而言，轨道检测更是必不可少的检测手段。李颖进站后，承担的课题研究作为国家 863 计划重点项目——最高试验速度 400 千米/小时高速检测列车关键技术研究与装备研制项目的子课题 "高速检测列车关键检测技术——轨道项目"（项目经费 9898 万元）的主要内容，其在项目的支撑下完成了多项工作，取得重要成果。

李颖自进入该项目工作以来就深入到轨道检测系统核心数据处理软件的研究与开发中，该软件包含复杂的数学模型处理算法，具有庞大的软件架构，同时又与硬件系统相关联。李颖经过刻苦钻研，将原有轨道检测系统数据处理软件不断升级，研究了传感器安装在不同位置（车体和检测梁上）轨道几何参数计算数学模型并在软件中加以实现，采用精确控制技术，优化软件结构，使实时轨道检测系统的处理能力达到 400 千米/小时的检测速度要求，克服了原有软件系统处理速度低、数据丢失、波形数据噪声干扰的问题，使轨道检测系统里程定位精度达到米级，增加了针对不同线路等级长波长检测功能等，这些研究成果已经成功在多辆高速综合检测列车上加以应用，同时也为新型 GJ-6 轨道检测系统的升级奠定了基础，目前，以上研究成果在全国铁路、城轨、地铁等领域加以应用，具有广泛的市场前景。

案例 2   中国铁道科学研究院曲建军

1. 博士后基金资助情况

项目负责人：曲建军

所在单位：中国铁道科学研究院博士后科研流动站

资助时间：面上二等资助（2012）

2. 博士后基金项目获资助者的成长情况

曲建军进站后，参与了国家 863 计划重点项目"最高试验速度 400 千米/小时高速检测列车关键技术研究与装备研制"课题二"检测数据分析处理技术"（2009AA110302）的研究工作，主要承担了子课题"高速铁路轨道不平顺状态预测方法"的研究，其所提出的轨道质量恶化模型和灰色预测模型为检测数据的应用分析与辅助决策提供了新的理论与方法。同时，曲建军参与了地面中心的建设与研发工作，主要承担对轨道检测数据的预处理、轨道不平顺质量指标评价、轨道不平顺发展演化规律的分析、工务设备信息化管理等轨道理论与现场应用相结合的研究工作。曲建军成功申请到中国博士后科学基金面上资助项目和国家自然科学基金项目，同时参加了 2013 年度高铁联合基金等项目的申报工作。曲建军在站期间参加了澳门大学、南京航空航天大学等各类国际国内交流会议，与当前各领域顶级的学术代表进行了学术交流，极大地拓宽了视野。曲建军在站期间在国内核心期刊发表论文 6 篇，投稿 1 篇，其中 1 篇被 EI 收录、1 篇被评为 2012 年度中国铁道科学研究院基础设施检测研究所优秀论文一等奖。

随着我国高速铁路的陆续开通，曲建军先后参加了武广高铁、京沪高铁的联调联试工作，是中国铁道科学研究院基础设施检测研究所的京沪高铁预设不平顺试验的设置与后续科研工作的主要参加人员，完成了"京沪高速铁路研究综合维修技术研究"等系列京沪高铁科研项目。他参与了与西安交通大学合作的 973 项目子课题"基于非结构化环境感知的高铁基础设施安全态势评估和故障诊断关键技术及应用"，承担轨道状态演变主因素分析及预测的研究任务。他调研走访了郑州、上海等的铁路局，设置了郑西、陇海、京广等各种形式的试验段，监测观察轨道状态发展的各类动静态数据，为轨道结构寿命周期及轨道不平顺项目的深入研究提供宝贵的基础资料。

案例 3　中原油田博士后科研工作站司西强

1. 博士后基金资助情况

项目负责人：司西强

所在单位：中原油田博士后科研工作站

资助时间：面上资助（2011）、特别资助（2012）

2. 博士后基金项目获资助者的成长情况

司西强，2010 年 7 月进入中原油田博士后科研工作站，承担博士后课题"钻井液用阳离子烷基糖苷的研究"。其博士后期间还作为主要参加人参与科研项目"无土相钻井完井液在水平井中的应用研究""火山岩储层保护技术研究""烷基糖苷无土相钻井液水平井钻井技术""内蒙古查干深层钻井液提速先导试验"等中石化先导项目及中原油田科技攻关项目。

2010 年以来，司西强多次参加钻井液相关技术交流会。司西强 2012 年获钻井液完井液年会优秀论文一等奖，以及中石化石油工程新技术青年论坛二等奖；2013 年，参加中石化石油工程技术研究院石油工程专家技术交流会、第 32 届全国工业表面活性剂会议，荣获濮阳市"三化"融合链接研讨会一等奖，参加前沿钻井技术及第二届随钻测控技术研讨会，荣获中原石油勘探局钻井工程新技术青年论坛一等奖等。博士后工作期间，司西强在国内外学术期刊上以第一作者发表论文 24 篇，其中 SCI、EI 收录论文 10 篇；申请国家发明专利 3 项，另有多项专利已经上报。司西强 2012 年被评为河南省优秀博士后和中原油田优秀博士后。

在站期间，司西强严格遵守中原油田和钻井工程技术研究院的各种规章制度，工作积极主动，认真踏实。司西强承担的科研项目针对长水平段泥页岩及砂泥岩地层的井壁失稳问题，开展了综合性能优良、抑制性能优异的新型处理剂阳离子烷基糖苷的攻关研究。司西强带领项目组成员，在查阅大量国内外研究资料的基础上，制定出了阳离子烷基糖苷的研究思路、研究路线和实验方案，并进行了细致的研究与探讨，通过多次反复实验，成功地研制出阳离子烷基糖苷产品。该产品性能优异，6% CAPG 水溶液表面张力达 0.1823 牛顿/米，钻井液相对抑制率达 91.4%，钻井液抗温达 160 ℃，钻井液岩心动态渗透率恢复值 92.03%，该产品是一种综合性能优异的新型钻井液处理剂。

在平时的项目运行过程中，司西强注重科研过程的管理，完成科研项目的周报表、月度技术总结和季度技术总结，每周开项目例会，与项目组成员商讨制订项目运行计划。对于科研工作中遇到的困难，司西强通过查阅国内外相关技术文献资料，认真思考，并与导师交流沟通，及时明确研究思路，保证项目的顺利进行。同时，司西强还积极参与学术交流，多次参加中石化石油工程总院、中石油、中原油田和钻井院组织的学术讲座，并做了 5 次学术报告，得到了国内同行专家的高度评价，获得了良好的效果。

案例 4　中原油田博士后科研工作站王晓霖

1. 博士后基金资助情况

项目负责人：王晓霖

所在单位：中原油田博士后科研工作站

资助时间：面上资助（2010）

2. 博士后基金项目获资助者的成长情况

王晓霖，2009 年 7 月进入中原油田博士后科研工作站从事博士后研究工作。在站期间，王晓霖获得中国博士后科学基金项目 1 项、国家专利 1 项、河南省博士后配套基金项目 1 项，获濮阳市科技局科技进步三等奖 1 项，发表学术论文 7 篇（其中 EI 收录 5 篇），举办和参加学术交流活动 8 次，承担和参与科研项目 8 项，参与大型长输管道工程 3 项。王晓霖因科研工作表现突出，被评为 2010 年度、2011 年度中原油田优秀博士后研究人员，2011 年度河南省优秀博士后研究人员。

王晓霖针对榆济管道山体穿越技术难题开展了科技攻关，研究出了山体隧道优化设计方法。提出山体隧道优化设计方法，优化支护方案、降低工程成本、保证隧道安全，为管道用山体隧道结构设计和施工提供技术支持；提出隧道内管道轴向无约束敷设应力补偿技术，研发新型应力补偿活动支座，降低施工难度，提高管道可靠性；提出大型黄土冲沟单边定向钻穿越轨迹设计方法，提高设计效率和施工安全；制订山区管道地质灾害综合防治方案，为山区管道安全提供技术指导。其研究成果指导完成榆济山体隧道、黄土冲沟设计施工，提高设计效率 20% 以上，为榆济管道顺利竣工投产和安全运行提供了保证，并可推广应用到其他新建管道工程，经济效益显著。

在站工作期间，王晓霖务实勤奋、勇于创新，带领博士后团队围绕课题目标通力协作、刻苦攻关，顺利完成各项研究任务，研究成果具有较高的理论深度和较强的实用性，有效提升了复杂地段长输管道建设技术水平，并且取得了良好的经济社会效益，推广应用价值较高，为提升油田长输管道行业市场竞争力做了积极贡献。同时，其承担并完成国家科技重大专项"高含硫气藏安全高效开发技术"课题四、中石化"榆林

—济南输气管道工程复杂地段关键技术"、河南省"天然气长输管道复杂地段设计施工关键技术",承担中原油田"普光气田集输系统腐蚀控制技术""普光气田集输系统腐蚀检测优化"等项目。

案例5　中原油田博士后科研工作站张诚

1. 博士后基金资助情况

项目负责人：张诚

所在单位：中原油田博士后科研工作站分站

资助时间：面上资助（2011）

2. 博士后基金项目获资助者的成长情况

张诚，2010年11月进入中原油田博士后科研工作站分站。张诚主持完成了"普光气田集输管线氢积聚条件下L360钢应力腐蚀研究"科研项目。此课题针对L360钢在普光气田集输系统中的应力腐蚀问题，采取有效的实验方法开展研究工作，系统研究了氢侵入老化后L360钢的性能变化，为普光气田集输系统安全评估和寿命预测提供了切实可靠的理论和实验数据支持。通过氢致开裂临界氢浓度测定实验，解决了在用管线氢致开裂现场监测问题，为氢致开裂的现场监测提供了方法和依据。此课题根据现场实际情况，研究了L360钢塑性形变对L360钢抗应力腐蚀性能的影响，获得了可能导致发生硫化物应力腐蚀开裂的塑性形变临界值，并结合实验研究，提出了酸性气田材料长期服役安全评估的实验室加速实验方法，为高含硫气田材料评价技术提供了新的方法。

除博士后课题外，张诚积极投身普光气田现场工作，在普光气田现场承担了大量的腐蚀方面的现场技术支撑工作。其先后参与或承担包括重大专项在内的多个课题的研究工作，并积极参与申报国家奖、集团公司奖等材料的编写工作。其负责建设并运行采油工程技术研究院高压腐蚀实验室，在此实验室内可以开展高含硫气田缓蚀剂及材料腐蚀实验。

张诚在站工作期间，认真履行岗位职责，扎实开展工作，具备较强的敬业精神，展现了良好的科研组织能力和科研创新能力。在搞好博士后课题研究工作的同时，张诚积极参与单位其他科研项目的研究。张诚不仅注重提高个人的研究水平和科研素质，还积极参加学术交流活动，先后分别在中石化党校、普光分公司、采油院、采油一厂主讲学术报告6 场，并参加全国腐蚀大会、NACE 上海分会年会，以及中国博士后材料论坛的学术会议。他已获得中石化集团公司科技进步二等奖 1 项，并申报 1 项；获得中原油田 2011 年度科技进步一等奖 1 项、三等奖 1 项。其 2012 年被评为河南省优秀博士后和中原油田优秀博士后。

案例 6　中原油田博士后科研工作站梁法春

1. 博士后基金资助情况

项目负责人：梁法春

所在单位：中原油田博士后科研工作站

资助时间：面上资助（2010）、特别资助（2011）

2. 博士后基金项目获资助者的成长情况

梁法春，2009 年 5 月进入中原油田博士后科研工作站从事博士后研究工作。在站期间，梁法春先后承担或参与完成了国家科技重大专项、中石化、中原油田科研项目 5 项，申请发明专利 3 项，在《工程热物理学报》《石油天然气学报》等国内外学术期刊发表学术论文 9 篇，获得第 47 批中国博士后科学基金面上二等资助、第四批中国博士后科学基金特别资助及河南省博士后基金配套资助，被评为 2010 年度中原油田优秀博士后。

在站期间，梁法春工作扎实，勤奋严谨，勇于创新，工作成绩突出。其所研究的课题紧密结合中原油田高含水期节能降耗改造实际，通过大量理论和实验研究，取得了系列研究成果。专家评审认为，梁法春的课题针对当前高含水期采油地面集输系统能耗高、效率低、运行成本高、适用性差等难题开展攻关，建立了能耗分析评价黑箱模型，研究了高含水期集输系统能耗分布规律；建立高含水期油气集输管路流动特性智能预测模型实现了压降、温降、持液率等集输特性参数的准确预测；通过压降敏感分析，确定了高含水期安全集输参数界限；自主研发了旋流管壁取样油气水多相流量计量装置；建立了管网布局和运行参数优化模型，实现了集输管网布局的合理调整和运行参数的动态优化。其研究成果形成了适用于中原油田的集输系统简化优化模式，对高含水期油田实现高效、低耗、有序和科学开发起到借鉴和示范作用。该课题成果理论创新性强，现场应用效果显著。

全国企业博士后科研工作站始于 1997 年，是我国博士后制度的重要组成部分，《全国博士后管委会关于扩大企业博士后工作试点的通知》指出开展企业博士后工作的主要目的是，促进产学研结合，推动高等学校和科研院所面向企业，加快科研成果转化为生产力。《博士后事业发展"十二五"规划》指出要引导博士后从事高新技术产业，开展博士后人才交流与科技项目洽谈；大力推进企业博士后发展，探索深化产学研合作的新机制、新模式，打造以博士后为主体的企业核心研发团队，同时也要求改革和完善中国博士后科学基金资助办法，基金向企业博士后倾斜。

5.1.5　博士后基金促进学科发展的成效

《博士后事业发展"十二五"规划》指出："十二五"时期为培养跨学科、复合型和战略型博士后人才队伍，国家将采取措施，引导博士后从事基础学科、新兴学科、交叉学科及国家重点发展学科的研究。而博士后基金资助的重点就集中在这四类学科上，促进以上学科发展是博士后基金发展的重要方向。分析博士后基金获资助学科可知，博士后基金的首批获资助名单中一级学科只有物理学、化学、地学和技术学 4 个学科，到 2011 年博士后基金已覆盖 12 大学科门类的 89 个一级学科，所资助的学科种类越来越丰富，但总体上还是以理学和工学的资助为主。

1. 博士后基金获资助者所属学科分布

博士后基金资助最多的学科门类主要集中在工学、理学和医学类，文史教类的资助所占比例相对较小。从 1987～2012 年博士后基金资助一级学科分布情况看，前十位依次是生物学、材料科学与工程、化学、临床医学、应用经济学、物理学、机械工程、土木水利工程、数学和控制科学与工程，其中工学 4 个、理学 4 个、医学 1 个（图 5-37）。

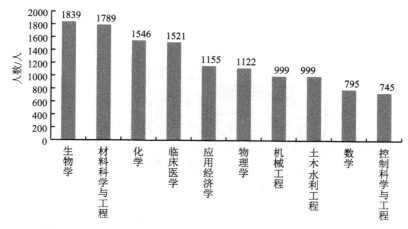

图 5-37　1987~2012 年博士后基金资助一级学科分布前十位

2. 从 Web of Science 收录论文情况看博士后基金对学科发展的贡献

2008~2012 年，获博士后基金资助的论文所属学科领域最多的为化学，其次是物理和材料科学。基金注重基础科学的发展，并且学科领域的分布与论文刊登期刊的分布趋势基本一致，说明基金的资助对学术成果的形成与发展有一定的促进作用（图 5-38）。

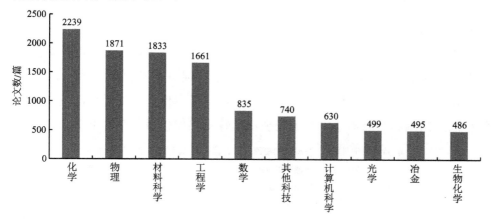

图 5-38　2008~2012 年获博士后基金资助论文的学科领域前十位

科学图谱能够向更广泛的受众传达更丰富和形象的信息，而领域层面的科学图谱能够对学科脉络或各领域中的知识流提供一个独特的视角。我们基于 Web of Science 将论文学科类别归纳为 18 个学科大类，并在 IDR 研究网站（http://idr.gatech.edu/）上利用在线工具实现可视化。由图 5-39 博士后基金 Web of Science 论文科学图谱可知，博士后基金的学科交叉性较强，广泛分布于众多学科领域，促进了学科发展。

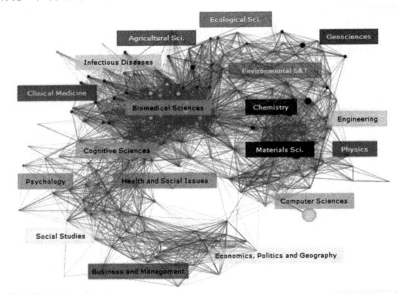

图 5-39 博士后基金 Web of Science 论文科学图谱

3. 调查问卷和典型案例研究

调查问卷显示，博士后基金对学科的促进作用主要体现在提升学科原始创新、推动学科接近科学前沿、促进新兴学科发展和促进交叉学科发展四个方面。同时，在扶持弱势学科发展、促进学科间均衡发展、促进学科内全面发展和促进学科满足国家和社会需求方面也表现出比较重要的作用（图 5-40）。

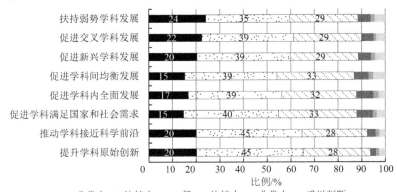

图 5-40 调查对象的博士后基金对促进学科发展的观点

博士后基金的资助使博士后树立以兴趣为导向，填补学科领域空白和探索新兴交叉学科的信心，推动了原始创新，促进了学科发展。

（1）促进学科发展

中国科学技术大学博士后张茂峰，博士研究方向为仿生微纳米结构及应用，博士后期间主要从事贵金属微纳米结构可控合成及光学性质研究。其利用室温绿色化学法大规模合成了三维空心球形银微纳米结构和花状银微纳米结构，此特殊结构具有优异的表面增强拉曼性能，对探针分子（有机物、生物大分子等）达到了单分子检测水平，实现了高灵敏度痕量气体（TNT、DNT 等）气相检测。研究成果发表于 *CrystEngComm* 和 *Journal of Materials Chemistry*，其中一篇被选为 *CrystEngComm* 封面论文进行报道，申请专利 1 项。

（2）促进交叉学科发展

中国科学院武汉岩土力学研究所胡海翔，博士后期间致力于化学与岩土力学的跨学科交叉研究，从微观角度对关键岩石力学问题加以研究。采用分子动力学方法研究了二氧化碳驱替煤层气及其地质封存中的气体吸附和扩散，在此基础上进一步结合有限元方法首次提出了二氧化碳驱替煤层气的原子-连续介质跨尺度模拟方法，预测了煤层气产量，证明该方法对于二氧化碳驱替煤层气工程有重要指导意义。2013 年 4～6 月在柏林自由大学进行了为期 3 个月的学术访问，与德国学者就石英破坏的分子动力学结合有限元的多尺度方法进行了充分交流，为下一步进行岩石破坏的原子-连续介质多尺度模拟打下了重要基础。

案例 1　甘肃省农业科学院杨晓明
1. 博士后基金资助情况
项目负责人：杨晓明 所在单位：甘肃省农业科学院博士后科研工作站 资助时间：面上资助（2010）
2. 博士后基金项目获资助者的成长情况
杨晓明，甘肃省农业科学院博士后科研工作站博士后，面上资助项目获得者，甘肃农业大学研究生导师，国家食用豆产业技术岗位科学家，甘肃省第九届青年委员。杨晓明为甘肃省食用豆科研学科带头人，2011

年荣获"甘肃省科学技术先进个人"荣誉称号。

杨晓明先后主持完成国家级和省级科研项目 8 项。主持完成的我国首个半无叶型豌豆新品种陇豌 1 号获 2011 年度甘肃省科学技术进步二等奖和兰州市科学技术进步一等奖；围绕豌豆产业发展参与制定国家、地方标准 4 项；开创性研究的 X9002 豌豆新种质填补了我国豌豆白粉病抗性资源的空白，其抗性基因的发掘和分子标记研究得到国家自然科学基金和博士后基金的重点资助；在国际 SCI 期刊 *Biologia Plantarum*、*Botanical Studies* 等刊物发表论文 20 余篇，出版专著 1 部；培养硕士研究生 4 人。2008 年他带领的课题团队顺利进入国家食用豆产业技术体系，2009 年首次承办了"国家食用豆产业发展论坛暨示范规模会"，来自 20 个省份的国家级食用豆专家 140 多人云集甘肃兰州，就甘肃省食用豆产业发展提出了建设性意见和指导，很好地提升了甘肃省食用豆研究在国家中的地位。

杨晓明从零起步开拓了甘肃省食用豆研究的新领域，创建了食用豆研究新学科。早在 1997 年首届全国杂粮学术会议上，他就敏锐地发现，豌豆产业在加拿大、法国、美国等发达国家发展相当迅猛，一个主要的原因是半无叶型豌豆的推广和应用。杨晓明经过考察了解到，半无叶型豌豆在我国的研究尚处于空白阶段。善于捕捉生产和科研亮点的他，瞄准了豌豆产业发展，于是他克服重重困难开始了艰难的豌豆育种工作，通过充分利用国内外优异豌豆种质资源的杂交育种，2008 年终于选育出适宜我国广大西北地区种植的半无叶型豌豆新品——陇豌 1 号，该品种的育成很好地解决了我国水地豌豆品种缺乏的问题，其成果达到国内研究领先水平，填补了甘肃省半无叶型豌豆品种的空白。甘肃省中部灌区亩产 273.2 千克，河西灌区亩产 383.3 千克，高产可达 450 千克，较地方品种增产 2～3 倍。在甘肃、青海、山西、内蒙古、河北、新疆等地累计推广面积 120 多万亩（1 亩≈666.7 平方米），使我国西部传统的豌豆单作种植模式向玉米、油葵、马铃薯等作物套种豌豆高效种植模式发展。豌豆产量创历史新高，作物种植结构得到有效调整，生产效益明显提高，土壤质地有效改良。

案例 2　四川农业大学吴福忠

1. 博士后基金资助情况

项目负责人：吴福忠

所在单位：四川农业大学林学博士后科研流动站

资助时间：面上资助（2011）、特别资助（2012）

2. 博士后基金项目获资助者的成长情况

吴福忠，2010 年 5 月进入四川农业大学林学博士后科研流动站，作为该博士后科研流动站第一位研究人员，吴福忠依托长江上游林业生态工程四川省重点实验室，开展博士后研究工作"高山森林雪被斑块对凋落物分解的影响"。在合作导师的指导下，吴福忠针对当前日益剧烈的气候变化，以生态战略地位突出且对气候变化敏感的青藏高原东缘川西高山森林为研究对象，以冬季物质循环等生态系统过程为切入点，首次关注气候变化情景下高山森林天然雪被斑块下关键生态系统过程的响应机制与反馈特征，打破了"冬季生态休眠期"的传统悖论，发展了高寒森林冬季凋落物分解等生态过程的研究思路。2012 年 9 月至 2013 年 3 月应邀赴加拿大魁北克大学蒙特利尔分校访问学习，在气候变化、森林生态学、土壤生态学等领域广泛、积极地与国内外相关同行建立了密切合作关系，共同探究学科发展。

吴福忠具备高度的科研热忱和优异的科研潜质，尤其具备杰出的对于相关学科的融合及创新能力。进入博士后科研流动站后，在合作导师的指导下，吴福忠与合作者精诚团结，积极进取，提出的"高山森林雪被斑块对凋落物分解的影响"系列研究获得了国家自然科学基金青年科学基金（31000213）、面上项目（31270498），中国博士后基金面上资助项目（20110491732）和特别资助项目（2012T50782），以及四川省学术与技术带头人资助计划（2012JQ0008）的支持，累计获得纵向科研经费达 100 余万元。以第一作者身份发表科技论文 7 篇，其中 SCI 收录 5 篇，合作发表科技论文 40 余篇（SCI 收录 6 篇），获得四川省科技进步二等奖 1 项。在科研工作中，乐于与前辈师长及研究生们交流心得与体会，相互学习方法与思维，得到合作师长及学生们的一致好评。由于工作成效突出,吴福忠在 2011 年破格晋升为教授,2012 年晋升为博士生导师,成为四川农业大学具有正高级职称的青年教师之一。

案例 3　北京邮电大学龙航

1. 博士后基金资助情况

项目负责人:龙航

所在单位:北京邮电大学信息与通信工程学院博士后科研流动站

资助时间:面上资助(2011)

2. 博士后基金项目获资助者的成长情况

龙航,所获博士后基金资助项目的研究方向是物理层安全,是当前无线通信领域新兴的热门研究话题。他以此项目研究成果为主撰写的博士后出站研究报告《无线中继系统中的物理层安全技术研究》顺利答辩通过,博士后出站评定为"特优"。2012 年 7 月,龙航博士后出站后进入北京邮电大学信息与通信工程学院任讲师。

后续获得项目资助:龙航在博士后基金资助项目的研究基础上,2013年 8 月获批主持国家自然科学基金青年科学基金项目(61302088)"基于协作转发和协作干扰的物理层安全技术研究"。

相关研究成果:龙航自 2011 年 6 月获得博士后基金资助后,已发表论文 35 篇,其中 SCI 收录 9 篇,EI 收录 33 篇,中文核心期刊 2 篇;以第一作者发表论文 13 篇,其中 SCI 检索 6 篇,EI 检索 11 篇,中文核心期刊 2 篇。龙航获得国家发明专利授权 9 项,其中第一发明人 2 项。龙航申请国家发明专利 2 项,其中第一发明人 1 项,申请国际专利 2 项,其中第一发明人 1 项。其于 2011 年 9 月在《电信科学》发表的论文《物理层安全技术:研究现状与展望》是国内关于物理层安全领域的第一篇综述性论文;2013 年 1 月在 *IEEE Transactions on Information Forensics and Security*(影响因子:1.895)发表的论文 *Secrecy Capacity Enhancement with Distributed Precoding in Multirelay Wiretap Systems* 是北京邮电大学在物理层安全领域在这一重要期刊上发表的第一篇论文。2013 年 1 月龙

航在《电信科学》发表的《协作干扰技术的提出、现状和未来展望》对
协作干扰技术进行了简单总结，同时也是协作干扰技术领域国内第一篇
综述性论文。

5.1.6 博士后基金的资助工具

博士后基金针对博士后研究群体的需求，目前有两种资助工具，用以实现
当前和长期的战略目标。面对申请量持续增长，博士后基金会需要系统分析
申请量激增的驱动因素及其对资助效率和质量带来的潜在影响。本小节对博
士后基金资助工具设置的合理性、执行情况和资助强度与资助率的合理性做
出分析。

1. 博士后基金资助工具设置的合理性

目前，中国博士后科学基金主要分为面上资助和特别资助两种类型。面上
资助是为博士后从事自主创新研究提供的科研启动或补充经费，资助标准为一
等 8 万元/人、二等 5 万元/人。特别资助是对在站期间取得重大科研成果和研
究能力突出的博士后进行的资助，资助标准为 15 万元/人。

调查问卷结果显示，79%左右的博士后设站单位管理人员认为博士后基
金的面上一等、面上二等、特别资助这三类资助类型的设置是非常必要的。
80%以上的博士后基金评审专家认为三类资助类型的设置都是非常必要或
有必要的。其中，不超过 3%的博士后设站单位管理人员认为三种资助类型
设置不太必要，博士后基金评审专家对于博士后基金资助类型的设置持肯
定态度，但是在重要性比例上不同于博士后设站单位管理人员，不超过
20%的博士后基金评审专家认为三种资助类型的设置不太必要（图 5-41、
图 5-42）。

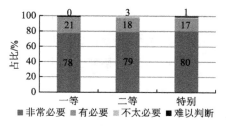

图 5-41 博士后设站单位管理人员对博士后基金不同资助类型设置的必要性的观点

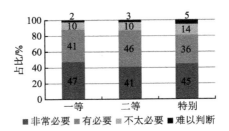

图 5-42 博士后基金评审专家对博士后基金不同资助类型设置的必要性的观点

《中国博士后科学基金资助工作"十二五"规划》提出增设博士后国际交流资助项目和博士后优秀成果交流资助项目，以适应博士后事业发展的需要。在对博士后基金获资助者、博士后基金评审专家和博士后设站单位管理人员的问卷调查中，三类人员均支持增设新的资助项目，在图 5-43 需要拓展的资助类型中可以看到，开展国际合作研究、设立海外资助项目势在必行。其中，博士后基金获资助者和博士后基金评审专家最希望拓展的基金资助类型有国际合作研究、参加国际会议和国际联合培养；博士后设站单位管理人员最希望拓展的资助类型为国际合作研究、参加国际会议和吸引海外博士后。

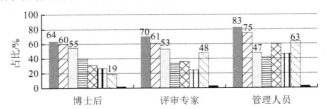

图 5-43 希望拓展的博士后基金资助类型

2. 博士后基金资助工具的执行情况

博士后基金资助工具的执行情况，可以反映博士后基金在资助过程中出现的问题，本小节从博士后基金获资助者的地区分布、博士后基金获资助者的单位分析和边远地区博士后基金获资助者分析三方面，发现博士后基金获资助者分布的地区与单位状况，及时有效地调整博士后基金在资助政策和管理方面的问题。

（1）博士后基金获资助者的地区分布

1985～2012 年共设立博士后科研流动站 2721 家，部分学科调整、合并后，现为 2703 家。1994～2012 年共批准博士后科研工作站 2213 家，因部分工作站设站条件发生变化，现为 2129 家。如图 5-44～图 5-46 所示，博士后科研流动站主要集中在北京、江苏、上海、湖北、陕西、广东、湖南等高校密集的省域；博士后科研工作站主要集中在北京、江苏、广东、山东、浙江、河南等高校和企业密集的省域。

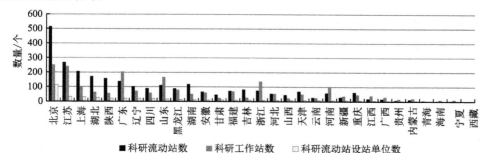

图 5-44　博士后科研流动站数、科研工作站数及科研流动站设站单位数

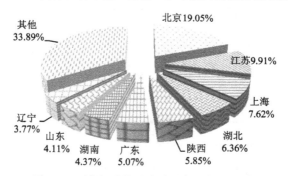

图 5-45　博士后科研流动站设站地区比例

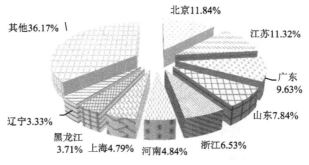

图 5-46　博士后科研工作站设站地区比例

1987～2012 年，博士后基金受资助人员地区分布中，受资助人员比例较高

的地区大都集中在东部，中部地区次之，西部地区很少，这可能与西部地区博士后科研流动站和博士后科研工作站设站较少、博士后人数不多有关，但也反映出了博士后基金资助地域上的不平衡（具体分析见第 2 章）。

（2）博士后基金获资助者的单位分析

1987～2012 年，共有 1356 个单位获得过博士后基金的资助。累计获得博士后基金资助前 100 位的单位资助了约 73%的博士后，表明博士后基金资助高度集中在少数博士后设站单位。1356 家博士后设站单位中，大学与科研机构占了绝大多数，企业很少（具体见第 2 章）。图 5-47 为 1987～2012 年博士后获资助者所在单位的前 20 家单位，依次为清华大学、北京大学、浙江大学、复旦大学、哈尔滨工业大学、南京大学、山东大学、上海交通大学、中山大学、中国社会科学院、华中科技大学、武汉大学、西安交通大学、吉林大学、华南理工大学、同济大学、中南大学、北京航空航天大学、大连理工大学和天津大学。其中，清华大学所占比例最高，远远超过其他单位。

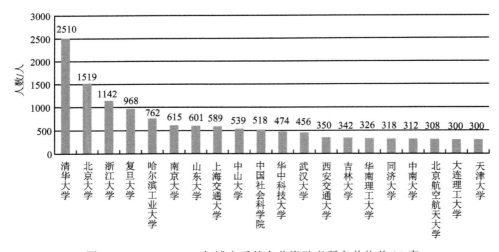

图 5-47　1987～2012 年博士后基金获资助者所在单位前 20 家

（3）边远地区博士后基金获资助者分析

如图 5-48 所示，西部地区的博士后获得博士后基金资助的比例仅为 8.15%。一方面是因为西部地区博士后科研工作站和流动站设站单位较少；另一方面是因为西部地区科研环境较差，博士后难以获得基金的青睐。

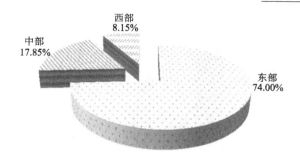

图 5-48 1987～2012 年博士后基金获资助人员所属区域比例

3. 博士后基金资助强度和资助率的合理性

（1）资助强度

近年来，博士后基金面上资助等级分两档，一等资助 8 万元，二等资助 5 万元；博士后基金特别资助 15 万元。调查问卷显示，65%的博士后设站单位管理人员认为该资助强度合适，80%的博士后获资助人员认为该资助强度合适，61%的博士后基金评审专家认为该资助强度合适（图 5-49）。认为该资助强度不合适的人员，绝大多数建议将博士后基金的强度提高至一等 10 万～15 万元，二等 8 万～10 万元，特别资助 20 万～30 万元。

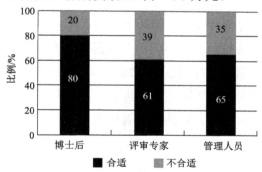

图 5-49 博士后基金资助强度是否合适的观点

（2）资助率

近年来，博士后基金面上资助比例为当年进站人数的 1/3 左右，调查问卷显示，61%的博士后设站单位管理人员认为该资助比例合适，86%的博士后获资助人员认为该资助比例合适，63%的博士后基金评审专家认为该资助比例合适（图 5-50）。认为该资助比例不合适的人员，绝大多数建议将博士后基金面上资助比例提高至 50%左右。

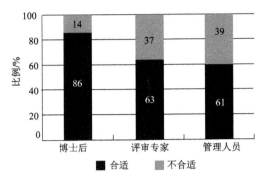

图 5-50　博士后基金面上资助比例是否合适的观点

（3）申请博士后基金的动机

为了解博士后基金申请量激增的深层原因和申请人多次申请博士后基金的动机，本课题组对博士后申报博士后基金的主要动机进行了问卷调查，见附录 5 "博士后基金获资助者问卷分析"中的表 2。可以看到，博士后申报博士后基金的主要动机为能够获得经费支持、得到学术水平的肯定、获得独立主持科研项目的机会和实现创新性想法。

据了解，博士后设站单位制定了针对博士后基金获资助者或承担者的配套措施，回收的 76 份博士后设站单位调查问卷显示，81.58%的设站单位在各类评优中，把承担博士后基金项目列为参考依据，31.58%的设站单位把承担博士后基金项目列为专业职务晋升的条件，21.05%的设站单位为博士后基金项目提供配套科研经费（见附录 5 "博士后设站单位管理人员问卷分析"中的表 1）。然而，从 502 份博士后基金获资助者调查问卷的反馈中得知，42.83%的博士后并没有获得任何特殊优惠措施，但是 37.85%的获资助者表示获得博士后基金的资助促进了其学术地位的提升，另外在专业职务晋升和定岗时能得到优先的也占到 14.94%（见附录 5 "博士后基金获资助者问卷分析"中的表 4）。

5.1.7　博士后基金的同行评议

1. 博士后基金同行评议的执行情况

博士后基金资助按学科实行同行专家评审。面上资助采用专家通讯评议的形式评审，特别资助采用专家通讯评议与会议评议相结合的形式评审。专家评审坚持严格的专家评审制度及评审纪律，执行回避制度、保密制度和公示制度。

评审专家对申请者的创新能力、研究基础、研究方法、研究思路、支出预算等做出分析判断，评审出具有发展潜力和创新能力的博士后，予以资助。从 2011 年第 50 批面上资助开始，面上资助工作采用网上申报和评审。2012 年，从第 5 批特别资助开始，特别资助工作实行网上申报和评审。

（1）通讯评议

通讯评议程序如下：①学科分组。根据国务院学位办划分的 12 大门类 89 个一级学科及对应的二级学科，按博士后本人填报的二级学科进行分组。②选择专家。根据申报材料的学科分组情况，由计算机从已经建立的评审专家库中随机自动抽取 7 名同行专家。避免了人为选择专家的随意性，保证了科学性、公正性和保密性。③专家评议。专家根据评审要求和打分标准，对博士后按百分制打分，打印打分表并签字确认后，函寄基金会。④汇总核对。基金会对专家评审结果原件进行核对，并进行汇总，计算每位博士后的平均得分，按得分在学科组内部进行排序。⑤确定获资助人员名单。根据当年资助计划计算出获资助人员的比例，确定每学科组获资助人数，分数由高到低排序，确定每个学科组获资助人员名单。⑥秘书长办公会议审核。秘书长办公会议对评审工作各环节进行审核后，提交博士后基金会理事会审核。

（2）会议评议

特别资助除通讯评议外，还要组织会议评议。

会议评议程序如下：①基金会按参加会议评议人选的一级学科分布和参评人数，将相近学科合并为一组；②每组对应一级学科聘请同行评审专家；③召开专家评审会，专家经过审阅材料、评议、投票等程序，按照一定比例确定拟资助人员。

2. 博士后基金同行评议的质量情况

调查问卷显示，博士后设站单位管理人员和博士后基金评审专家对博士后基金发展规划、项目管理办法、评审规定与过程及网络信息系统都比较了解。其中，超过 75%的博士后设站单位管理人员对网络信息系统和项目管理办法了解，55%左右的博士后设站单位管理人员对评审规定与过程及基金发展规划了解；而超过 60%的博士后基金评审专家则对评审规定与过程了解，对网络信息系统、项目管理办法和基金发展规划的了解程度接近或超过40%（图 5-51、图 5-52）。

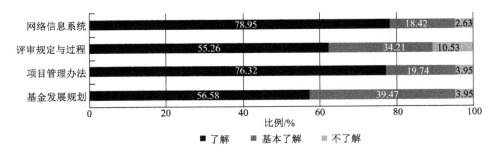

图 5-51 博士后设站单位管理人员对博士后基金组织管理的了解程度

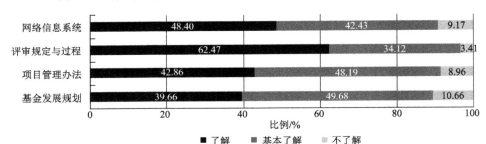

图 5-52 博士后基金评审专家对博士后基金组织管理的了解程度

博士后设站单位管理人员问卷调查表明,100%的博士后管理人员认为现行的博士后基金面上资助通讯评议的评审周期合理,92.6%的博士后管理人员认为现行的回避制度合理,而85%左右的博士后管理人员认为评审标准和通讯评议专家的遴选合理,只有评审意见的反馈有待提高(图5-53)。而博士后基金评审专家问卷调查表明,约 50%的评审专家认为现行的回避制度非常合理,30%左右的评审专家认为其他的评审制度非常合理,评审周期和评审标准认可度相对较高,评审专家同样认为评审意见的反馈需要加强(图5-54)。

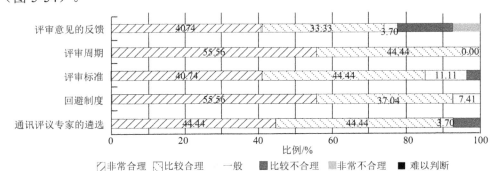

图 5-53 设站单位管理人员对博士后基金面上资助通讯评议的制度安排合理性的评价

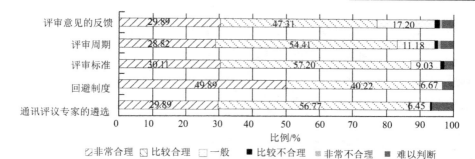

图 5-54 博士后基金评审专家对博士后基金面上资助通讯评议的制度安排合理性的评价

博士后设站单位管理人员问卷调查表明，60%的博士后管理人员认为现行的博士后基金特别资助会议评议的回避制度非常合理，约94%的博士后管理人员认为现行的评审周期合理（图 5-55）。而博士后基金评审专家问卷调查表明，约33%的评审专家认为现行的评审周期、评审标准、会评专家的遴选非常合理，约 26%的专家认为评审结果的反馈和上会率非常合理（图 5-56）。

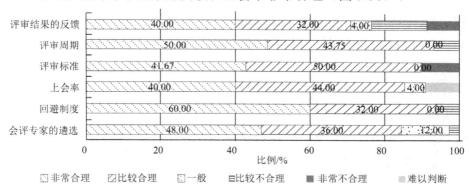

图 5-55 设站单位管理人员对博士后基金特别资助会议评议的制度安排合理性的评价

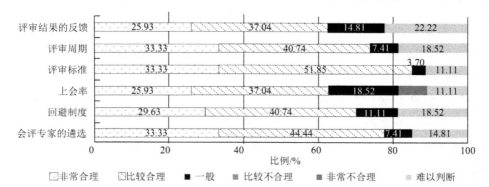

图 5-56 博士后基金评审专家对博士后基金特别资助会议评议的制度安排合理性的评价

博士后设站单位管理人员、博士后基金评审专家的问卷调查结果表明，他们认为博士后基金同行评议的制度总体比较合理。其中，评审意见的反馈是大家比较关注的一个问题。问卷调查的结果表明，同行评议意见对于研究经历、申请经验均相对缺乏的青年科研人员而言，具有更为明显的促进作用。

5.1.8　博士后基金的管理模式

1. 博士后基金项目的结题管理

由于博士后基金经费额度小，难以支持博士后完成独立的科研项目，所以目前，博士后基金项目采取较宽松的后期管理方式，对面上资助和特别资助均没有实行结题验收，只要求获资助者出站时提交资助总结报告。

调查问卷显示，60%的设站单位管理人员认为宽松的后期管理方式合适，25%认为不合适的设站单位中，11家认为面上资助应提交资助总结报告，特别资助应实行结题验收，8家认为面上资助和特别资助均应要求实行结题验收。15%的设站单位管理人员对该问题难以判断。35%的评审专家认为博士后基金的宽松管理方式是不合适的，其中124名评审专家认为面上资助应提交资助总结报告，特别资助应实行结题验收，127名评审专家认为面上资助和特别资助均应实行结题验收，20名评审专家提供了其他管理方式：①面上资助和特别资助均要求实行结题验收，实行匿名专家函评或者专家网评验收；②组织函评结题，对未达到标准的课题组予以几年内停止申报或退回部分研究经费的处罚；③建议以博士后期间最重要的研究成果作为评判标准；④同行验收并评价支撑项目申请书中创新点的研究成果，对论文数量不作要求，只评价研究成果的创新程度及成果应用价值；⑤可考核结题后3年内的后续贡献；⑥规定成果标准，进行结项验收（图5-57）。

2. 博士后基金项目的资金管理

（1）资助金的开支范围

资助金的开支范围包括科研必需的仪器设备费、实验材料费、出版/文献/信息传播/知识产权事务费、会议费、差旅费、专家咨询费、国际合作与交流费和劳务费的开支。用于支付参与研究过程且没有工资性收入的相关人员（如在校研究生）和临时聘用人员的劳务费支出不得超过资助金总额的30%。

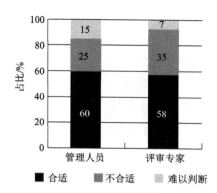

图 5-57　博士后基金提交资助总结报告的宽松管理方式是否合适的观点

（2）资助金的管理

设站单位对资助金单独立账，代为管理，对资助经费的使用情况进行审核和监督。博士后出站时，资助金结余部分应当收回基金会，由基金会按照财政部关于结余资金管理的有关规定执行。资助金获得者因各种原因中途退站的，设站单位应当及时清理账目与资产，编制财务报告与资产清单，按程序报基金会。结余资助金收回基金会，用资助金所购资产，收归设站单位所有。申请人有剽窃、弄虚作假等违反学术道德和知识产权规定行为的，不得获得资助；已经获得资助的，撤销资助，追回已拨付的资助经费并给予通报。基金会对资助经费的使用情况进行监督检查，对基金使用效益进行评估，对获资助者的成长情况进行跟踪问效。

据 2014 年的调查结果，获资助博士后出站后，16 家博士后设站单位认为留存资金可作为博士后的后续科研资金转移到其工作单位，1 家单位表示资金应全部花费，11 家单位认为应将留存资金作为设站单位的博士后基金管理费用，有 40 家单位认为留存资金应该采取其他的后期管理方式。

3. 博士后基金项目的财政绩效管理

按照《中国博士后科学基金资助规定》的要求，中国博士后科学基金会秘书长负责组织制定博士后基金的年度经费预算和资助计划，并向基金会理事会提交年度预算、计划和报告。年度经费预算计划经基金会理事会审定，报人社部规划财务司；人社部审批后报财政部，由财政部下达项目执行计划。

（1）项目主要内容

中国博士后科学基金分为面上资助和特别资助。面上资助是对博士后研究人员从事自主创新研究的科研启动或补充经费；特别资助是对在站期间取得重大科研成果和研究能力突出的博士后研究人员的资助。2011年起，特别资助对象涵盖"香江学者计划"资助人员。"香江学者计划"于2011年由全国博管办与香港学者协会决定共同实施，由内地与香港联合培养博士后研究人员[《"香江学者计划"实施细则（暂行）》（博管办〔2011〕92号）]。

（2）项目绩效目标

预期总目标：使博士后研究人员迅速成长为适应社会主义现代化建设需要的各类复合型、战略型和创新型人才。

阶段性目标：对博士后研究人员在站期间独立从事创新性的科学研究工作给予科研资助。

年度绩效目标：完成年度面上资助和特别资助工作。

博士后基金项目绩效指标具体如表5-10所示。

表5-10 博士后基金项目绩效指标

指标		具体内容
产出指标		面上资助人数、特别资助人数、"香江学者计划"人数
产出成本		控制在预算范围内
产出质量		评审过程公平公正，择优资助
产出实效		按工作计划完成基金资助工作
效益指标	社会效益	促进创新型年轻高层次博士后人才培养，提高博士后研究水平，促进博士后人才成长，对博士后队伍发展起到稳定、激励和导向作用
	可持续影响	通过博士后基金资助，不断吸引、发现、引进和培养年轻人才
	服务对象满意度	受资助博士后满意度>95%

（3）项目资金使用及管理情况

中国博士后科学基金会根据《中华人民共和国预算法》和《财政部关于编制××年中央部门预算的通知》的文件要求，编制年度博士后基金项目预算。

中国博士后科学基金会会计制度执行《事业单位财务规则》，制定并执行单位内部《财务管理暂行规定》和《<财务管理暂行规定>实施细则》，以及执行《中国博士后科学基金面上资助实施办法》（中博基字〔2007〕05号）（简称《中国博士后科学基金面上资助实施办法》）、《博士后日常经费及博士后基金拨付流程》和《中央部门财政拨款结转和结余资金管理办法》。

财务按照中国博士后科学基金会文件要求，根据博士后科学基金资助标准，由出纳填制结算业务申请书，2 名及以上会计人员审核结算业务申请书的相关内容,审核无误后向博士后基金获资助人员所在单位拨付博士后基金经费。

（4）项目组织情况

中国博士后科学基金会在人社部领导下，负责博士后科学基金资助的评审、跟踪问效和经费日常管理等工作。中国博士后科学基金会下设博士后基金管理处，具体负责基金资助日常工作。基金会内设财务处室，协助完成基金经费项目的预算、申请、资金拨付和后期监管工作。中国博士后科学基金会理事会审核年度经费预算、年度资助计划，听取秘书长关于执行预算和完成计划情况的报告，对基金资助工作提出意见和建议。秘书长负责组织制订基金的年度经费预算和年度资助计划，组织基金资助的评审工作，向基金会理事会提交年度预算、计划和报告，签署基金资助的有关文件。年度经费预算经基金会理事会审定后，经人社部报财政部，年度资助计划报人社部批准。秘书长办公会议负责审核面上资助的专家评审结果，并根据评审结果提出获资助人员名单，报基金会理事会审定。秘书长办公会议负责审核特别资助的专家评审结果，并根据评审结果提出获资助人员名单，报基金会理事会审定。面上资助和特别资助的评审结果公示后报人社部备案，并由基金会公布。

中国博士后科学基金会是项目实施的主管部门。为保证基金资助评审工作的科学性，中国博士后科学基金会建立了 2 万多人的评审专家数据库，且有规范的评审专家数据库更新维护机制。此外，为提高资助工作的质量和效率，利用"博士后基金管理信息系统"实现网上申报、网上评审等。按照《中国博士后科学基金资助规定》，中国博士后科学基金会每年通过发文、举办培训班等方式对博士后设站单位开展博士后基金申报及后期管理进行组织和督导。中国博士后科学基金会按照财政部下达的年度经费预算，制订年度资助计划，向设站单位下发基金申请指南，由设站单位组织博士后申报。

中国博士后科学基金会组织专家评审。面上资助评审采用专家通讯评议的形式，特别资助评审采用专家通讯评议与会议评议相结合的形式。专家评审坚持严格的专家评审制度及评审纪律，执行回避制度、保密制度和公示制度。评审专家对申请者的创新能力、研究基础、研究方法、研究思路、支出预算等做出分析判断,评审出具有发展潜力和创新能力的博士后研究人员予以资助。秘书长办公会议负责审核面上资助的专家评审结果,根据评审结果提出获资助人员名单。秘书长办公会议负责审核特别资助的专家评审结果,根据评审结果提出获资助人员名单,报基金会理事会审定。面上资助和特别资助的评审结果公示后报人社部备案,由基金会公布。中国博士后科学基金会将资助金划拨至获资助博士后研究人员所在设站单位。设站单位对资助经费单独立账,代为管理,对资助经费的使用情况进行审核和监督。获资助博士后研究人员出站时,需网上填报《中国博士后科学基金资助总结报告》。设站单位需在每年年末网上填报《中国博士后科学基金使用效益情况报告》,并提交基金会。中国博士后科学基金会每年组织对中国博士后科学基金使用绩效进行抽查。

(5)项目管理情况

中国博士后科学基金资助工作执行两个政策性文件:《中国博士后科学基金资助规定》《中国博士后科学基金面上资助实施办法》。《中国博士后科学基金面上资助实施办法》依据《中国博士后科学基金资助规定》经基金会理事会审定后实施。《中国博士后科学基金资助规定》经财政部、人社部批准后颁布实施。

此外,中国博士后科学基金会每年根据《中国博士后科学基金资助规定》,结合全国博士后管理委员会对博士后工作的新要求,向中国博士后科学基金会理事会提交改进博士后基金资助工作的提案,理事会形成决议后,中国博士后科学基金会在每年年初编辑出版《中国博士后科学基金资助指南》(以下简称《指南》)作为下一年度开展博士后基金资助工作的依据。《指南》对申报条件、专家评议标准、结果公示等做出明确规定和要求。

中国博士后科学基金会按照有关资助政策文件的要求,组织基金资助工作,主要情况如下:

1)年度计划的制订。博士后基金会秘书长负责组织制定博士后基金的年度经费预算和资助计划。年度经费预算经博士后基金会理事会审定,报人社部规划财务司,人社部审批后报财政部;年度资助计划报人社部批准。

2)资助工作的组织。年底向设站单位下发下一年度基金资助指南,明确各批次资助工作的开展时间、申报条件及有关要求。

3)申报资格的管控。首先,依据信息系统自动检查申请人条件,不具备申报条件的人员不可网上提交申请材料。其次，设站单位对申请人的资格、申报材料进行审核，向博士后基金会报送本设站单位本批次《申报情况汇总表》。最后，博士后基金会根据设站单位报送的《申报情况汇总表》依次审核电子文档，不符合要求的向设站单位反馈直至取消申报资格。

4）专家评审质量的管控。为保证专家评审的科学公正，组织通讯评议时，博士后基金会根据申请人所填二级学科进行分组，每个学科组随机从专家数据库中匹配 7 名同行专家进行评审，每份申请材料的评审专家数须达到 5 名以上方为有效。为避免专家打分时受个人主观因素的影响，汇总评分时采取体操计分法。组织会议评议时，博士后基金会根据入选会议评议人数及其学科分布，按一级学科将申报材料进行分组，对部分相近一级学科进行合并，每个评审学科组各一级学科至少聘请 1 位同行专家。为保证评审质量，会议评议重点聘请在相关学科领域享有较高声望的知名专家。

5）评审结果的管控。对专家评审确定的拟资助人员实行公示制度，公示期内博士后研究人员及其他相关人员对公示人选有异议的，可按规定程序提出质询直至取消拟资助资格。

6）经费使用的管控。设站单位根据《中国博士后科学基金资助规定》的要求对本单位博士后研究人员使用资助金进行管理和监督。博士后基金会对设站单位资助金的管理和使用情况进行抽查。

7）资助成果的管控。获资助博士后研究人员出站时须向博士后基金会提交《中国博士后科学基金资助总结报告》，设站单位每年 12 月 31 日前向博士后基金会提交本单位《中国博士后科学基金资助金使用效益情况报告》。

（6）项目实施经验

在项目执行方面，为方便博士后设站单位组织基金申报工作，便于博士后研究人员了解基金资助的政策要求，保证基金经费工作按照财政部的序时节点要求完成，博士后基金会向设站单位和博士后研究人员下发了《中国博士后科学基金申请指南》，明确了全年三批次基金资助工作的申报、评审的要求及时间安排。此外，博士后基金会内部也制定了工作时间进度表，协调财务处等有关处室共同遵照执行，保证按时完成全年各批次的资助工作。

在项目结果的采集方面，根据绩效评价报告中提出的改进意见和博士后基金会 2012 年开展的"中国博士后科学基金资助项目绩效评估研究"课题的要求，修订了《中国博士后科学基金资助总结报告》，开发了网上收集报告的信息系统，从 2013 年 9 月 1 日起，获得博士后基金资助的出站博士后必须提交资助总结报告，年末设站单位需向博士后基金会提交资助金使用效益情况报告，收到了较好的效果，为今后开展基金绩效评价积累了较完整的数据资料。

针对结余资助金及基金使用效益方面存在的问题，博士后基金会在调研的基础上对 2014 年基金资助工作提出了完善意见。一是修改了申报条件。对于特别资助，将"博士后研究人员进站满 8 个月可申请特别资助"改为"博士后研究人员进站 4 个月后可申请特别资助"；对于面上资助，将"博士后研究人员在进站后至出站前半年时间内，可以多次申请面上资助"改为"博士后研究人员进站后 1 年半内，可以多次申请面上资助"。二是改进评审工作，进一步体现公平和公正。对于面上资助，减少申报人数较少的二级学科的合并数量，保证组内每个二级学科至少匹配 2 名专家；特别资助会议评议将重点聘请在相关学科领域享有较高声望的知名专家，以准确把握学科发展方向，对博士后取得重大科研成果和科技创新的潜力做出更准确的判断。

中国博士后科学基金全部由国家财政拨款，专款专用，全部用于对博士后研究人员的科研资助。博士后基金资助工作办公经费由国家财政拨款，支出严格执行财政预算。博士后基金是专门针对博士后研究人员从事科研工作设立的，旨在培养年轻高层次创新人才，项目强调对"人"的资助，即提升博士后研究人员的培养质量，促进其创新能力的提高。资助成效一般在资助当年较难呈现。博士后基金自设立以来，适应博士后培养目标要求，资助机制不断改革完善，同时随着国家财力的增强，资助金额和资助规模逐年增大。博士后制度是我国培养年轻高层次人才的重要制度，博士后基金资助制度是博士后制度的重要组成部分。博士后基金资助管理工作已形成国家、省市、设站单位参与的有机管理体制，有效促进了基金资助工作的持续开展。

5.1.9　博士后基金的影响

1. 鼓励创新和营造环境

（1）博士后基金资助政策的规定

中国博士后科学基金资助突出强调对"人"的资助和对博士后创新能力的

要求，2007 年全国博士后管理委员会出台《中国博士后科学基金面上资助办法》，要求申报的面上项目应具有原创性、创新性、前沿性，具有较高的科学和应用价值。根据《中国博士后科学基金资助规定》，博士后基金优先资助基础研究、原始性创新研究和公益性研究，要求申报评审的项目应具有基础性、原创性和前瞻性，具有重要的科学意义和应用价值。该规定表现出博士后基金资助有别于其他基金资助的特点：博士后基金资助主要突出了对博士后创新能力的要求，基金评审是通过项目的研究思路和方法，来考察博士后研究人员的科研水平、创新能力和发展潜力，从而选定资助对象；博士后基金资助还突出了基金评审的科学化、程序化和规范化，从制订计划到组织实施、从候选人分组到评审专家分组、从函评到会评、从候选人条件到评审程序等都做了具体规定，具有很强的可操作性。

《博士后科研流动站和工作站评估办法》规定新设站评估侧重考察流动站、工作站博士后工作的制度建设、工作环境，以及博士后招收和科研工作情况。博士后科研流动站评估指标为三级指标体系，一级指标流动站建设情况有 3 项二级指标，其中一项便是学术环境的营造，包括 6 个三级指标：①博士后创新能力的培养情况；②合作导师培养、指导博士后的情况；③信息化建设情况；④组织博士后参加学术交流活动的情况；⑤组织博士后参与国外科研合作的情况；⑥为博士后提供的综合能力培训情况。

其中，①博士后创新能力的培养情况，指博士后合作导师的创新精神、学术水平，对博士后创新能力的要求和培养及流动站学术氛围等方面的情况；②合作导师培养、指导博士后的情况，指博士后独立负责某一方面的研究工作、协助导师制订科研计划及协助导师指导研究生工作等方面的情况；③信息化建设情况，指图书资料、网络等方面的建设、使用情况；④组织博士后参加学术交流活动的情况指标中，学术交流含学术年会、综合性学术会议、专业或专题学术研讨会、学术报告会、学术论坛、科技论证会等；⑤组织博士后参与国外科研合作的情况，指在站博士后参加与国外机构联合开展的科研合作活动；⑥为博士后提供的综合能力培训情况指标中，综合能力培训主要指设站单位或流动站提供的技能讲座、学术讨论、业务参观考察等。

（2）调查问卷和案例研究

博士后基金的设立可以为博士后提供平等竞争、脱颖而出的机会，使其在竞争中提高创新能力并培养开拓创新精神。回收的 1224 份调查问卷显示，75%以上的填写者认为博士后基金可以提供平等和公平竞争的科研氛围，自由探索、尊重个性的科研氛围，以及积极进取、勇于创新的科研氛围。其中，自由探索、尊重个性、积极进取、勇于创新的氛围最为浓厚，其次是平等、公平竞争、求真务实的科研氛围或学术风气，而团结协作氛围有待加强（图 5-58）。

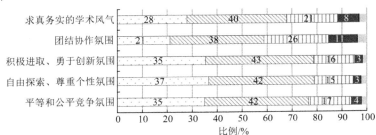

图 5-58　调查对象的博士后基金对鼓励创新、营造环境发挥作用的观点

博士后基金鼓励原始创新。博士后研究人员主要从事具有探索、开拓、创新性质的科学研究，在选题上，博士后工作注意和博士阶段的连续性，同时又需要从被动指导性为主的研究转化为主动探索性为主的研究。

案例 1　中国科学院上海生命科学研究院杨芳

1. 博士后基金资助情况

项目负责人：杨芳

所在单位：中国科学院上海生命科学研究院生物化学与细胞生物学研究所博士后科研流动站

资助时间：面上一等资助（2008）

2. 博士后基金项目获资助者的成长情况

杨芳，2007 年进入中国科学院上海生命科学研究院生物化学与细胞生物学研究所博士后科研流动站，致力于抗肿瘤蛋白质复合物 HAMLET 及后来的氨基酰-tRNA 合成酶功能方面的研究。

　　中国科学院上海生命科学研究院不仅拥有很多国际先进研究团队，具有非常活跃的研究氛围，并且能够为青年科研工作者提供非常好的研究平台，特别是它为博士后研究提供了很好的政策支持，并把博士后作为人才培养的重点来抓。其合作导师王恩多院士在蛋白质和 RNA 研究领域有着非常深的造诣，她带领的研究团队在氨基酰-tRNA 合成酶研究方面具有很强的国际影响力，为青年科研工作者创造了一个真正自由探索的平台。虽然实验室的条件很好，但该研究探索性强，具有很大的风险性。杨芳最初的研究主要是从酵母双杂交筛选开始的，然而几轮筛选下来，得到的阳性克隆全部都是假阳性。结合自己的研究背景，经过不断努力和无数次失败的摸索，杨芳最终发现哺乳动物 ArgRS 能够结合血红素分子，为进一步研究 ArgRS 的新功能提供了有价值的线索，研究成果发表在国际著名学术期刊 *J. Biol. Chem* 上。

　　奖励基金：2007 年度中国科学院王宽诚博士后工作奖励基金、2008 年中国科学院上海生命科学研究院优秀青年人才领域前沿项目资助、2008 年中国博士后科学基金面上一等资助和上海市博士后基金资助、2009 年度赛诺菲-中国科学院上海生命科学研究院优秀青年人才奖励基金。

案例 2　北京大学伊鸣

1. 博士后基金资助情况

项目负责人：伊鸣

所在单位：北京大学医学部博士后科研流动站

资助时间：面上资助（2009）

2. 博士后基金项目获资助者的成长情况

　　伊鸣，北京大学医学部博士后，主要研究神经网络，神经网络是目前神经生物学最前沿的领域之一，其中疼痛的神经网络机制研究目前在世界范围内几乎是空白的。在中国博士后基金面上资助项目及中国中医科学院针灸研究所自主选题合作基金的资助下，伊鸣将在海马神经网络研究领域中相对成熟的思路与技术应用于疼痛与镇痛的研究，在理论上提出特定频段的神经振荡可能是多脑区协作编码并储存疼痛的重要机制，论文发表于 *Journal of Neuroscience*，其所在课题组在北京大学神经科学研究所内建立世界上先进的多通道神经记录、干预与分析平台后，利用这一平台对上述假说进行科学验证，初步结果已发表于 *Molecular Pain*。这不但是疼痛研究的新进展，也为中国传统的针刺镇痛研究，尤其是针灸领域长期存在的穴位特异性问题研究提供了新思路。

博士后工作期间，伊鸣多次参与地区及全国性神经科学会议，并获得 2012 年北京神经科学学会学术年会礼来奖二等奖。博士后出站后，伊鸣入选北京大学青年百人计划，得以在北京大学神经科学研究所继续这一领域的研究，期望从新的视角理解疼痛及针刺镇痛的机制，并为治疗慢性痛这一世界性难题寻找新的治疗方法。

2. 促进高端人才培养国际化

目前，随着经济全球化的不断加深和科技进步的日新月异，科技人才的竞争和流动也被推进了国际大循环的洪流，资源配置全球化，全球化催生人才全球范围内流动，国内外人才互动共享的现象日益加深。博士后作为高层次创新青年代表，更要参与到国际交流与合作当中，本小节我们从获博士后基金资助论文的国别分布、博士后获资助人员开展的国际合作与交流情况和问卷调查与典型案例来分析博士后基金在促进高端人才培养国际化方面发挥的作用。

（1）获博士后基金资助论文的国别分布

根据文献计量分析 Web of Science 数据库中博士后基金资助论文，发现博士后基金非常注重本国博士后的发展，2009～2013 年几乎所有获博士后基金资助的论文都是中国作者，日本、新加坡、韩国等亚洲国家的论文数共占据 2.36%，美国占 6.46%（表 5-11）。作为中国博士后获得资助的最主要渠道，博士后基金具有很强的针对性。但整体而言，博士后基金的国际化程度较弱，与其他国家的合作及获资助论文受到其他国家或机构资助的很少。

表 5-11　2009～2013 年获博士后基金资助论文的国别前十位

国别	中国	美国	英国	澳大利亚	日本	德国	加拿大	新加坡	韩国	法国
获资助论文数	10 799	652	172	156	154	97	75	64	59	49
占总数的百分比/%	99.88	6.46	1.35	1.32	1.29	1.20	0.88	0.54	0.53	0.46

（2）博士后获资助人员开展的国际合作与交流情况

自 2011 年起，特别资助对象涵盖"香江学者计划"资助人员。"香江学者计划"于 2011 年由全国博管办与香港学者协会决定共同实施，由内地与香港联合培养博士后研究人员（表 5-12）。培养的专业领域集中在基础研究、生物医学、信息技术、农业、新能源、新材料、先进制造等方面。执行"香江学者计划"是我国实施更加开放的人才政策的一个具体措施，香港许多高校具有很高的学术水平，在科学研究中产生了很多创新成果。

2012 年，为加强博士后创新能力建设，进一步提高博士后国际化水平，人社部、全国博管会研究制订了"博士后国际交流计划"，要求各博士后设站单位高度重视博士后国际交流工作，加大政策引导和经费支持力度，拓展博士后国际交流渠道，推动开展博士后国际交流，拟实施"博士后国际交流计划派出项目""博士后国际交流计划引进项目""博士后国际交流计划学术交流项目"（表 5-13）。

表 5-12　香江学者计划（2011 年）

申报条件	①年龄一般在 35 岁以下；②具有博士学位，身体健康，品学兼优；③具备良好的英语能力；④从事研究领域：初期主要范围为基础研究、生物医学、信息技术、农业、新能源、新材料、先进制造及部分社会科学领域，以后视情况逐步扩大；⑤在所从事的学科领域内具备一定的学术成绩，表现出较强的科研潜力
资助经费	1）港方按月支付"计划"获资助人员的经费，每人 24 个月 30 万港币。 2）内地支付"计划"获资助人员的经费，每人 24 个月 30 万元人民币，由全国博管办和中国博士后科学基金会一次性拨付内地派出单位。其中，20 万元用于"计划"获资助人员的生活开支、住房补助、医疗保险，由内地派出单位支付给"计划"获资助人员；10 万元用于"计划"获资助人员的科研补助及往返旅费，由"计划"获资助人员按照《中国博士后科学基金资助条例》和派出单位财务管理的有关规定支取。 3）"计划"获资助人员如有配偶和子女陪伴，其安置及相关费用自行解决。 4）"计划"延期费用按每人每年 30 万港币的标准全额由港方提供
资助年限	2 年

表 5-13　博士后国际交流计划（2012 年）

资助项目	资助人员	资助条件	资助年限	资助数量	资助金额
派出项目	资助部分优秀在站博士后研究人员到国外一流高校、科研机构、企业的优势学科领域，在合作导师的指导下，开展博士后研究工作	①在站博士后研究人员（含拟进站的博士毕业生，下同）。主要从国内 985 高校、中国科学院、中国社会科学院和全国优秀博士后科研流动站、工作站中产生。根据计划进展情况，逐步扩大选拔范围。②年龄一般不超过 35 周岁。③在站期间或在读博士期间取得突出的研究成果。④具有良好的英语（或接收国语言）听、说、读、写能力。⑤国外拟接收单位一般应为世界排名前 100 名的高校、国际知名研究机构或企业。⑥专业领域。前期主要集中在基础研究和《国家中长期科学和技术发展规划纲要》（2006—2020 年）和《国家中长期人才发展规划纲要》（2010—2020 年）中的重点领域及其优先主题、重大专项、前沿技术领域，逐步扩大到人文和社会科学领域	至少 2 年	200 人/年	第一年每人 30 万元人民币，其中包括工资、基本保险、住房费用和往返差旅费等。第二年及延长期的资助标准参照该标准执行
引进项目	资助部分优秀外籍（境外）和留学博士到国内博士后科研流动站、工作站，在合作导师的指导下，开展博士后研究工作	①年龄一般不超过 35 周岁。②近一年内在国外（境外）世界排名前 100 名的高校获得博士学位。③在读博士期间取得突出的研究成果。④能够保证在中国连续从事博士后研究工作不少于 20 个月。⑤非英语国家的人员应具有良好的中文（或英文）听、说、读、写能力	至少 2 年	200 人/年	每人每年 30 万元人民币，其中国家资助每人每年 20 万元人民币，接收单位资助每人每年 10 万元人民币，包括工资、基本保险、住房费用和往返差旅费等。延长期的资助标准参照以上标准执行
学术交流项目	资助部分优秀博士后研究人员赴国外（境外）开展学术交流活动	①在站博士后研究人员。②具有良好的外语水平，或已经在重要国际会议、国际刊物上用外语发表论文。③拟参加的国际学术交流活动需为本领域内具有一定国际影响力和一定规模的国际学术交流活动，召集人为专业的行业协会，或者由专门的高校、科研院所发起的多边国际学术会议。④已经向该次国际会议投稿、为论文的第一作者（或以其博士后合作导师为第一作者、博士后本人为第二作者），并已经收到会议的正式书面录用通知将在会议上宣读论文。⑤拟参加的国际会议在其会议通知中注明将以带有国际书号的学术期刊或会议论文集形式发表申请者的论文全文	—	200～300 人/年	3 万元，含交通费、住宿费、会议费等

（3）调查问卷和典型案例研究

调查问卷显示，回答相关问题的 501 份问卷中，有 410 份显示首次出国参加国际学术会议或学术访问受到博士后基金资助。25%左右的博士后基金获资助者对博士后基金资助促进及时了解国际学术动态和在国际杂志上发表文章发挥的作用给予了非常大的肯定，但是对在促进与国外学者交流、开展国际合作研究、参加国际学术会议及利用海外研究条件和资源等方面发挥的作用表示比较难以判断（图 5-59）。同时，博士后基金评审专家表示博士后基金促进高端人才培养国际化的作用主要在于开拓国际化视野、开展国际学术交流和提高国际合作能力（图 5-60）。

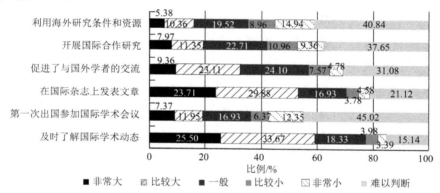

图 5-59　博士后基金获资助者的获博士后基金资助对科学研究国际化作用的观点

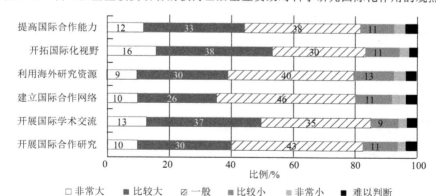

图 5-60　博士后基金评审专家的博士后基金对促进高端人才培养国际化作用的观点

博士后基金的资助为博士后提供高起点的研究平台，促使其获得更多的资助来开展团队合作研究和国际合作交流，获得国内外同行的认可。中国科学院南海海洋研究所海洋科学科研流动站博士后林强获得中国博士后科学基金第二批特别资助和中国博士后科学基金第 43 批面上一等资助,期间前往美国佛罗里达理工学院海洋系从事合作研究。2009 年 12 月至 2010 年 4 月在美国佛罗里达理工学院海洋系从事高级访问学者研究。在国际海马研究领域,其团队形成了自己的研究特点,在关注我国海马资源保护与利用的同时,积极开拓与美国、西班牙、巴西和新西兰等国研究同行的合作,保持海马研究的国际同步性,对海马相关研究贡献力位居世界前列。

案例 1　中国科学院沈阳应用生态研究所魏树和

1. 博士后基金资助情况

项目负责人:魏树和

所在单位:中国科学院沈阳应用生态研究所博士后科研流动站

资助时间:面上二等资助(2010)、特别资助(2011)

2. 博士后基金项目获资助者的成长情况

魏树和,2009 年 7 月至 2012 年 7 月进入中国科学院沈阳应用生态研究所博士后科研流动站,从事污染土壤植物修复与农产品安全生产研究。其主要研究方向为污染土壤修复与安全利用,以及村镇生活固废资源化利用。他首次发现、报道龙葵等 3 种植物为镉超富集植物,揭示了植物超富集镉的主要根际机理、生理机制、膜透性特征,筛选出 3 种镉低积累作物品种;构建了"花期收获"的边修复边生产技术体系并获得显著效果;揭示了低积累作物品种间的生理生化差异;揭示了四环素在土壤中的降解过程及对龙葵等 3 种超富集植物富集镉的影响与根际机理;研究了村镇生活固废污染动态,提出消除村镇生活固废资源化利用过程中潜在污染风险的方法与途径。

从事博士后工作期间获中国博士后科学基金面上资助(二等)及特别资助项目各一项;获澳大利亚奋进奖学金(Australia Endeavour Scholarships and Fellowships)博士后项目一项,并在澳大利亚 La Trobe 大学开展了为期半年的研究工作;获科技部科技支撑课题与 863 课题各一项、国家自然科学基金面上项目 1 项、辽宁省自然科学基金项目 1 项,与指导老师合作发表 SCI 收录文章 5 篇;主编与副主编著作各 1 部,英文著作章节 1 章,中文著作章节 5 章;发表论文 59 篇,其中第一作者发表 SCI 收录论文 22 篇，通讯作者 EI 收录论文 1 篇，第一作者及通讯作者发表 CSCD 收录论文 19 篇；授权发明专利 6 项；获辽宁省自然科学一等奖 1 项（排名第 5），辽宁省科技进步二等奖 2 项（分别排名第 2、第 6）；获澳大利亚奋进奖。

案例 2　中国科学院武汉物理与数学研究所彭世国

1. 博士后基金资助情况

项目负责人：彭世国

所在单位：中国科学院武汉物理与数学研究所物理学博士后科研流动站

资助时间：面上资助（2012）、特别资助（2013）

2. 博士后基金项目获资助者的成长情况

彭世国，2011 年 9 月进入中国科学院武汉物理与数学研究所物理学博士后科研流动站，在合作导师江开军研究员引领的超冷量子体系研究小组，开展超冷原子物理中少体问题的理论研究工作。

彭世国是一个朝气蓬勃，对物理充满热情，并且很有悟性的年轻人，具有扎实的理论功底，对基础研究有着浓厚的兴趣。他曾经在一维量子体系束缚诱导共振的理论研究中，成功解释了奥地利 Innsbruck 大学 Haller 实验小组观察到的共振峰分裂现象，受到了国际同行的广泛关注和好评。彭世国性格开朗，对前沿物理问题相当敏感，在科研上能够与相关领域的专家学者进行广泛的学术交流，并积极与国内外同行建立密切的合作关系，共同探究超冷原子物理领域的热点问题。

在进站工作的一年多时间里，彭世国与合作导师江开军研究员，与澳大利亚斯威本科技大学（Swinburne University of Technology）的研究小组合作，针对英国剑桥大学 M. Kohl 小组测量二维量子体系束缚诱导分子束缚能的实验结果与理论预言不一致的问题，采用双通道散射理论，重新理论计算了这一束缚能，指出了先前理论中存在的问题，并得到了与实验符合较好的结果。另外，有自旋-轨道耦合的超冷原子体系是近两年超冷原子物理领域的热点问题。彭世国及其合作者理论研究了有自旋-轨道耦合的强相互作用费米气体的射频谱响应信号，并考虑了真实体系中束缚势的影响。

他们的这些工作都先后发表在美国物理学会期刊 *Physical Review A* 上。

2012～2014年，彭世国在 *Physical Review A*、*Physics Letters A* 等国际主流期刊上共发表学术论文10篇。自进站以来，彭世国在江开军研究员的指导下获得了国家自然科学基金青年科学基金资助、第51批中国博士后科学基金面上资助项目一等资助、中国博士后科学基金第6批特别资助，以及中国科学院王宽诚博士后工作奖励基金。秉承"严谨、认真、求实"的科学态度，彭世国及其所参与、合作的研究团队将在超冷原子物理领域继续探索，势必会取得更加出色的研究成果。

3. 引导地方建立博士后科研基金

博士后基金是政府为博士后申请科研资助开辟的专属通道，与国家自然科学基金、中国哲学社会科学基金同属国家层面基金。经过28年的快速发展，其资助总额不断提高、资助类型逐渐完善、资助强度不断调整、资助覆盖面逐步扩大，凭借投入小、风险小、高回报的特点，取得了显著成效，在国家青年人才培养体系中发挥的作用逐步增大，具有"种子基金"的特性，已成为国家资助博士后科研工作的主渠道之一，社会影响力越来越显著。与此同时，伴随着我国经济社会的快速发展，全国大部分省份都设立了专门的博士后科研资助金。博士后基金的管理实践、资助活动和同行评议系统对地方科学基金起到了重要的示范作用。

例如，北京市设立博士后工作经费，旨在鼓励设站单位扩大博士后招收规模，支持博士后开展科研活动，促进博士后创新实践基地与高等学校、科研院所开展产学研合作。上海市设立博士后科研资助计划，旨在鼓励和支持本市在站博士后研究人员中有科研潜力和突出才能的年轻优秀人员，以项目资助扶持的方式，为其提供一定的科研条件，以使其顺利地开展科研工作，并鼓励博士后研究人员出站后继续为上海的经济建设做出贡献。江苏省博士后科研资助计划面向全省在站博士后研究人员，主要资助自然科学应用研究、具有原创性或开拓性的自然科学基础研究和社会科学研究。

北京市博士后工作经费共设3类资助：创新研发类（A类）、学术交流类（B类）和出版专著类（C类）。资助额度最高为10万元。上海博士后科研资助计划设面上项目（A类）和重点项目（B类）两类。江苏省博士后科研资助计划提供的资助类别及金额为三类：A类，资助金额6万～8万元人民币，支持国际先进、国内同行领先、能产生明显经济社会效益的项目，或跟踪国际学科发展前沿、具有良好研究和应用前景、对学科建设有重要推动作用的项目；B 类，资助金额 3 万～5 万元人民币，支持国内同行领先、能产生良好经济社会效益的项目，或学术意义重大、具有先进性和开拓性、有良好研究和应用前景的项目；C 类，资助金额 1 万～2 万元人民币，支持国内先进、能产生较好经济社会效益的项目，或学术思想新颖、立论充分、有良好研究和应用前景的项目，或着眼于理论创新和实践问题解决的社会科学研究项目。

地方博士后科研基金的设立情况如表 5-14 所示。

表 5-14　地方博士后科研基金的设立情况

地区	政策名称	资助宗旨	资助类型
北京市	《北京市博士后工作经费资助管理办法（试行）》（2011）	鼓励设站单位扩大博士后（青年英才）招收规模，支持博士后（青年英才）开展科研活动，促进博士后（青年英才）创新实践基地与高等学校、科研院所开展产学研合作	创新研发类（A 类）：受资助人开展具有创新性、前瞻性的项目（课题）研发工作，资助额度最高为 10 万元。学术交流类（B 类）：受资助人赴国（境）内外有关机构开展合作研究、参加学术会议或进行短期学术交流，资助额度最高为 3 万元。出版专著类（C 类）：受资助人出版具有较高学术价值和较好社会效益的著作，资助额度最高为 3 万元
上海市	《上海市博士后科研资助计划管理办法》（2006）	鼓励和支持在站博士后研究人员中有科研潜力和突出才能的年轻优秀人员，以项目资助扶持的方式，为其提供一定的科研条件，以使其顺利地开展科研工作，并鼓励博士后研究人员出站后继续为上海的经济建设做出贡献	面上项目（A 类），面向本市所有在站博士后研究人员，4 万元/项；重点项目（B 类），面向本市博士后科研工作站、博士后创新实践基地所有企业博士后研究人员，16 万元/项
广东省	《广东省自然科学基金博士科研启动基金管理办法》（2004）	鼓励和支持具有博士学位的科技人员开展基础性研究，促进青年科技人才成长，增加科技人才储备，加强省科技队伍建设	资助强度为 3 万元/项
江苏省	《江苏省博士后科研资助计划管理办法》（2004）	面向全省在站博士后研究人员，主要资助自然科学应用研究、具有原创性或开拓性的自然科学基础研究和社会科学研究，发挥博士后的专业特长和科研能力，促进经济社会事业发展	A 类，支持国际先进、国内同行领先、能产生明显经济社会效益的项目，或跟踪国际学科发展前沿、具有良好研究和应用前景、对学科建设有重要推动作用的项目，6 万～8 万元/项；B 类，支持国内同行领先、能产生良好经济社会效益的项目，或学术意义重大、具有先进性和开拓性、有良好研究和应用前景的项目，3 万～5 万元/项；C 类，支持国内先进、能产生较好经济社会效益的项目，或学术思想新颖、立论充分、有良好研究和应用前景的项目，或着眼于理论创新和实践问题解决的社会科学研究项目，1 万～2 万元/项

续表

地区	政策名称	资助宗旨	资助类型
浙江省	《浙江省博士后工作专项经费使用管理办法》(2006)	充分发挥博士后制度优势,加快培养造就创新人才,推动博士后事业发展,努力为创新型省份建设提供人才支撑	博士后科研项目择优资助分两类,一类资助每人2万元,二类资助每人1万元
山东省	《山东省博士后创新项目专项资金管理办法(试行)》(2007)	资助全省在站博士后研究人员自主创新研究的启动经费,加快省博士后事业发展,推动高层次创新型人才队伍建设	博士后创新专项资金分三个等级给予资助。一等主要面向承担具有自主知识产权的高新技术和关系我省支柱产业、重点发展行业的项目,8万元/项;二等主要面向由企业、高等院校、科研院所等产学研相结合的自主创新项目,5万元/项;三等资助项目主要面向所在专业及学科有创新、有突破的科研项目,2万元/项
深圳市	《深圳市博士后资助资金管理办法》(2009)	规范市博士后资助资金管理,提高资金使用效益,推动市高层次人才队伍建设	科研流动站和工作站资助标准为50万元,创新基地资助标准为20万元。市政府对在本市从事科研工作,且与本市企事业单位签订3年以上工作合同的出站博士后人员,给予总额不超过10万元的科研资助
天津市	《天津市企业博士后创新项目择优资助计划实施办法》(2012)	鼓励高校人才向企业流动,促进产学研结合与科技成果转化,支持博士后在企业科技创新中发挥更大作用	资助等级分为一等资助、二等资助和特别资助。一等资助和二等资助标准分别为10万元/人和6万元/人,是对博士后从事自主创新研究的科研启动或补充经费;特别资助标准为20万元/人,用于资助国际先进、国内领先、能产生重大经济社会效益的项目,或对我市经济社会发展,特别是对市支柱产业和战略性新兴产业发展有重要影响,具有重大应用价值的项目
黑龙江省	《黑龙江省博士后资助经费管理使用办法》(2004)	资助博士后研究人员完成在站期间的科研工作任务,为省科教事业和经济发展做出贡献	每人1万～6万元;博士后特别资助计划:每年10人,资助额度为20万元/人
吉林省	《吉林省博士后科研创业基地管理办法》(2009)	对进入创业基地从事成果转化、技术开发的博士后研究人员给予科研项目启动资助	为每位博士后研究人员提供6万～10万元的经费资助
陕西省	《陕西省博士后项目和资助资金管理暂行办法》(2013)	博士后科研项目资助资金是博士后科研流动(工作)站和博士后创新基地博士后优秀科研项目的启动或补充资金	资助标准,特别资助10万元/人,一等资助4万元/人,二等资助2万元/人。对获得国家自然科学、社会科学基金资助的博士后人员,由省财政一次性给予所获资助金额50%的配套资助;对在站期间与企业共同研究,取得有较高应用价值和知识产权发明专利的博士后科研项目,由省财政每项给予2万元研发资助

续表

地区	政策名称	资助宗旨	资助类型
湖北省	《湖北省博士后创新岗位暂行办法》（2010）	利用湖北省财政博士后专项经费，招收获得博士学位的优秀青年，进入企业或从事科学研究和技术开发的事业单位开展创新项目研究	博士后创新岗位资助招收博士后经费5万元，资助岗位项目科研经费5万元，特别重点项目可资助不超过10万元的科研经费
湖南省	《湖南省博士后科研资助专项计划项目管理办法》（2006）	鼓励和支持省在站博士后研究人员中有科研潜力和突出才能的年轻优秀人员，以项目资助扶持的方式，为其提供一定的科研条件，支持其顺利地开展科研工作，并鼓励博士后研究人员出站后继续为省经济社会发展做出贡献	一般项目（A类）资助经费为每个项目4万元人民币。重点项目（B类）资助经费为每个项目10万元人民币
四川省	博士后科研项目特别资助	加快省博士后事业发展，培养高层次创新型人才，充分发挥广大博士后研究人员在促进省优势、重点产业发展中的作用，积极推进四川科学发展、加快发展	2014年博士后科研项目特别资助经费总额为205万元，按照三个等级进行资助，共资助30个项目，一等每项10万元，二等每项8万元，三等每项5万元
重庆市	《重庆市博士后研究人员资助经费管理和使用办法（试行）》（2010）	鼓励创新和超越，加大对优秀青年科技人才的发现、培养、使用和资助力度，突出培养创新型人才，注重培养应用型人才	研究项目特别资助分为一等资助20万元/次，二等资助10万元/次，三等资助5万元/次
新疆	《新疆维吾尔自治区博士后资助经费管理使用办法（试行）》（2007）	激励博士后科研流动（工作）站、博士后人员积极开展博士后科研工作，推动自治区博士后工作的健康快速发展，规范自治区博士后资助经费的使用和管理	优秀博士后人员业务、生活补助经费按科研贡献率和获奖等级拨付，资助金额为2万～4万元
河北省	《河北省博士后工作专项经费使用管理办法》（2008）	资助省博士后工作又好又快地发展；着力培养和提高博士后研究人员科技创新能力、研发水平和发展潜力，使他们迅速成长为适应省经济和社会发展需要的各类复合型、战略性、创新型人才；促进和调动设站单位与博士后管理人员积极性，为培养更多、更优秀高层次人才做贡献	在站博士后科研项目择优资助经费：每年安排一次，分一般资助每项3万元、重点资助每项5万元
中科院	《中国科学院博士后管理暂行办法》（2009）		博士后人员在站期间，可按规定申请各类科研项目和博士后科研奖励基金，如国家自然科学基金、中国博士后科学基金、院青年人才领域前沿项目、王宽诚博士后奖励基金（2万元）等。外籍博士可按规定申请中国科学院外籍青年科学家计划

5.2 博士后基金的资助成效和影响

高层次创新型人才是人才队伍的核心，也是实施人才强国战略的关键。博士后制度作为培养高层次创新型青年人才的专门制度，在青年人才和高层次创新型人才之间建起了桥梁，很多青年人才得以迅速成长为相关领域的拔尖创新人才。

5.2.1 有效促进了博士后事业快速发展

高层次人才是国家的宝贵资源，是国家核心竞争力优势所在。博士后基金资助对象是最富发展潜力和创新能力的年轻博士后人才，这部分人正处于思想最活跃、最容易出科研成果的黄金年龄段，这一阶段也是最需要得到资助和激励的阶段，特别是刚毕业的博士进站后急需科研经费，而这部分博士后的科研经费来自合作导师课题费的一部分，在使用上有许多限制。博士后在站只有2～3年时间，由于其他基金资助的方向是科研项目，在完成时间、项目跟踪等方面都设有一些限制条件，博士后在站2～3年内很难申请到。博士后基金的设立填补了这一空白，通过执行博士后基金制度，在一些科研环境较好的高等院校、科研院所和企事业单位择优资助博士后研究人员顺利开展研究工作，有计划、有目的地培养学科带头人和骨干精英人才。与国家其他青年科技人才资助支持计划相比，博士后基金是设立时间较早、资助金额较少，专门为博士后开辟的科研资助通道，已经成为博士后自主开展高水平科研活动的重要资助途径。

调查问卷显示，接近80%的博士后基金获资助人员、博士后基金评审专家和博士后设站单位管理人员认为博士后基金的资助定位与国家科技人才发展战略的相关性较大，超过50%的认为博士后基金在博士后科研资助中发挥了主导作用。55%左右的博士后设站单位管理人员和博士后基金评审专家认为博士后基金是博士后科研人员获得资助的主要渠道，45%的认为是最主要的资助渠道，还有3%的认为这是唯一的资助渠道。此外，对博士后基金获资助人员的问卷调查显示，将近30%的获资助人员认为"如果没有获得博士后基金资助，自己的研究选题将难以开展研究"。博士后事业发展的实践证明，博士后基金的建立，为博士后人才成长开辟了一条"绿色通道"，促进了"人才强国"战略和"科教兴国"战略的实施，为中国经济社会发展做出了应有的贡献。

5.2.2　形成日趋完善的博士后科研资助体系

随着我国经济的腾飞，博士后基金资助事业有了快速发展。1987～2012 年，共有 1356 个博士后设站单位获得过博士后基金的资助，其中大学 512 个，占博士后获资助单位的 38%；科研机构 719 个，占博士后获资助单位的 53%；企业 125 个，占博士后获资助单位的 9%，资助学科覆盖了理、工、农、医和哲学社会科学等 12 个门类，涉及 89 个一级学科，资助项目涵盖电子信息、生物医药、国防科技、管理教育和经济金融等国家经济社会发展的主要领域。在部门和地域分布上，范围比较广，从自然科学到社会科学，从基础科学到应用科学，从高校到企业，从民用到国防，从东部沿海到中西部地区，从特大城市到中小城市，形成立体交叉分布，全国大部分省（自治区、直辖市）设立了配套的博士后科研资助项目。据统计，回收的 76 份博士后设站单位调查问卷显示，81.58% 的设站单位在各类评优中，把承担博士后基金项目列为参考依据，31.58% 的设站单位把承担博士后基金项目列为博士后专业职务晋升的条件，21.05% 的设站单位为博士后基金项目提供配套科研经费。

博士后基金针对博士后研究群体的需求，目前设有两种资助工具，用以实现当前和长期的战略目标。调查问卷显示，博士后申报博士后基金的主要动机为能够获得经费支持（76.69%）、得到学术水平的肯定（63.15%）、获得独立主持科研项目的机会（57.37%）和实现创新性想法（53.98%）。超过 85% 的博士后基金评审专家认为现行的博士后基金评审原则和资助导向都比较适当，博士后基金同行评议制度总体比较合理。接近 80% 的博士后设站单位管理人员、45% 左右的博士后基金评审专家认为博士后基金的面上一等、面上二等、特别资助这三类资助类型的设置都非常有必要。65% 的博士后设站单位管理人员、80% 的博士后获资助人员和 61% 的博士后基金评审专家认为目前的项目资助强度和资助率合适。

5.2.3 促进高层次创新型人才成长

博士后制度实施的初衷是吸引留学人员回国工作，同时将国内年轻的高层次人才集聚在一起，再进行若干年培养，使其成为科学技术领域的领军人物和中坚力量。培养博士后创新人才，是中国博士后科学基金资助的根本宗旨，是区别于其他基金资助的一个鲜明特色。截至 2013 年，博士后基金制度已先后资助面上项目 54 批，资助博士后 3.6 万人，特别项目 6 批，资助博士后 4716 人，他们大部分已经成长为相关领域、单位的科研骨干和学术带头人。截至 2011 年，获得博士后基金资助的院士为 24 人，973 计划项目首席科学家 42 人，在获得博士后基金资助后，405 名博士后后续又得到了国家杰出青年科学基金的资助，另外有百余位博士后后续成长为长江学者、创新群体负责人、教育部创新团队负责人等。

据实地访谈和调查问卷统计，博士后设站单位管理人员、博士后基金获资助人员和博士后基金评审专家普遍认为博士后基金在吸引、发现和培养优秀博士后人才方面起到重要的作用，其中 50%以上人员认为博士后基金对提高设站单位博士后研究水平、促进博士后人才成长具有主导作用，接近 60%的人员认为博士后基金对博士后队伍的稳定、激励及导向起到了主导作用。对博士后基金获资助者的调查问卷显示，获得博士后基金资助后，博士后的科研态度会发生积极转变，获得博士后基金资助对其科学研究和价值观有积极的影响，使博士后科研能力得到不同程度的提升，对博士后的职业生涯有较大正影响。首先，博士后基金的资助使博士后自信心增强（88.45%）、动力更足（76.49%）、工作更严谨（52.39%）、更加重视原创性研究（69.92%）；其次，通过博士后基金资助博士后的研究组织能力得到加强（86.65%）、研究效率明显提高（56.18%），进而能够开展重大科学问题研究（54.18%）；最后，博士后基金资助确立了博士后从事科学研究的职业选择（80%），有助于其为科学事业做出贡献。超过 60%的博士后基金获资助人员认为获得博士后基金对于其后续承担计划支持、基金资助或荣誉获得起到突出的积极作用。

通过案例研究发现：博士后基金帮助博士后完成从科研项目的参与者到科研项目的主持人之间的角色转变，博士后从凝练科研方向、撰写申请书、主持分配工作直至最后结题，得到了全方位的培训和锻炼；博士后基金是博士后科研起步阶段的引擎和催化剂，使博士后获得可自主支配的科研启动经费，激励了博士后从事科研的信心，坚定了其学术生涯的目标定位；博士后基金项目推动了基础研究与教育相结合，推动了大批优秀博士后的顺利晋升，为重要科研成果的取得和学术带头人的成长做出了重要贡献。

5.2.4　促进学科发展和创新性研究成果的取得

扶持博士后开展创新研究，是中国博士后科学基金资助工作的重要使命。从国际科研活动的普遍规律来看，博士后研究阶段是青年科技人才出思想、出成果，进一步奠定科研基础的重要时期。博士后基金自设立以来，坚持对基础研究的资助。承担博士后基金项目，可以刺激博士后的创新思维，激励博士后取得学术成果。

博士后获得基金资助后取得的科研成果，主要包括论文、论著和专利三种类型。随着博士后事业的发展、获得博士后基金资助人数的增多，其科研成果呈现迅猛增长的态势。通过文献计量分析发现，2009～2013 年获博士后基金资助的论文数量呈现出明显的上升趋势，年均增速 35%左右。博士后基金获资助者发表的论文在国内刊物和国际刊物上同比例分布，国际期刊论文曾一度超越国内期刊论文，专著和专利也都呈现出上升态势，其中合著专著要远高于独著专著，专利类型主要是技术含量较高的发明专利，且专利数量在逐年上升。通过对郑兰荪院士获得博士后资助之后 5 年内发表的 SCI 论文和其发表的所有SCI 论文对比发现，郑兰荪院士在其科研工作早期就凝练了其研究方向（原子团簇科学研究），并且在持续的研究中不断扩展研究的内容，如纳米微观结构材料的制备、激光离子源射频等研究热点，证明博士后基金对于凝练研究方向具有积极作用。

博士后的培养目标是"在使用中培养，在培养和使用中发现更高级的人才"，因此，博士后在站期间大都是各种类型科研项目的主力，对于博士后基金获资助者更是如此。博士后在获资助期间承担最多的是国家级科研项目，增长速度也最快，其中，自由探索性基础研究项目最多，其次是应用研究项目，然后是战略性基础研究项目,这些项目的承担符合国家的科技战略发展和需求,与国家的科技政策导向具有一致性。调查问卷显示,博士后基金获资助者中 46%

的获资助人员认为在博士后基金资助下所取得的科研成果是其更高水平科研成果的起点和基础，40%的认为是重要科研成果之一，还有 12%的认为这是其最具代表性的科研成果。案例研究发现，博士后基金作为"种子"基金，使博士后树立以兴趣为导向，填补学科领域空白和探索新兴交叉学科的信心，支持博士后开展独立创新研究，为其后续科研方向的凝聚、科研成果的取得奠定了基础。

第6章 博士后基金发展面临的
挑战及建议

党的十八大、十八届三中全会及 2016 年两院院士大会提出了"加快人才发展体制机制改革和政策创新""要把发挥人的创造力作为推动科技创新的核心""要加大人才培养力度，使青年创新型人才脱颖而出""建立集聚人才体制机制"的工作要求，对培养创新型高层次人才工作做出了重要部署。按照创新驱动发展战略的新部署、新思路和新要求，我们要适应创新型国家建设对高层次人才培养的紧迫需求，适应科技全球化过程中优秀人才培养和引进国际化的发展趋势，进一步发挥博士后基金制度在促进高层次创新型人才培养、推进博士后事业发展中的重要作用。

针对目前存在的博士后基金资助比例较小、资助强度不足、在地区和学科分布上的不平衡，以及在关注创新性研究质量、扶持边远地区青年人才成长、拓展国际交流专项、完善资助管理机制等方面存在的不足和面临的挑战，本课题组一方面借鉴主要发达国家培养引进优秀博士后的经验，另一方面结合我国博士后基金制度的特点，研究从进一步加大博士后基金投入、改进基金的资助政策与管理、建立和完善博士后基金绩效评估机制三个方面提出优化博士后基金的政策与管理建议。

6.1 博士后基金发展面临的挑战

6.1.1 博士后基金资助力度有待提高

1. 博士后基金资助强度弱

博士后研究是青年人才培养和成长的重要环节之一，是青年科研人员开始积累其创造性研究经历的黄金阶段，也是国家高水平基础研究的重要组成部分。

然而，处于学术生涯早期的博士后虽然已经完成了严格的科研训练，但学术积累和研究经验相对较少，独立申请其他基金时，获资助机会很少。即使是受益面最广的国家自然科学基金对博士后的申请大多也采取给予一年期小额资助的方式，所以博士后基金作为博士后研究人员获得科研经费支持的重要来源，基金强度不足则会直接影响到博士后从事研究的硬件条件、科研环境及合作团队。

由博士后基金的资助特点可知，博士后基金的资助面广，在 20 多年的发展中资助的人越来越多，但是单项资助力度小，与国外资助博士后的基金进行对比时更为明显，并且评价结果中也体现出加强投资力度的需求。调查问卷显示，接近 40%的博士后设站单位管理人员和博士后基金评审专家认为目前的资助强度不合适，绝大多数建议将博士后基金的资助强度提高至一等 10 万～15 万元，二等 8 万～10 万元，特别资助 20 万～30 万元。根据中国博士后官网数据统计，近两年外籍博士后招收比例在 1%～2%，主要人员来自印度、巴基斯坦、伊朗等国家，博士后基金资助偏低很大程度上削弱了外籍博士后来中国做博士后的意愿。目前，我国博士后科研流动站、工作站普遍存在科研经费强度不足的问题，经费问题已成为制约博士后科研工作的普遍问题，经费的短缺不仅不能让博士后研究人员的外生比较优势发挥到极致，也使我国博士后工作很难吸引大量高质量的研究人员进站工作。

2. 博士后基金资助比例较低

我国博士后制度施行以来，进站博士后的数量快速增长，同时申请博士后基金的人数也是逐年快速增加，但是获得博士后基金资助的人数增长却相对缓慢。博士后基金设立之初，获博士后基金资助人数占进站人数的比例达到60%左右。随着博士后进站人数的增加，这一比例逐步下降。2006 年以来，获得博士后基金资助比例仅有 1/3 左右。1994～1996 年甚至人均只有 3000 多元，由于受资助总金额的限制，"十一五"时期博士后基金大幅度降低了面上一等资助比例，一等资助仅占面上资助的 16.94%。从"十一五"时期执行情况来看，博士后基金在大幅度降低面上一等资助比例的基础上，实际资助率（31.16%）仍低于财政部关于博士后基金面上资助比率的规定。调查问卷显示，博士后基金评审专家认为 1/4～1/3 的博士后科研人员的水平达到国内甚至国际领先水平，对于这部分人给予资助完全有必要，1/3 左右的调查人员认为目前的资助比例不合适，绝大多数建议将博士后基金面上资助比例提高至 50%左右。另外，博士后基金在博士后科研工作站和博士后科研流动站中的资助比例差异较大，工作站偏低。

3. 博士后基金资助类型较少

我国博士后基金目前只有短期的面上和特别资助项目，这样不利于博士后开展持续有效的科学研究。目前，博士后进行国际交流的经费额度较小，不能开展有影响力的国际合作；缺少相关领域交流与合作平台、团队建设基金、企业或市场技术需求信息发布平台；另外，博士后基金不能资助专著出版，没有对产学研优势项目的后续应用资助，所以为适应博士后事业发展的新形势、新情况，在现有的面上资助和特别资助的基础上，博士后基金急需拓展资助类型，设立新的资助项目，用较少的经费投入产生较大的资助效益，适应博士后事业发展需要。

调查问卷显示，博士后基金获资助者、博士后基金评审专家和博士后设站单位管理人员均认为拓展基金资助类型才能适应博士后事业的发展，在需要拓展的资助类型中，博士后基金获资助者和博士后基金评审专家最希望拓展的基金资助类型有国际合作研究（65%）、参加国际会议（60%）和国际联合培养（55%）；博士后设站单位管理人员最希望拓展的资助类型为国际合作研究（83%）、参加国际会议（75%）和吸引海外博士后（63%）。《中国博士后科学基金资助工作"十二五"规划》也提出增设博士后国际交流资助项目和博士后优秀成果交流资助项目，以适应博士后事业发展的需要。

6.1.2　博士后基金资助与管理机制有待完善

1. 博士后基金资助地区分布不平衡

1987~2012 年，共有 1356 个单位获得过博士后基金的资助。累计获得博士后基金资助前 100 位的单位资助了约 73%的博士后，表明博士后基金资助高度集中在少数博士后设站单位。2009~2013 年获中国博士后科学基金资助的论文中，排名前 10 的第一作者所在机构除了中国科学院之外全部是中国高校，并且在发表论文超过 50 篇的机构中，高校占 97.5%。可见，高校博士后是获基金资助的主要群体，科研院所和企业博士后虽然占有一席之地，但份额很小，另外，西部地区的博士后获得博士后基金资助的比例仅为 8.15%。

博士后基金资助大多集中在东部经济发达地区和少数中部地区，这些地区资助人数占据了总资助人数的绝大部分，而经济欠发达地区很少，西部地区极少甚至没有。造成这种现象的发生，一方面是因为各地区经济的差异，经济实力强的地区对博士后的吸引力大，而经济实力弱的地区对博士后的吸引力小；另一方面则是由于历史的原因。我国博士后科研流动站主要集中在高等院校和科研院所中，单拿高等院校来说，在我国各地区的分布不均衡。高等院校分布较多的地区科研环境好、学术氛围好、高端人才多，在博士后站的设立和博士后招收上较高等院校分布较少地区都更具优势。高等院校分布较少地区博士后设站单位少，招收博士后人员少，申请博士后科学基金的人数自然不多，获得资助的人数就更少。这样，由经济和历史等原因所造成的不平衡就陷入了恶性循环。

2. 博士后基金资助学科分布不平衡

博士后基金资助最多的学科门类主要集中在工学、理学和医学类，文史教类的资助所占比例相对较小。其中，工学占到 34%，其次是理学（27%），然后是医学（11%），其他 9 类学科资助比例均低于 10%。对博士后基金获资助者的调查问卷显示，博士后基金对促进高技术研发（15%）和科研成果产业化（10%）的作用一般。从博士后基金获资助者出站流向企业的人数看，并不乐观，大多数博士后选择了留在科研单位从事基础研究，对于博士后参与企业高技术研发，使创新成果尽快实现产业化还需要进一步加强。

当前博士后基金支持项目中以理工科为主，虽然相对于基金设定初期社会科学的资助强度明显提高，但学科上的不均衡仍明显存在，当前各学科之间明显失调的比例设定显然不利于体现基金资助本身具有的导向作用。现在需要打破博士后基金支持对象以理工科为主的局面，以使自然科学与社会科学被支持率趋于合理与平衡。

3. 博士后基金资助评审机制有待完善

博士后基金资助评审工作的质量在很大程度上取决于评审专家，博士后设站单位管理人员和博士后基金评审专家的问卷调查表明，近 80% 的被调查人员认为评审意见的反馈有待提高。

目前，博士后基金评议机制还未能非常好地适应经济、社会的发展，评审项目与评审专家研究领域有不一致的现象发生，评审专家的遴选需要进一步规范；博士后基金评审专家在进行项目评审时往往是看基金申请人博士阶段的论文及论文被 SCI 检索的情况，导致项目缺乏竞争和创新；博士后基金项目的评审标准过于注重基金申请人的研究工作经历和已获得的研究成果，致使在职博士后申请成功的比例偏高，而全职且无其他国家级基金资助的博士后难以获得青睐；博士后基金的项目评审意见不透明，未获得博士后基金资助的人员无法获悉项目未通过的原因和评审专家的意见，不利于做进一步的改进。

4. 博士后基金项目管理有待加强

博士后基金资助项目不强调对研究项目的严格管理，主要原因是经费额度较小，难以支持博士后完成独立的科研项目。但是，调查发现目前博士后基金在项目结题管理、经费的使用和管理等方面的一些规定与博士后工作发展的实际相比还有一定程度的滞后。

1）项目结题管理。调查问卷显示，58%的博士后基金评审专家认为博士后基金的宽松管理方式是不合适的。博士后基金项目的过程管理和考核制度过于宽松，项目的验收评价等管理较散，不利于博士后获资助者严格按照计划任务书的要求完成进度分阶段拨款和验收；博士后基金项目的结题政策不够完善，如要求博士后出站必须结题，而部分博士后基金在出站之前半年或者一年的时候刚刚申请下来，导致博士后不可能在出站时完成结题。

2）项目资金管理。调查问卷显示，超过 60%的博士后设站单位管理人员认为博士后基金项目资金管理需改革。博士后基金的资金管理过于苛刻，劳务费比例不足，基金的自主支配力度不大；博士后基金缺乏规范的报账制度，致使博士后获资助者出站时突击花钱，降低了基金使用效率；在站时间短和出站后部门变动都会导致博士后基金的资助额度与科研产出不成比例，应探索相互衔接的机制，探索在资助期限结束后，相关成果仍可标注受资助情况，且以为新单位所认可的途径，以提升基金声誉。

6.1.3　博士后基金绩效评估有待加强

1. 博士后基金的资助定位不够明确

博士后基金资助既是对博士后科研工作给予的经费上的扶持，也是对博士后的一种荣誉激励，目前博士后基金的定位在高校和科研院所等机构的相关制度中并不明确，博士后基金宣传力度也不够，面对国家青年基金资助人数的增加，博士后基金的作用和影响力相对变小，从博士后基金获资助者调查问卷的反馈中得知，42.83%的博士后在获得博士后基金资助后没有获得任何优惠措施。如何使博士后分布的范围更大，促使更多的博士后申请基金，并提高博士后对基金的重视程度，如何招收高质量的博士后，如何使该基金成为科研项目申请的典范而不仅仅是个人奖励基金，并且在今后博士后的职称和科研考核中发挥作用，都是目前博士后基金面临的挑战。

2. 博士后基金绩效评估机制急需建立

从世界范围来看，各类科研基金的运行几乎都包括绩效评估环节，绩效评估是基金运行整个过程不可或缺的有机组成部分，建立博士后基金的跟踪问效机制，是使基金运作机制得以完善、使基金能够健康良性运行不可缺少的环节。

评估是检查博士后基金资助效益的一个重要手段，对提高资助管理水平具有重要意义。评估内容包括资助对象的准确性、资助评审的科学性和资助效益。要建立博士后基金资助效益评估的数据库，对获资助博士后的科研情况和人才成长情况进行跟踪，采集相关数据，建立并及时更新数据库，对基金资助进行分析评估。

6.2 改进博士后基金资助与管理的建议

6.2.1 加大博士后基金投入

首先，博士后资助的投资主体和利益主体的多元化是发达国家博士后资助制度的重要特点，不同的资助机构所提供的资助项目既有相似性，又有交叉互补性，使博士后人员可以灵活地交叉结合不同的资助项目，满足不同的资助需要。其次，发达国家对于博士后人才不等一划之，而是根据其工作经验和成就水平对其进行清晰的层次划分，并据此设计相应的资助方式和资助力度。另外，海外博士后资助项目对全球开放，资助措施具有国际化导向，注重吸引国外优秀人才。因此，要吸引优秀博士后在我国从事创新性科学研究，就要在财政允许的情况下继续加大对博士后基金的投入，包括提高基金资助强度和资助比例、拓展基金资助类型和资助专项、注重基金资助机会公平及基金资助项目的国际化等方面，充分显示我国对高端创新型青年人才的尊重和重视。

1. 提高博士后基金的资助强度

西方发达国家凭借研究经费充足、科研环境宽松和生活条件舒适的优势，吸引了世界各国的博士后人才，博士后资助机构包括联邦政府、州政府、高校、校外科研机构及基金会等学术资助组织，它们分别在不同的层面参与对博士后人才的资助。资助形式也多种多样，既有面向机构的课题和项目资助，也有面向个人的资助，如提供工作岗位、奖学金、学术奖项等。基金会等学术资助组织还提供许多短期的或者辅助性的资助措施，如管理课程、暑期学校、研讨会、导师辅导、构建关系网络与校友网、学术旅行、报告、评奖等。

我国博士后基金设立之初，人均资助强度高，覆盖面广。正是在这种高强度、大范围的基金资助下博士后研究人员取得了一大批令人瞩目的科研成果，产生了巨大的社会效益和经济效益。虽然博士后面上基金的申请获批相对容易，但受项目经费所限，只适合于小笔金额的支出，对于研究成本较高的理工类学科，其资助额度稍显不足，对于起步研究只能起到辅助作用。鉴于目前的物价、市场情况，以及学科之间的差异性，博士后基金仍不能完全满足博士后研究人员开展自主性、创新性科研工作的需要。所以，应不断增大博士后基金的资助强度。

2. 提高博士后基金的资助比例

通过文献调研发现，当前国内外研究资助机构都高度关注博士后人员的培养，设法为他们创造适当的研究培训和学术生涯发展的机会。相对于发达国家而言，我国科技创新基础较薄弱，高级人才匮乏，而企业、个人、导师或能力有限，或具有特别动机。在这种情况下，中央和地方政府部门有必要做出更多努力对博士后基金经费予以支持，使博士后研究人员的资助比例达到40%以上。通过博士后基金的绩效评估调研发现，37%的专家认为，1/4～1/3 的博士后科研人员的水平达到国内甚至国际领先水平，对这部分人给予资助完全有必要。根据我国对博士后研究人员资助比例的比较发现，博士后基金资助比例提高到50%左右有利于出成果。

1) 提高面上资助比例。博士后基金主要"用于鼓励和支持博士后研究人员中有科研潜力和杰出才能的优秀年轻人才顺利开展科研工作，迅速成长为高水平的人才"，博士后基金面上资助率仅为30%，且资助强度比较低，尚不能满足博士后规模不断扩大、博士后质量和培养要求不断提高、博士后开展创新性研究需求日益增加的发展需要。建议政府有关部门，通过政策的引导、全社会的共同努力，使受益面最广的面上资助项目的资助比例达到50%的理想状态，而优中选优的特别资助项目的资助比例呈现逐年稳步增长的理想状态，始终保持面上资助项目是博士后基金项目的主体。从2012年开始，国家自然科学基金委员会调整对博士后青年人才的资助方式，对于博士后人员提出的申请项目，一律不再采取一年期小额资助的方式，而是择优给予3～4年的青年或面上项目资助，博士后基金可与国家自然科学基金委员会合作，提高面上资助项目的资助比例。

2）提高女性获资助比例。无论是西方发达国家还是亚洲新兴经济国家，对博士后的资助措施都注重保证机会公平，特别是男女性别之间的机会公平。例如，在欧盟"玛丽·居里行动计划"项目中，追求实现受资助女性的比例达到40%。日本特别研究员资助项目中也有许多照顾女性博士后的规定，通过设立特殊项目帮助暂时离岗的博士后重返工作岗位。我国目前缺少对此问题的关注，也很少看到对女性博士后的专门资助项目，因此，提高女性博士后获资助比例不仅仅是基于机会公平和社会正义的责任对弱势群体的帮助，同时也是为了充分发掘这个群体的科研潜力。

3. 拓展博士后基金的资助专项

博士后作为优秀年轻人才的代表，更是国家之间人才流动的主体。很多发达国家的博士后基金资助机构设立了从博士后到独立研究员的各个阶段的资助体系，为处在职业发展初期乃至中期的国内外博士后提供了必要的扶持。针对目前国际科技人力资源开发利用中出现的人才国际化需求，我们要把我国博士后工作放到全球化的国际格局和视野中去谋划开展，以更加积极的姿态参与国际人才竞争。

1）追加优秀成果资助。实行博士后基金追踪资助可使博士后基金保持一种持续、稳定和长效的机制，许多博士后经过在站期间的研究工作，取得了很好的科研成果，应根据研究成果进展和对经费的需要情况设立博士后优秀成果资助项目和产学研资助项目，通过专家评审增加资助，这不仅是对其在站期间研究工作的肯定，而且有利于他们继续深化研究，鼓励从基础研究转向应用研究，帮助博士后对已有研究成果进行推广和转化，实现学术上的突破，发挥基金资助的更大效益。针对国家政策有所偏向的课题，有目的、有意识地设置一些委托和招标的项目，由出站博士后或留在在站单位工作的博士后申请，落实和贯彻国家的发展战略目标。

2）增加国际交流资助。博士后基金制度的国际化，需要利用政策或创造条件吸引和派出博士后，加强国际交流，为博士后研究国际化创造条件，提高博士后国际化水平。建议设立博士后出国合作研究项目、海外优秀博士后来华合作研究项目、博士后出国参加学术会议项目等。采取差别化资助政策，增加国外博士后来我国工作的资助，与国家留学基金联合引进国外博士后；采用交换、合作培养等国际化人才"2+1"培养模式，设立博士后学术交流、短期访问基金，扩大博士后合作国际化交流资助范围。博士后基金可以考虑与国家自然科学基金、国家社会科学基金及国家留学基金进行合作，使四个基金彼此接力，并围绕明确而一致的培养目标形成合力。

3）增设企业博士后资助。文献计量中由第一作者所在机构分布情况发现，在获资助的博士后研究人员中，所在机构为高校或科研机构的博士后研究人员占九成以上，来自企业的博士后研究人员受资助较少，不利于具有实践意义的科研成果的产出。产业界与市场有着天然的联系，善于发现和把握科研创新的方向和路径，产业界越来越重视对作为高端专业性人才的博士后研究人员的投入，可在大型企业博士后科研工作站设立"博士后带头人"资助项目，与企业实施联合资助，使之以更有效的方式更新技术，占领高端市场。

6.2.2　改进基金的资助与管理机制

如何使有限的基金发挥出最大的效益，在很大程度上要靠规范的制度和管理来保证。加强基金的资助政策与管理制度建设，可以确保基金资助的科学、公正、择优、高效。

1. 探索新的基金资助渠道

博士后事业的发展离不开制度上强有力的资金支持，博士后基金需要在坚持国家财政投入为主导的同时，建立多元化的投入渠道，寻求新的融资渠道与发展模式，充分发挥高校、科研院所和企业的主体作用。例如，积极鼓励地方和设站单位给予配套资助，筹措更多的博士后科研经费，形成从中央到地方的完备资助体系；在科研实力雄厚的科研院所、全国有影响力的大企业或国家重大科学工程项目基地建立联合基金，采取联合资助的方式及实施冠名资助，动员社会力量支持博士后科学基金事业等，争取社会各界对博士后的科研投入。

2. 科学分类，按类资助

美国国立卫生研究院、日本学术振兴会（JSPS）和德国洪堡基金会（AvH）都有层次分明的资助项目，覆盖了从初期的博士毕业生、中期博士后群体到博士后精英等处于不同阶段的博士后人员，满足从普通人才到国际顶尖人才的不同层次的博士后人才资助需求。随着我国博士后人员的不断增多和高校固定工作岗位的供不应求，未来将有更多的博士毕业生滞留于博士后阶段，为了能够留住和选拔优秀的科研后备人才，可以探索博士后站前资助的方式。博士后进站后的主要任务是开展研究工作，博士毕业生进站前就选好有发展方向的创新研究课题，带着课题和经费进站，更加有利于博士后利用有限的在站时间安心研究和创新。因此，站前资助的方式更能为博士后营造潜心研究的良好环境。

3. 资助措施具有国际化导向

近年来，博士后培养与引进的国际化成为一种新的趋势，美国、日本、英国、德国等国家广泛吸引全球优秀博士毕业生到本国从事博士后研究，为其提供良好的研究条件和生活待遇，以期在全球优秀青年人才竞争中占据优势。我国要实现创新驱动发展的态势，必然要靠"引进"与"培养"相结合，然而我国给博士后的资助额度对于西方的博士毕业生不具备吸引力，不利于我国高等教育国际化目标的实现。要改变这种局面，就要加大对博士后基金的投入力度，考虑建立按照博士后来源和类别分类资助的体系，兼顾国内博士后和来自国外的博士后的不同需求，采取交换、合作培养等多种方式加强和扩大与各国间的博士后交流，另外可以与国际上有关的博士后组织与协会联系，如美国全国博士后协会、德国洪堡基金会、加拿大国家研究理事会、瑞典研究与高等教育国际合作基金会和日本学术振兴会等有关协会和部门合作、交流，加强中国博士后科学基金的影响。

4. 进一步加强对西部地区博士后的支持

从缩小地区差异、开发西部、振兴经济不发达地区的角度说，应该让博士后这一群体发挥他们的比较优势，为地区经济建设做出贡献。在资助地域上，适度向内地省份倾斜，多倾向于普通高校，避免形成名校扎堆的现象，偏向资助教育欠发达地区的博士后或省属院校的博士后研究人员。建议一方面要在项目遴选中继续对西部地区博士后予以适当的倾斜，另一方面还要在评审工作中逐步增加西部博士后评审专家的话语权，调整资助经费对边疆民族地区博士后资助的资助面和资助力度。

5. 考虑区分学科类型进行资助

当今科技发展趋势呈现出学科高度分化又高度综合并以综合为主，自然科学与社会科学日益交叉、融合和渗透的状况。为了促进自然科学和社会科学的平衡发展，在博士后基金支持中也应该体现不同学科的需求。重点资助的学科包括基础学科、新兴学科、交叉学科、国家重点发展的学科，对在以下领域从事研究的企业博士后予以倾斜资助：《国家中长期科学和技术发展规划纲要（2006—2020 年）》提出的战略性新兴产业、关系国家经济社会发展的重点产业。

对不同学科实行不同的资助政策，加强对特色学科、交叉学科、边缘学科的支持力度，偏向创新性、原创性、与国家热点问题相关的学科和项目，并注重自然科学与社会科学领域的均衡资助。考虑到不同专业所需的研究内容的差别，建议可以对自然科学和社会科学制定不同的资助强度，甚至可以针对专门的学科制定资助强度。另外，在基金资助中也应该充分考虑到学科的交叉，提高交叉学科的资助比例。可对新兴学科、交叉学科、特殊选题等项目申请，设立绿色通道，每年设立一定数量的经费进行特殊资助。

6. 完善博士后基金评审机制，提高项目评审效率和质量

博士后基金评审要严格依靠专家，不断充实和完善专家数据库，坚持公开、平等、竞争、择优的原则，提高基金评审和资助的科学性与准确性。

建议博士后基金项目的评审建立严格的评审体系。完善资助评审标准，制定适合不同设站单位（流动站和工作站）、不同学科（基础学科、应用学科、弱势学科、新兴交叉学科）、不同资历（在职博士后和全职博士后）博士后不同特点的资助评审标准，公平评选项目；评审中多参考博士后课题内容，弱化导师对基金评审的影响；匿名评审，审核过程公开化，专家结论公开化，缩短评审周期；博士后基金项目的评审意见应及时反馈给博士后基金申请人员，使

之了解专家评价和改进意见，做出更好的改进。

7. 加强博士后基金的项目结题管理和项目资金管理

建立和完善博士后基金资助的年度报告、结题验收和成果跟踪制度。博士后设站单位应制定相应的管理制度，密切配合博士后基金会做好资助项目的过程管理工作。面上资助项目的结题验收工作可以委托博士后设站单位组织开展，博士后设站单位将验收结果上报博士后基金会存档。特别资助项目的结题验收工作可以委托博士后设站单位组织开展，也可以由博士后基金会组织开展。考虑到博士后基金资助成果产出的滞后性，获基金资助的博士后在出站后的 2～3 年内，应将与博士后基金资助有关的成果及时上报博士后基金会的成果跟踪系统。对于获得特别资助但在站期限较短的博士后人员，其结题验收时间可以适当延长至出站后的一年以内，由博士后基金会组织验收，出站后的新的工作单位予以配合。

针对博士后基金的使用和管理问题，建议制定更加规范的基金资助管理规定，加强基金管理，明确经费预算和使用范围，适度提高人员费比例，适度放宽、灵活处理博士后基金的财务报销制度，提高基金的自主支配权。对于继续从事相关研究的博士后不回收剩余经费，可以继续用于后续的相关研究。

6.2.3 建立博士后基金绩效评估机制

各级学术资助机构都十分重视对其资助项目进行科学跟踪、评估和持续改善，以开展绩效评估工作为抓手，可以提升博士后基金资助工作的管理水平。通过开展基金绩效评估，深入分析资助工作中存在的问题，系统总结基金资助的人才效益和社会效益，不断校正基金资助目标，改进管理机制。

1. 完善博士后基金资助工作的政策文件和管理规定

目前，博士后基金资助工作执行两个政策性文件，即《中国博士后科学基金资助规定》和《中国博士后科学基金面上资助实施办法》，设站单位根据《中国博士后科学基金资助规定》的要求对本单位博士后研究人员使用资助金进行管理和监督。而调查问卷显示，博士后基金获资助者、博士后基金评审专家和博士后设站单位管理人员普遍认为，博士后基金项目监管不力、结题较弱，建议采取更加灵活、宽严相济的资金管理办法和项目成果管理规定。

在今后博士后基金的政策制定和管理规定中，建议要提升博士后资助的社会知名度与公众关注度，对获得资助的博士后研究人员进行宣传，宣传博士后基金的意义、作用和资助原则，扩大博士后基金的影响；宣传获资助博士后的卓越表现和突出业绩。确立博士后基金作为国家级基金在博士后科研资助中的引领地位；有一个定期的宣传与传播机制，并且与其他基金相联系，尽量减少重复投入，扩大博士后基金在职称评定、人才荣誉称号方面的分量，促进用人单位将博士后基金纳入职称晋升、奖励考核体系。

2. 建立博士后基金常态绩效评估机制

绩效评估是科研管理的重要手段之一，也是提升博士后基金管理水平和提高资助金使用效率的方式之一，但科学研究具有长期性、积累性、结果的多重性与不确定性等特点，也带来了绩效评估的复杂性。在对博士后基金资助项目进行绩效评估时，应在评价短期绩效的基础上，着重从宏观战略与长期发展的角度去衡量。

根据博士后基金整体绩效评估体系，博士后基金会可建立博士后基金整体绩效信息库，收集与博士后基金相关的政策文本与数据信息，包括国家科技人才发展战略规划、博士后基金发展战略规划、国家青年人才资助与支持计划、博士后基金历年资助支持计划、博士后基金获资助者成长为领军人才的案例研究，以及博士后基金获资助者、博士后设站单位、博士后基金评审专家对博士后基金资助政策与管理的意见和建议等信息，根据对这些信息的分析与评估，把握基金资助目标的实现情况和在国家人才战略和科技战略实施中的定位与作用，了解基金发展的新需求，发现基金资助管理和项目执行中存在的问题，为争取财政的更大投入、调整资助政策、改进管理、提高资助效益、扩大基金工作的社会影响等提供决策支持。

根据博士后基金项目绩效评估体系，博士后基金会可建立博士后基金项目绩效数据库，收集博士后基金获资助者相应的指标信息，包括定量指标和定性指标。定量指标数据可从《中国博士后科学基金资助总结报告》中获得，定性指标数据由博士后获资助者所在设站单位给出。由此，博士后基金会可定期从数据库中抽取不同设站单位、不同学科、不同批次的博士后基金获资助者的绩效信息，考察经费使用效益，追踪基金资助成果，为博士后基金整体绩效评估提供依据。

  组织开展博士后基金绩效评估活动有利于博士后基金的长远发展，为基金的管理创新奠定良好的基础。绩效评估所取得的成功实践经验值得进一步总结，特别是基金评审专家的战略性判断、前瞻性思维，为我们把握未来发展机遇提供了很好的全球化视角。

参 考 文 献

蔡乾和, 陶蕊. 2012. 科学基金资助绩效评价的文献计量分析[J]. 长沙理工大学学报(社会科学版), 27(3): 29-33

陈凯华, 官建成. 2011. 共享投入型关联两阶段生产系统的网络 DEA 效率测度与分解[J]. 系统工程理论与实践, 31(7): 1211-1221.

程大友, 冯英俊. 2008. 基于两阶段关联 DEA 模型的企业效率研究——以财产保险公司为例[J]. 预测, 27(3): 55-61.

邓芳, 吴春芸. 2004. 博士后考核评价工作的理性思考[J]. 清华大学教育研究, (4): 86-90.

段庆峰. 2012. 基于两阶段 DEA 的科学基金项目产出评价研究[J]. 统计与信息论坛, 27(11): 87-91.

段庆峰, 汪雪峰, 朱东华, 等. 2010. 国家自然科学基金合作与交流类项目绩效评估方法研究[J]. 科学学与科学技术管理, (9): 5-8.

范德尚. 2010. 中美博士后培养事业的比较分析[J]. 学术界, (3): 217-223.

冯支越. 2004. 完善博士后科学基金管理的问题探析[J]. 中国软科学, (3): 106-110.

龚芳. 2008. 基于证据推理的省级自然科学基金项目后评价方法研究[D]. 合肥工业大学硕士学位论文.

韩东林. 2007. 当前中国博士后发展的结构、问题及对策[J]. 中国科技论坛, (12): 106-110.

韩东林. 2008. 论构建以财政投入为主的博士后经费投入保障机制[J]. 中国科技论坛, (5): 127-131.

侯跃芳. 2004. 国家自然科学基金项目的文献计量学研究[D]. 中国医科大学硕士学位论文.

胡平, 吴善超, 李聪, 等. 2010. 我国杰出青年科技人才资助成果的评价研究[J]. 科学学与科学技术管理, 31(3): 190-194.

黄祎. 2009. 基于 DEA 的多子系统单元相对效率评价模型研究[D]. 哈尔滨工业大学博士学位论文.

霍伟伟. 2012. 层次分析法与证据推理法的比较分析[J]. 经济研究导刊, (8): 10-11.

姬郁林, 陈文贤, 周洪芳, 等. 2003. 国家自然科学基金资助医药类项目的绩效评价[J]. 中国卫生事业管理, (1): 31-32.

纪子英, 吕蕾. 2006. 中国博士后科学基金的创设、运作与改革[J]. 高教发展与评估, 22(5): 8-12, 29.

金家新, 易连云. 2011. 论多元目标下的博士后质量管理与评价体系构建[J]. 教育与职业, (29): 13-15.

梁素荣. 2011. 基于超效率与两阶段关联 DEA 的中国商业银行效率研究[D]. 东北财经大学

硕士学位论文.

刘丹华. 2004. 中国博士后制度的制度分析[D]. 浙江大学硕士学位论文.

刘仁义. 2007. 高校教师科技绩效评价问题研究[D]. 天津大学博士学位论文.

柳卸林, 邢新主, 陈颖. 2009. 学术环境对博士后科研创新能力的影响[J]. 科学学研究, (1): 66-73.

牟瑞, 王鸥, 孟凡祥, 等. 2007. 基于全过程管理的科技基金项目绩效评价体系[J]. 辽宁石油化工大学学报, 27(3): 86-88.

潘康宇. 2007. 基于生命周期理论的企业绩效评价研究[D]. 天津大学博士学位论文.

秦亮生. 2009. 我国博士后制度的起源与展望[J]. 广东农业科学, (8): 353-355.

史万兵, 李倩. 2009. 博士后科学基金政策分析与改进建议[J]. 大连理工大学学报(社会科学版), 30(4): 49-54.

唐坤. 2010. DEA 模型的改进及其在上市公效率评价中的应用[D]. 哈尔滨工业大学硕士学位论文.

万百五. 2012. 管理控制论: 回顾、展望与评述[J]. 控制理论与应用, 29(11): 1377-1387.

王崇德. 1997. 文献计量学引论[M]. 桂林: 广西师范大学出版社.

王汉熙, 周祖德, 宋以超. 2011. 国家自然科学基金资助绩效评价模型研究[J]. 中南大学学报(社会科学版), 17(6): 19-22.

王建民. 2001. 中国博士后制度的现状与创新[J]. 高等教育研究, 22(3): 20-24.

王可俐, 白晨光, 邓绍江, 等. 2008. 试论博士后高层人才考核评价体系[J]. 中国科技论坛, (4): 130-133, 139.

王修来, 张伟娜, 张丽丽. 2009. 高校博士后流动站绩效评价模型及应用研究[J]. 科技管理研究, (9): 201-203.

王修来, 金洁, 马宁玲, 等. 2009. 基于三角模糊数的我国博士后科研成果评价研究[J]. 科技进步与对策, 26(7): 123-126.

王艳芳, 刘云, 刘喜珍. 2010. 数理学部青年科学基金评价模型与实证研究[J]. 北京理工大学学报(社会科学版), 12(4): 19-22.

吴小颖. 2001. 博士后平台人才培养效果影响因素实证分析——以福建省博士后科研流动站为例[J]. 东南学术, (1): 170-174.

向节玉. 2008. 我国知识产权科学论文的文献计量研究[D]. 中南大学硕士学位论文.

肖仁桥, 钱丽, 陈忠卫. 2012. 中国高技术产业创新效率及其影响因素研究[J]. 管理科学, 25(5): 85-98.

邢新主, 柳卸林, 陈颖. 2008. 跨学科制度对博士后科研创新能力的影响[J]. 科学学与科学技术管理, 29(11): 181-184.

许士荣. 2010. 中国博士后政策分析[D]. 华东师范大学博士学位论文.

杨昌勇, 程瑞芳. 2012. 中国博士后制度发展与改革调查[J]. 大学(学术版), (3): 46-53.

杨锋, 毕功兵, 凌六一. 2007. 基于数据包络分析法的科研项目评审排序方法[J]. 科学学与科学技术管理, 28(12): 18-21.

姚明芳. 2009. 我国博士后制度发展道路研究[D]. 中国海洋大学硕士学位论文.

叶茂林. 2007. 科技评价理论与方法[M]. 北京: 社会科学文献出版社.

张凤珠, 马亮, 吴建南, 等. 2010. 案例研究与国家自然科学基金绩效评估——医学科学部的实践[J]. 中国科学基金, (4): 239-242.

张利华, 肖健. 2011. 基于 DEA 的科技项目绩效评价研究——以海淀区科技计划项目为例[J]. 中国高新技术企业, (33): 1-5.

张清. 2011. 青年教师科研基金项目综合评价研究[D]. 华北电力大学硕士学位论文.

张伟娜, 王修来. 2011. 中美博士后发展的结构比较与借鉴[J]. 黑龙江高教研究, (10): 16-19.

张玉韬, 马宁玲, 王松青, 等. 2010. 我国博士后教育的投入—产出关系分析[J]. 科技管理研究, (3): 191-193.

赵斐. 2010. 基于 DEA 的国家自然科学基金投入产出相对效率评价[J]. 图书情报研究, 3(3): 41-46.

赵娟娟. 2003. 借鉴美日博士后制度促进我国博士后事业发展[J]. 科技进步与对策, 20(4): 141-143.

中国博士后科学基金会. 2011. 中国博士后科学基金会简介 [EB/OL]. http://www. chinapostdoctor. org. cn/V3/Program/Info_Show. aspx?InfoID=2814[2012-11-18].

周光中. 2009. 基于 D-S 证据理论的科学基金立项评估问题研究[D]. 合肥工业大学博士学位论文.

Armstrong M, Baronl A. 1998. Performance Management[M]. London: The Cromwell Press.

Banker R D, Charnes A, Cooper W W. 1984. Some models for estimating technical and scale inefficiencies in data envelopment analysis[J]. Management Science, 30(9): 1078-1092.

Barney J. 1991. Firm resource and sustained competitive advantage[J]. Journal of Management, 17(1): 99-120.

Borrego A, Barrios M, Villarroya A, et al. 2010. Scientific output and impact ofpostdoctoralscientists: A gender perspective[J]. Scientometrics, 83(1): 93-101.

Brian A, Lefgren L. 2011. The impact of NIH postdoctoral training grants on scientific productivity[J]. Research Policy, 40(6): 864-874.

Campbell J P, Mccloy R A, Oppler S H, et al. 1993. A theory of performance[M]//Schitt N, Borman W. Personnel Selection in Organizations. San Francisco: Jossey-Bass: 35-70.

Charnes A, Cooper W W, Rhode E. 1978. Measuring the efficiency of decision making units[J]. European Journal of Operational Research, 2(6): 429-444.

Davis G. 2006. Improving the postdoctoral experience: An empirical approach[R]. Sigma Xi: The Scientific Research Society.

Guan J C, He Y. 2005. Comparison and evaluation of domestic and International outputs in information science & technology research of China[J]. Scientometrics, 65(2): 215-244.

Harel E, Boaz G, Avraham S. 2008. R&D project evaluation: An integrated DEA and balanced scorecard approach[J]. Omega, 36(5): 895-912.

Harjumaa L, Tervonen I, Huttunen A. 2005. Peer reviews in real life-motivators and demotivators [J]. Quality Software, (9): 29-36.

He T W, Zhang J L, Teng L R. 2005. Basic research in biochemistry and molecular biology in China: A bibliometric analysis[J]. Scientometircs, 62(2): 249-259.

Hwang S N, Kao T L. 2006. Measuring managerial efficiency in non-life insurance companies: An application of two-stage data envelopment analysis technique[J]. International Journal of Management, (23): 699-720.

Jarnevnig B O. 2005. A comparison of two bibiometric methods for mapping of the research front[J]. Scientomerties, 65(2): 245-263.

Kao C. 2009. Efficiency decomposition in network data envelopment analysis: A relational model[J]. European Journal of Operational Research, 192(3): 949-962.

Magnus H, Daniel W. 2008. How should research performance be measured? Evidence from ranking of academic economists[R]. SSE/EFI Working Paper Series in Economics and Finance.

Moguerou P. 2005. Doctoral and postdoctoral education in science and engineering: Europe in the international competition[J]. European Journal of Education, 40 (4): 367-392.

Williams R S. 1998. Performance Management[M]. London: International Thomson Business Press.

Yang Y S, Ma B J, Koike M. 2000. Efficiency-measuring DEA model for production system with k independent subsystems[J]. Journal of the Operational Research Society of Japan, 43(3): 343-353.

Zubieta A F. 2009. Recognition and weak ties: Is there a positive effect of postdoctoral position on academic performance and career development?[J]. Research Evaluation, 18(2): 105-115.

附录 1　博士后基金资助总结报告格式

中国博士后科学基金资助总结报告

获资助者姓名：

全国博士后编号：

电话：

电子邮件：

资助项目：

资助编号：

执行年限：　年　月至　年　月

所在设站单位：

填表日期：　年　月　日

中国博士后科学基金会制

2013 年 9 月

一、获博士后科学基金资助开展研究工作的基本情况

研究题目（中文）：	
研究题目（英文）：	
所属学科：一级学科 二级学科	
是否结题	□是　　□否
中文摘要（500 字以内）	
关键词（不超过 5 个，用分号隔开）：	

本研究工作获得其他国家级或省部级科技计划资助情况（计划名称、项目名称、资助总经费、本人分工、执行期限）

本研究工作依托的研究平台和团队：

□ 国家重点实验室　　□ 国家工程技术研究中心　　□ 国家工程研究中心

□ 国家工程实验室　　□ 企业国家技术中心　　□ 教育部 985 工程研究平台

□ 国家重点学科基地　　□ 中国科学院院士研究团队　　□ 中国工程院院士研究团队

□ 国家自然科学基金创新研究群体　　□ 教育部创新研究团队　　□ 其他

二、获博士后科学基金资助开展的研究工作总结

1．与预期研究计划和目标比较，说明执行情况及存在的问题。
2．研究工作主要进展及所取得的成果（说明主要的科学发现和创新之处，附必要数据）。
3．研究成果的科学意义、应用前景、推广开发价值，以及经济和社会效益。
4．开展国内外学术合作交流及本人的成长情况。

三、获博士后科学基金资助的研究成果目录（可加项）

序号	成果类型	成果或论文名称	主要完成者	成果说明	标注状态
1	专著				
1	期刊论文				
1	会议论文				
1	专利				
1	获奖				
1	其他				

注：1）"成果类型"栏，分为"专著/ 期刊论文/ 会议论文/ 专利/ 获奖/ 其他"六类，请归类集中填写并单独编号

2）"标注状态"栏，用于说明有无标注"中国博士后科学基金资助及项目批准号"等

3）"成果说明"栏，用于填写如期刊名、获奖类别、级别等必要的说明和便于其他人查询的信息，具体要求如下：①期刊论文按"全部作者，论文题目，刊物名称·卷（期）·起一止页码，年月（SCI/SSCI、EI、ISR 收录，如是该类期刊）"格式填写说明；②会议论文按"国际/国内，特邀报告/口头报告/墙报展示，全部作者，论文题目，会议名称，时间，地点"格式填写说明；③专著按"全部作者，书名，出版社，出版时间，字数，发行量"格式填写说明；④专利按"获准专利国别，类别，专利号，获专利时间"格式填写说明；⑤获奖按"授奖单位，授奖时间，奖励名称，等级"格式填写说明；⑥其他，根据实际情况填写并做必要的说明

四、获博士后科学基金资助的成果统计表

获奖（项）	国家级						省部级				国际学术奖	其他
	自然科学奖		科技进步奖		发明奖		自然科学奖		科技进步奖			
	一等	二等	一等	二等	一等	二等	一等	二等	一等	二等		

续表

专著/论文(部/篇)	发表论文数							三大检索系统			专著			
	国际会议		全国性会议		刊物						中文		外文	
	特邀报告	分组报告	特邀报告	分组报告	国际刊物	国内刊物	国内一般刊物	SCI/SSCI	EI	ISR	已出版	待出版	已出版	待出版

专利及其他	专利(项)				成果推广及经济效益			其他成果			
	国内		国外		可推广项数	已推广项数	经济效益(万元)	软件/数据库	图表/图集	新仪器/新方法	鉴定及其他
	申请	批准	申请	批准							

五、获博士后科学基金资助以来获得其他科技计划和人才计划资助情况

计划名称	资助部门	资助时间	资助金额	项目名称	负责或参与

六、获资助者承诺

我所承担的博士后科学基金资助项目是：____，编号____。

我所填写的资助总结报告内容实事求是，数据翔实。在今后的研究工作中，如有与本项目相关的成果，将标注"中国博士后科学基金资助"。

获资助者：　　　　　　　年　月　日

七、审核意见

合作导师审核意见：		
	合作导师：	年 月 日
设站单位审核意见：		
负责人：		设站单位公章
		年 月 日

八、博士后基金资助金使用情况

开支内容	金额（单位：元）	备注
支出合计：	余 额：	

获资助者（签字）：

年　　月　　日

设站单位管理部门负责人（签字）：

（公章）

年　　月　　日

设站单位财务负责人（签字）：

（公章）

年　　月　　日

附录 2　博士后基金绩效评估访谈议题

1. 时间：2013 年 3 月 23 日至 4 月 15 日
2. 参会单位：请博士后基金会确定参会的在京设站单位
3. 参会人员：各单位博士后管理人员、获博士后基金资助代表
4. 座谈背景

中国博士后科学基金择优资助优秀博士后研究人员，吸引、发现、培养和锻炼青年人才，为其营造良好的创新环境，对实施"人才强国"战略、培养博士后创新人才和促进高层次人才队伍建设具有重要作用。中国博士后科学基金自 1985 年设立以来，资助总额、资助类型、资助强度、资助覆盖面不断调整和发展，得到财政部、人力资源和社会保障部等有关部门的高度关注。目前博士后基金的管理制度、专家库、项目评审、信息化等工作取得了明显进展，初步探索了跟踪问效机制，但总体上尚未建立博士后基金的绩效评估机制，对政府投资决策、改进基金管理等方面的支撑作用不足，建立博士后基金绩效评估体系，改进博士后基金管理，推动博士后基金事业发展是当务之急。

5. 座谈目的

了解博士后基金在国家人才资助体系中的地位和作用，博士后基金对促进博士后研究人员成长的成效和影响；了解设站单位和获资助者对建立博士后基金绩效评估体系的意见和建议；了解设站单位和获资助者对改进博士后基金资助政策、评审机制和管理的意见和建议。

6. 座谈会议题

——设站单位管理人员议题

（1）贵单位获博士后基金资助和管理的基本情况。
（2）博士后基金的资助定位与国家科技人才发展战略的相关性如何？

（3）博士后基金对贵单位博士后研究人员科研资助渠道的重要性如何？

（4）博士后基金在贵单位对博士后研究人员的科研资助发挥作用如何？

（5）博士后基金对提高贵单位博士后研究质量、促进博士后人才成长的作用如何？

（6）贵单位制定了哪些针对博士后基金项目或承担者的配套措施？

（7）贵单位认为现在博士后基金的资助比例和资助强度是否合理，还需要拓展哪些类型的资助？

（8）贵单位认为现行的博士后基金的结题管理和经费管理方式是否需要改进，如何改进？

（9）贵单位认为获博士后基金资助的博士后在站时间是否需要适当延长？

（10）贵单位认为现行博士后基金评审制度是否需要改进，如何改进？

（11）贵单位认为博士后基金对促进博士后成长的作用主要体现在哪些方面？

（12）贵单位获博士后基金资助的博士后研究人员中成绩突出的典型案例。

（13）贵单位认为博士后基金对促进大学、科研机构与企业协同创新的影响如何？对促进研究人员原始创新以及高技术研发及产业化的成效影响如何？

（14）贵单位认为博士后基金对促进人才培养的国际化影响如何？

（15）贵单位认为博士后基金发展与管理中存在的问题与面临的挑战主要有哪些？

（16）请对博士后基金未来发展与管理提出建议。

——获博士后基金资助者议题

（1）您获得博士后基金资助的基本情况。

（2）您申请博士后基金资助的主要动机和原因是什么？

（3）您在博士后基金资助下所取得的代表性成果有哪些？

（4）博士后基金是否是您获得的第一笔科研资助金，如果没有受到博士后基金资助，您是否会开展相同的研究？

（5）您获得博士后基金资助后，所在单位还提供了哪些优惠措施？

（6）您认为博士后基金的资助比例、资助方式是否合理，需要拓展哪些类型的资助？

（7）您是否获得过长江学者、国家杰出青年科学基金、百人计划、千人计划、国家级杂志主编等荣誉？您认为博士后基金对获得这些荣誉有什么样的影响？

（8）获得博士后基金对您的科研工作、科研态度及科研环境氛围的影响如何，对您的科学研究和价值观有何影响？

（9）获得博士后基金对您的职业生涯发展有什么影响？

（10）您认为博士后基金对促进研究人员原始创新及高技术产业化的作用如何？

（11）您认为博士后基金的资助定位与国家科技人才发展战略的相关性如何？

（12）您认为博士后基金在针对博士后研究人员科研资助中发挥的作用如何？

（13）您认为博士后基金在吸引人才、发现人才及促进人才成长方面的影响如何？

（14）您认为博士后基金的资助管理存在的问题和面临的挑战有哪些？

（15）请对博士后基金的发展及管理提出建议。

中国博士后科学基金会

2013 年 3 月 20 日

附录3 博士后基金绩效评估座谈纪要

清华大学访谈纪要

调研时间：2013 年 4 月 16 日

调研地点：清华大学

调研对象：朱纪洪，仪器科学与技术；黄松岭，仪器科学与技术；李俊华，环境科学与工程

1. 专家情况简介

朱纪洪，清华大学计算机系控制教研组教授，中国高技术研究发展计划 863-2-4 办公室秘书；1996 年 1 月至 1997 年 12 月在南京航空航天大学做博士后研究，1998 年 1 月至 1999 年 12 月在清华大学智能技术与系统国家重点实验室做博士后。

黄松岭，2001 年 9 月至 2003 年 8 月在清华大学机械工程系做博士后；2001 年获得博士后基金项目资助，2012 年参加博士后基金的评审工作。

李俊华，清华大学环境学院大气污染与控制研究所研究员、博士生导师。其主要研究方向为：大气化学及污染控制化学研究、汽车尾气净化催化剂的研究及应用开发、固定源选择性催化脱硝新原理和新技术、室内空气污染净化技术等。

2. 专家建议与意见

朱纪洪：①博士后基金的评估周期和评估指标非常重要，评估周期 5～8 年比较合适；②博士后基金定位与国家人才发展有关联，但并无必然联系；③博士后基金对博士后的自主性研究起到关键作用；④博士后基金的资助导向和评选标准基本合理，建议对被评审人实行匿名制，做到择优资助；⑤申请特别资助，不应卡时间而应卡条件，可实行导师推荐制，资助金额较大，在结项时应进行项目评价；⑥设立企业博士后科研工作站非常好，建议结合社会力量联合

资助企业博士后。

黄松岭：①博士后基金的资助金在博士后出站后应该转到博士后工作的单位作为其工作后的第一笔资金，尤其是出站后在科研院所工作的博士后；②评审时可以规定研究内容太多在申请时是要扣分的；③目前的申请比例是比较合适的；④对博士后基金结题的检查不能太复杂，否则会影响博士后申请的积极性；⑤报销没有明确的细则。

李俊华：①博士后是学院科研的主要依靠力量，申请博士后基金可以锻炼博士后学习如何管理科研项目，对博士后帮助较大；②博士后基金考核和评审比较合理和宽松，要偏重对人才奖励的性质；③博士后基金有助于博士后开展自主性研究，支持创新性想法，有利于交叉学科发展，成为交叉学科的增长点；④博士后待遇低，吸引力不足，贡献和收入不成比例，整体来讲还是弱势群体，博士后基金整体资助额度偏小；⑤博士后进行国际交流无经费支持，建议设立博士后学术交流、短期访问基金，可采用国际化"2+1"培养模式；⑥博士后基金结余的钱转到新单位，鼓励博士后迅速开展新工作。

中国社会科学院访谈纪要

调研时间：2013 年 4 月 9 日 9:00—11:30

调研地点：中国社会科学院

调研对象：经济所专家胡家勇、文学所专家刘芳喜、法学所专家冀祥德、近代史所专家李细珠、哲学所专家李俊文

1. 专家情况简介

胡家勇，中国社会科学院经济所博士后科研流动站博士后，博士后基金评审专家，在站时间 1996～1998 年，期间获得博士后基金面上一等资助 2 万元，其认为博士后基金对从事基础研究的青年科研人才培养作用非常大，可使其安心工作。

刘芳喜，中国社会科学院文学所博士后科研流动站博士后，博士后基金评审专家。

冀祥德，中国社会科学院法学所博士后科研流动站法学专业博士后，在站时间 2004～2006 年，2005 年获得博士后基金面上一等资助 3 万元，出站后留

所工作。博士后基金作为种子基金，为其提供了科研动力和生活保障，在基金的支持下，其科研活动取得了良好成效，出站基金报告获得第二届中国法学优秀成果奖一等奖。

李细珠，中国社会科学院近代史研究所博士后科研流动站近代史专业博士后，在站时间 1998～2000 年，未获得博士后基金资助。其出站后留在近代所工作，2003 年出版专著，获得优秀科研成果奖和第三届郭沫若历史学奖。

李俊文，中国社会科学院哲学所博士后科研流动站半脱产博士后，博士后基金评审专家，在站时间 2006～2009 年，2006 年 8 月获得博士后基金面上一等资助，2008 年获得首批特别资助，其认为博士后基金对于青年人的培养在资金、科研、生活等方面都起到了物质基础和科研支撑的作用，保障青年人安心做科研。

2. 专家意见与建议

胡家勇：①博士后选题时应该关注现实中的重大问题，博士后基金一方面要关注博士后的选题，另一方面还要引导博士后去关注社会问题；②要增大资助面，扩大资助比例，提高资助强度，扩大博士后基金的影响力；③课题结题，认可备案制，但应该更规范，要附有成果，给博士后压力；④缩短评审周期，最好在进站后半年内能申请下来，这样博士后有 1 年半的时间做课题研究，否则显示不出成果；⑤专家评审时加强回避原则，专家评审意见应反馈给博士后，同时博士后基金应该加强评审原则和标准的宣传；⑥目前获资助人员主要集中在一些名牌大学和科研院所，要平衡一下资助资源；⑦增加一些重大问题、应急项目的资助，以及委托项目、招标项目等资助类型；⑧应该加强国际化，但是如果想加强国际化，资助力度必须要加大。

刘芳喜：①考虑到学科的差异性，学科的划分应该更细更科学，在管理上、绩效考核的方式和标准上都应该更细分。②流动站的设置为博士后提供了更多时间去进行连续性的研究。应该制定更有效的政策，使博士后能更有效地利用在站时间。③分阶段进行资助，留一部分作为后期资助，在出站报告考核完之后再发放。后期成果管理要加强。博士后基金可以将评审授权给设站单位，但特别资助可以由基金会承担，费用从基金费用中扣除，如果当时没有成果，就进行后期跟踪。④在中国社会科学院，无论是面上资助还是特别资助，都是 60%+40% 的资助模式，项目完成后进行专家评估得到专家肯定后才发放预留的

40%资助金。出站报告和基金项目总结报告都要进行评审。两份报告分别交两份，一份交国家图书馆，一份交中国社会科学院图书馆。⑤资金管理要灵活，博士后基金要制定相关的经费管理制度，可以学习中国社会科学院的做法，将资金使用和绩效考核相结合。

冀祥德：①博士后基金资助类型少、额度低、比例小，博士后对于基金申请特别重视，获得基金资助对其来说是一项荣誉，建议加大资助力度；②博士后国际化培养亟待拓展，建议另设博士后基金海外资助专项或直接增大资助额度；③博士后基金结题比较弱，无评审，建议加大质量把关力度，尤其对于资助额度大和奖项类别高的，可以组织终期汇报评审；④由博士后基金资助做出的科研项目如果获得了国家认可或立法采纳，建议借鉴全国优秀博士论文，追加奖励，继续用于其项目的拓展性研究。

李细珠：①人文学科是文史哲的基础学科，相比其他学科，获取资助渠道少，希望基金资助可以向基础学科适当倾斜；②增设奖励资助，仿照全国百篇优秀博士论文，择取 20～30 篇优秀出站报告，奖励博士后和合作导师。

李俊文：①年龄段差异化对待，2012 年参加马克思主义哲学学科博士后基金通讯评审，认为博士后层次参差不齐，对从事 5 年以上科研工作的博士后和刚开始从事科研工作的博士后需要区别对待，评判课题时应该人性化、多样化，把握好标准，挖掘出更有科研潜力的年轻人；②对于目前存在的课题重复申报现象，建议在基金评审时原则上禁止，设立查重制度，避免资源浪费；③目前基金申请竞争较激烈，建议加大资助额度和资助比例，或增设资助类型，增加资助数量；④（对于博士后基金发展的管理的建议）对出站博士后进行后续资助，使博士后基金保持一种持续、稳定和长效的机制，针对国家政策有所偏向的课题，建议有目的、有意识地设置一些委托和招标的项目，由出站博士后或留在设站单位工作的博士后申请；⑤中国社会科学院实行院所两级管制，博士后基金结题较规范，面上资助和特别资助都需要专家匿名评审。出站报告有开题和中期汇报及终期答辩，在站期间承担的科研项目和发表的成果都需要提交，特别资助结项可以会议评审，也可以通讯评审，与国家社科基金的课题结项一致。

附录4 博士后基金绩效评估问卷调查

博士后基金获得者调查问卷

填写说明：

1. 您是中国博士后科学基金获资助者，对中国博士后科学基金有一定的了解，为了更直接地获得受资助者对中国博士后科学基金工作的评价，特邀请您参与评估调查工作。您的意见十分重要。恳请您拨冗填写问卷。我们承诺：您的回答会得到完全保密。

2. 多数题目为选择式，若选项前为□，请在选定答案后用颜色标记■选定答案，其余题目请同样用颜色标记选定选项（如 A），部分题目需要填写数据或文字。

3. 请完整填写问卷所有题目（指明不必填写的除外），于 2013 年 9 月 27 日前以邮件形式发给我们。

4. 本问卷题目中，中国博士后科学基金简称"博士后基金"。

问卷调查所获信息仅用于中国博士后科学基金资助绩效评估工作，不作商业用途。感谢您的支持！

中国博士后科学基金会

2013 年 7 月 25 日

一、填写人信息

1. 填写人基本信息

姓名：		年龄：		性别：		职称：		职务：	
从事研究学科领域	A 哲学　B 经济学　C 法学　D 教育学　E 文学　F 历史学　G 理学　H 工学　I 农学　J 医学　K 军事学　L 管理学								
获得资助情况	获资助时间		在站类型	A 流动站 B 工作站		在站单位			
						现在单位			
联系电话				电子邮箱					

2. 您首次获得国家级科研项目或人才专项资助的类型为____，经费额度为____万元。您首次出国参加国际学术会议或学术访问的时间为____年，是否已经获得博士后基金资助（　　）

A. 是　　　　　　　　　　　　B. 否

3. 您在博士后期间主持或参与过哪些类型的国家级和省部级科研项目及企业项目（多选）（　　）

A. 863 计划　　　　　　　　　　B. 973 计划

C. 国家科技支撑计划　　　　　　D. 国家重大科技专项

E. 国家重大科学工程　　　　　　F. 国家自然科学基金

G. 国家社科基金　　　　　　　　H. 省部级科技计划

I. 国家国际科技合作计划　　　　J. 企业委托项目　　　　　K. 其他

二、获博士后基金资助情况

4. 在博士后基金资助下，您所从事的研究工作属于（　　）

A. 传统学科领域的研究　　　　　B. 新兴交叉学科领域的研究

C. 薄弱学科领域的研究　　　　　D. 中国特色学科领域的研究

E. 其他（请补充）

5. 您当初申报博士后基金的动机是什么（多选）（　　）

A. 能够获得经费支持　　　　　　B. 学术水平得到肯定

C. 创新性想法更容易实现　　　　D. 职业生涯更加顺利

E. 研究领域和方向得到重视　　　F. 获得独立主持科研项目的机会

G. 改善科研工作条件　　　　　　H. 改善生活条件

I. 获得学术荣誉　　　　　　　　J. 其他（请补充）

6. 近四年（2009～2012 年）您发表论文和获得专利总数，其中受博士后基金资助发表论文和获得专利的情况。

论文或专利类型	发表论文总数或获得专利总数	受博士后基金资助发表论文数或获得专利数	已转化专利数
SCI/SSCI 论文	篇□无法统计	篇□无法统计	篇□无法统计
中文核心期刊论文	篇□无法统计	篇□无法统计	篇□无法统计
国际专利	项□无法统计	项□无法统计	项□无法统计
中国专利	项□无法统计	项□无法统计	项□无法统计

7. 在博士后基金资助下，您所取得的科研成果是（ ）

A. 到目前为止您最具代表性的科研成果

B. 您的重要成果之一

C. 以后取得的更高水平科研成果的起点和基础

D. 您的普通成果之一

8. 您在站期间，如果没有获得博士后基金资助，还会开展相同的研究吗（ ）

A. 有可能获得其他渠道的支持，开展同样的研究

B. 很难获得其他渠道的支持，难以开展同样的研究

C. 没有可能获得其他渠道的支持，不可能开展同样的研究

D. 难以判断

9. 获得博士后基金资助后，部门和单位给予了您哪些优惠措施（多选）（ ）

A. 专业职务晋升和定岗时得到优先 B. 提供了配套科研经费

C. 减少了其他工作（如教学）任务量　　D. 在单位各类评优中得到优先

E. 获得资金奖励或其他福利　　　　　　F. 促进了管理职务的提升

G. 促进了学术地位的提升　　　　　　　H. 享受了其他优惠措施（请补充）

I. 没有获得任何优惠措施

三、对博士后基金组织工作的评价

10. 近年来，博士后基金面上资助比例为当年进站人数的 1/3 左右，您认为该资助比例是否合适（ ）

A. 合适　　　　　　　　　　　　　B. 不合适

如果不合适，面上资助项目资助比例应该达到当年进站博士后人数的　％ 比较合适。

11. 近年来，博士后基金面上资助等级分两档，一等资助 8 万元，二等资助 5 万元；博士后基金特别资助 15 万元。您认为上述资助强度是否合适（ ）

A. 合适　　　　　　　　　　　　　B. 不合适

如果不合适，您认为合适的资助强度是：面上一等资助强度为 万元，二等资助强度为 万元；特别资助强度为 万元。

12. 目前，博士后基金主要通过面上资助和特别资助两种类型为获资助者提供科研启动或补充经费资助，您认为根据博士后研究工作的需要，博士后基金还需要拓展哪些类型的专项资助（多选）（ ）

A. 博士后国际合作研究　　　　　B. 博士后出国参加国际会议

C. 吸引海外博士后来华研究　　　D. 与国外联合培养博士后

E. 与港澳联合培养博士后　　　　F. 组织专题研讨与交流

G. 资助出版成果　　　　　　　　H. 其他（请补充）

四、博士后基金的作用和影响

13. 获得博士后基金资助后，您是否又获得以下荣誉或责任。如果选是，请评价获博士后基金资助与您后来获得以下荣誉或承担责任的关联度；如果选否，则不必对关联性做出评价。

具体荣誉或责任	是否获得或承担	关联度（逐项提问，单选）						关联度选择
		非常大	比较大	一般	比较小	没有关系	无力判断	
国家自然科学基金青年科学基金	□	5	4	3	2	1	0	
国家优秀青年科学基金获得者	□	5	4	3	2	1	0	
国家杰出青年科学基金获得者	□	5	4	3	2	1	0	
教育部新世纪优秀人才支持计划	□	5	4	3	2	1	0	
百千万人才工程	□	5	4	3	2	1	0	
973计划青年科学家专题	□	5	4	3	2	1	0	

14. 获博士后基金资助对您科学研究的国际化有何作用？

评价内容	非常大	比较大	一般	比较小	非常小	难以判断	请选择
及时了解国际学术动态	5	4	3	2	1	0	
第一次出国参加国际学术会议	5	4	3	2	1	0	
在国际杂志上发表文章	5	4	3	2	1	0	
促进了与国外学者的交流	5	4	3	2	1	0	
开展国际合作研究	5	4	3	2	1	0	
利用海外研究条件和资源	5	4	3	2	1	0	

15. 结合自己的经历，请您评价获"博士后基金"资助对您的职业生涯的实际影响如何？

影响内容	很大正影响	较大正影响	有些正影响	不明显	有些负面影响	难以判断	请选择
提升了在学术界的地位	5	4	3	2	1	0	
形成了稳定的研究方向	5	4	3	2	1	0	
改善了研究条件和工作环境	5	4	3	2	1	0	
提高了科研能力	5	4	3	2	1	0	
确立了从事科学研究的职业选择	5	4	3	2	1	0	
有助于获得其他科研计划的资助	5	4	3	2	1	0	

16. 通过博士后基金的资助，您认为自己的哪些能力得到了加强（多选）（　　）

A. 锻炼了研究组织能力，为以后的科学研究积累了经验

B. 开展重大科学问题的研究能力得到加强

C. 研究效率明显提高，研究进程得到加快

D. 国际合作能力得到加强

E. 其他（请补充）

17. 获得博士后基金资助后，您在科研态度方面的明显变化是（多选）（　　）

A. 动力更足，对科研工作更加投入

B. 自信心增强，积极申报其他科研课题

C. 工作更加严谨，发表研究成果更加慎重

D. 更加重视原创性研究，给自己提出更高的研究目标

E. 锐气增加，敢于挑战权威

F. 没有明显变化

18. 您认为博士后基金设立的以下机制所发挥的作用如何？

评价内容	非常大	比较大	一般	比较小	非常小	难以判断	请选择
提供科研启动经费，发挥第一桶金作用	5	4	3	2	1	0	
提供了平等竞争、脱颖而出的机会	5	4	3	2	1	0	
科研实践中提高博士后的科学素养	5	4	3	2	1	0	
在竞争中提高创新能力	5	4	3	2	1	0	
及早发现青年科研才俊	5	4	3	2	1	0	
给予精神上的鼓励和荣誉，提高科研热情	5	4	3	2	1	0	
培养了开拓创新精神	5	4	3	2	1	0	

19. 结合您的体会，请评价博士后基金对您的周围科学研究氛围的影响如何。

影响内容	很大正影响	较大正影响	有些正影响	不明显	有些负面影响	难以判断	请选择
对平等和公平竞争科研氛围的影响	5	4	3	2	1	0	
对自由探索、尊重个性科研氛围的影响	5	4	3		1	0	
对积极进取、勇于创新科研氛围的影响	5	4	3	2	1	0	
对团结协作科研氛围的影响	5	4	3	2	1	0	
对提倡求真务实形成良好学术风气的影响	5	4	3	2	1	0	

20. 您认为博士后基金对促进原始创新和高技术产业化的成效如何？

评价内容	非常大	比较大	一般	比较小	非常小	难以判断	请选择
提高基础研究和原始创新成效	5	4	3	2	1	0	
提高高技术研发的成效	5	4	3	2	1	0	
提高科研成果产业化的成效	5	4	3	2	1	0	

21. 结合自己的经历，请您评价博士后基金资助对您的科学研究和价值观有什么影响？

影响内容	很大正影响	较大正影响	有些正影响	不明显	有些负面影响	难以判断	请选择
学到了遵循严格的科研规范	5	4	3	2	1	0	
掌握了科学研究的方法	5	4	3	2	1	0	
激发了积极进取，勇于创新的动力	5	4	3	2	1	0	
提高了对该研究方向的兴趣	5	4	3	2	1	0	
认可自由探索的科研精神	5	4	3	2	1	0	
认可公平、公正的价值观	5	4	3	2	1	0	

五、博士后基金的定位与意见建议

22. 博士后科学基金在国家科技人才战略和博士后队伍发展中的地位与作用。

（1）您认为博士后基金的资助定位与国家科技人才发展战略的相关性如何
（　　）

　　A. 非常大　　　　B. 比较大　　　　C. 一般　　　　D. 比较小　　　E. 非常小

（2）您认为博士后基金在针对博士后研究人员的科研资助中发挥的作用如何（　　）

　　A. 主导作用　　　　B. 辅助作用　　　C. 较小的补充作用　　D. 基本无作用

（3）您认为博士后基金在青年科技人才资助体系中发挥的作用如何（　　）

　　A. 主导作用　　　　B. 辅助作用　　　C. 较小的补充作用　　D. 基本无作用

（4）您认为博士后基金对博士后队伍发展起到的稳定、激励和导向作用如何（　　）

　　A. 主导作用　　　　B. 辅助作用　　　C. 较小的补充作用　　D. 基本无作用

（5）您认为博士后基金对提高博士后研究水平、促进博士后人才成长的作用如何（　　）

　　A. 主导作用　　　　B. 辅助作用　　　C. 较小的补充作用　　D. 基本无作用

23. 博士后基金设立的宗旨是促进博士后创新人才成长。

（1）您认为博士后基金对吸引、发现、引进和培养人才的作用如何？

评价内容	非常大	比较大	一般	比较小	非常小	难以判断	请选择
吸引人才	5	4	3	2	1	0	
发现、选拔人才	5	4	3	2	1	0	
引进海外人才	5	4	3	2	1	0	
稳定博士后队伍	5	4	3	2	1	0	
培养优秀人才	5	4	3	2	1	0	

（2）您认为博士后基金对促进人才成长的作用如何？

评价内容	非常大	比较大	一般	比较小	非常小	难以判断	请选择
创新人才种子基金作用	5	4	3	2	1	0	
促进青年科研人员成长	5	4	3	2	1	0	
加快杰出青年人才成长	5	4	3	2	1	0	
加快领军人才成长	5	4	3	2	1	0	
对形成创新研究团队的作用	5	4	3	2	1	0	
对边远和少数民族地区博士后的扶持作用	5	4	3	2	1	0	

24. 您认为博士后基金发展与管理存在的问题与面临的挑战有哪些？

（可增加）

序号	博士后基金发展存在的问题与面临的挑战
1	
2	
3	
4	

25. 请对博士后基金今后发展与管理提出改进建议。（可增加）

序号	对博士后基金今后发展的改进建议
1	
2	
3	
4	

博士后设站单位管理人员调查问卷

填写说明：

1. 贵单位是博士后设站单位，您作为博士后工作管理人员对中国博士后科学基金有一定的了解，为了获得设站单位对中国博士后科学基金工作的评价，特邀请您参与评估调查工作。您的意见十分重要。恳请您拨冗填写问卷。我们承诺：您的回答会得到完全保密。

2. 多数题目为选择式，若选项前为□，请在选定答案后用颜色标记■选定答案，其余题目请同样用颜色标记选定选项（如 A），部分题目需要填写数据或文字。

3. 请完整填写问卷所有题目（指明不必填写的除外），于 2013 年 9 月 27 日前以邮件形式发给我们。

4. 本问卷题目中，中国博士后科学基金简称"博士后基金"。

问卷调查所获信息仅用于博士后科学基金资助绩效评估工作，不作商业用途。感谢您的支持！

中国博士后科学基金会

2013 年 7 月 25 日

填写单位基本信息：

单位名称	
隶属部门	
设站类型	□博士后科研流动站 □博士后科研工作站
单位博士后管理机构	
填表人姓名	
联系方式	办公电话：　　手机：　　电子邮箱：
联系地址	

1. 贵单位对博士后基金组织管理的了解程度如何？

评价内容	了解	基本了解	不了解	请选择
博士后基金发展规划	3	2	1	
项目管理办法	3	2	1	
专家评审规定和过程	3	2	1	
网络信息系统	3	2	1	

2. 您认为博士后基金的资助定位与国家科技人才发展战略的相关性如何（　　）

　　A. 非常大　　　　　　B. 比较大　　　　　　C. 一般

　　D. 比较小　　　　　　E. 非常小

3. 您认为博士后基金作为博士后研究人员的科研资助渠道，其重要性如何（　　）

　　A. 唯一的资助渠道　　B. 最主要的资助渠道

　　C. 主要的资助渠道之一　　D. 不重要的资助渠道

4. 您认为博士后基金在博士后研究人员科研资助中发挥的作用如何（　　）

　　A. 主导作用　　　　　　B. 辅助作用

　　C. 较小的补充作用　　　　D. 基本无作用

5. 您认为博士后基金对博士后队伍发展起到的稳定、激励和导向作用如何（　　）

　　A. 主导作用　　　　　　B. 辅助作用

　　C. 较小的补充作用　　　　D. 基本无作用

6. 您认为博士后基金对提高博士后研究水平、促进博士后人才成长的作用如何（　　）

　　A. 主导作用　　　　　　　　　　B. 辅助作用

　　C. 较小的补充作用　　　　　　　D. 基本无作用

7. 对博士后基金不同资助类型设置的必要性的评价。

评价对象	非常必要	有必要	不太必要	难以判断	请选择
面上一等	3	2	1	0	
面上二等	3	2	1	0	
特别资助	3	2	1	0	

8. 贵单位制定了哪些针对博士后基金项目或承担者的配套措施　（　　）

　　A. 把承担博士后基金列为专业职务晋升的条件

　　B. 为博士后基金项目提供配套科研经费

　　C. 减少博士后基金项目承担者其他工作（如教学）任务量

　　D. 在单位各类评优中，把承担博士后基金项目列为参考依据

　　E. 给予博士后基金项目承担者资金奖励或其他福利

　　F. 其他措施（请补充）

9. 近年来，博士后基金面上资助比例为当年进站人数的 1/3 左右，贵单位认为该资助比例是否合适（　　）

　　A. 合适　　　　　　　　　　B. 不合适

　　如果不合适，面上资助项目资助比例应该达到当年进站博士后人数的____% 比较合适。

10. 近年来，博士后基金面上资助等级分两档，一等资助 8 万元，二等资助 5 万元；博士后基金特别资助 15 万元。贵单位认为上述资助强度是否合适（　　）

　　A. 合适　　　　　　　　　　B. 不合适

　　如果不合适，贵单位认为合适的资助强度是：面上一等资助强度为____万元，二等资助强度为____万元；特别资助强度为____万元。

11. 目前，获资助博士后出站后，其留存的博士后资金的后期管理如何（　　）

　　A. 采取各种方式花掉留存资金

　　B. 作为博士后的后续科研资金转移到其工作单位

C. 作为设站单位的博士后基金管理费用

D. 其他（请补充）

12. 目前，博士后基金主要通过面上资助和特别资助两种类型为获资助者提供科研启动或补充经费资助，您认为根据博士后研究工作的需要，博士后基金还需要拓展哪些类型的专项资助（多选）（　　）

A. 博士后国际合作研究　　　B. 博士后出国参加国际会议

C. 吸引海外博士后来华研究　　D. 与国外联合培养博士后

E. 与港澳联合培养博士后　　F. 组织专题研讨和交流

G. 资助出版成果　　　　　　H. 其他（请补充）

13. 目前，博士后基金采取较宽松的后期管理方式，对面上资助和特别资助均没有实行结题验收，只要求获资助者出站时提交资助总结报告。您认为这种宽松的后期管理方式是否合适（　　）

A. 合适　　　　　　B. 不合适　　　　　C. 难以判断

如果不合适，您认为应该采取以下哪种项目管理方式（　　）

A. 面上资助提交资助总结报告，特别资助实行结题验收

B. 面上资助和特别资助均要求实行结题验收

C. 其他（请补充）

14. 请您对博士后基金面上资助通讯评议的制度安排合理性做出评价（如果未担任通讯评议专家可不答此题）。（逐项提问，单选）

评价内容	非常合理	比较合理	一般	比较不合理	非常不合理	难以判断	请选择
通讯评议专家的遴选	5	4	3	2	1	0	
回避制度	5	4	3	2	1	0	
评审标准	5	4	3	2	1	0	
评审周期	5	4	3	2	1	0	
评审意见的反馈	5	4	3	2	1	0	

15. 请您对博士后基金特别资助会议评审的制度安排合理性做出评价（如果未担任会议评审专家可不答此题）。（逐项提问，单选）

评价内容	非常合理	比较合理	一般	比较 不合理	非常 不合理	难以判断	请选择
会评专家的遴选	5	4	3	2	1	0	
回避制度	5	4	3	2	1	0	
上会率	5	4	3	2	1	0	
评审标准	5	4	3	2	1	0	
评审周期	5	4	3	2	1	0	
评审意见的反馈	5	4	3	2	1	0	

16. 贵单位认为博士后基金设立在以下机制方面所发挥的作用如何？

评价内容	非常大	比较大	一般	比较小	非常小	难以判断	请选择
提供科研启动经费，发挥第一桶金作用	5	4	3	2	1	0	
提供了平等竞争、脱颖而出的机会	5	4	3	2	1	0	
科研实践中提高博士后的科学素养	5	4	3	2	1	0	
在竞争中提高创新能力	5	4	3	2	1	0	
及早发现青年科研才俊	5	4	3	2	1	0	
给予精神上的鼓励和荣誉，提高科研热情	5	4	3	2	1	0	
培养了开拓创新精神	5	4	3	2	1	0	

17. 博士后基金设立的宗旨是促进博士后创新人才成长。

（1）贵单位认为博士后基金对吸引、发现、引进和培养人才的作用如何？

评价内容	非常大	比较大	一般	比较小	非常小	难以判断	请选择
吸引人才	5	4	3	2	1	0	
发现、选拔人才	5	4	3	2	1	0	
引进海外人才	5	4	3	2	1	0	
稳定博士后队伍	5	4	3	2	1	0	
培养优秀人才	5	4	3	2	1	0	

（2）贵单位认为博士后基金对促进人才成长的作用如何？

评价内容	非常大	比较大	一般	比较小	非常小	难以判断	请选择
创新人才种子基金作用	5	4	3	2	1	0	
促进青年科研人员成长	5	4	3	2	1	0	
加快杰出青年人才成长	5	4	3	2	1	0	
加快领军人才成长	5	4	3	2	1	0	
对形成创新研究团队的作用	5	4	3	2	1	0	
对边远和少数民族地区博士后的扶持作用	5	4	3	2	1	0	

18. 贵单位认为博士后基金对科学研究氛围的影响如何？

影响内容	很大正影响	较大正影响	有些正影响	不明显	有些负面影响	难以判断	请选择
对平等和公平竞争科研氛围的影响	5	4	3	2	1	0	
对自由探索、尊重个性科研氛围的影响	5	4	3	2	1	0	
对积极进取、勇于创新科研氛围的影响	5	4	3	2	1	0	
对团结协作科研氛围的影响	5	4	3	2	1	0	
对提倡求真务实形成良好学术风气的影响	5	4	3	2	1	0	

19. 贵单位认为博士后基金对促进学科发展的作用如何？

评价内容	非常大	比较大	一般	比较小	非常小	难以判断	请选择
提升本学科原始创新能力	5	4	3	2	1	0	
推动本学科发展方向更接近科学前沿	5	4	3	2	1	0	
提高本学科解决国家经济社会发展中科学问题的能力	5	4	3	2	1	0	
促进本学科内研究领域的全面发展	5	4	3	2	1	0	
促进本学科与其他学科间的均衡发展	5	4	3	2	1	0	
促进新兴学科发展	5	4	3	2	1	0	
促进交叉学科发展	5	4	3	2	1	0	
扶持弱势学科发展	5	4	3	2	1	0	

20. 贵单位认为博士后基金发展与管理存在的问题与面临的挑战有哪些？（可增加）

序号	博士后科学基金发展存在的问题与面临的挑战
1	
2	
3	

21. 请对博士后基金今后的发展与管理提出改进建议。（可增加）

序号	对博士后科学基金今后发展的改进建议
1	
2	
3	

22. 请贵单位推荐近 5 年来，获得博士后基金资助后取得显著成绩的优秀或杰出博士后研究人员名单，并提供他们的典型材料，以便我们总结宣传。

中国博士后科学基金评审专家调查问卷

填写说明：

1. 您是中国博士后科学基金评审专家，对中国博士后科学基金有一定的了解，为了更直接地获得基金评审专家对中国博士后科学基金工作的评价，特邀请您参与评估调查工作。您的意见十分重要。恳请您拨冗填写问卷。我们承诺：您的回答会得到完全保密。

2. 多数题目为选择式，若选项前为□，请在选定答案后用颜色标记■选定答案，其余题目请同样用颜色标记选定选项（如A），部分题目需要填写数据或文字。

3. 请完整填写问卷所有题目（指明不必填写的除外），于 2013 年 9 月 27 日前以邮件形式发给我们。

4. 本问卷题目中，中国博士后科学基金简称"博士后基金"。

问卷调查所获信息仅用于中国博士后科学基金资助绩效评估工作，不作商业用途。感谢您的支持！

中国博士后科学基金会

2013 年 7 月 25 日

填写人基本信息：

姓名：		年龄：		学历：		职称：		职务：	
从事研究 学科领域	A. 哲学　　B. 经济学　　C. 法学　　D. 教育学　　E. 文学　　F. 历史学 G. 理学　　H. 工学　　I. 农学　　J. 医学　　K. 军事学　　L. 管理学								
参加评审情况	参加通讯评议次数		（　）次		参加会议评议次数			（　）次	
联系方式	工作单位			联系电话					
				电子邮箱					

1. 您对博士后基金组织管理的了解程度如何？

评价内容	了解	基本了解	不了解	请选择
博士后基金发展规划	3	2	1	
项目管理办法	3	2	1	
专家评审规定和过程	3	2	1	
网络信息系统	3	2	1	

2. 您认为博士后基金的资助定位与国家科技人才发展战略的相关性如何（　　）

A. 非常大　　　　　　　B. 比较大　　　　　　C. 一般

D. 比较小　　　　　　　E. 非常小

3. 您认为博士后基金作为博士后研究人员的科研资助渠道，其重要性如何（　　）

A. 唯一的资助渠道　　　　　B. 最主要的资助渠道

C. 主要的资助渠道之一　　　D. 不重要的资助渠道

4. 您认为博士后科学基金在博士后研究人员科研资助中发挥的作用如何（　　）

A. 主导作用　　　　　　　　B. 辅助作用

C. 较小的补充作用　　　　　D. 基本无作用

5. 您认为博士后基金对博士后队伍发展起到的稳定、激励和导向作用如何（　　）

A. 主导作用　　　　　　　　B. 辅助作用

C. 较小的补充作用　　　　　D. 基本无作用

6. 您认为博士后基金对提高博士后研究水平、促进博士后人才成长的作用如何（　　）

A. 主导作用　　　　　　　　B. 辅助作用

C. 较小的补充作用　　　　　D. 基本无作用

7. 您认为现行的博士后基金的资助导向是否适当（ ）

  A. 非常适当　　　　　　　　B. 比较适当　　　　　C. 一般

  D. 不太适当　　　　　　　　E. 难以判断

8. 您认为现行的博士后基金的评审原则是否适当（ ）

  A. 非常适当　　　　　　　　B. 比较适当　　　　　C. 一般

  D. 不太适当　　　　　　　　E. 难以判断

9. 您认为现行的博士后基金资助格局与其战略定位是否相适应（ ）

  A. 非常适当　　　　　　　　B. 比较适当　　　　　C. 一般

  D. 不太适当　　　　　　　　E. 难以判断

10. 对博士后科学基金不同资助类型设置的必要性的评价。

评价对象	非常必要	有必要	不太必要	难以判断	请选择
面上一等	3	2	1	0	
面上二等	3	2	1	0	
特别资助	3	2	1	0	

11. 近年来，博士后基金面上资助比例为当年进站人数的1/3左右，您认为该资助比例是否合适（ ）

  A. 合适　　　　　　　　　　B. 不合适

  如果不合适，面上资助项目资助比例应该达到当年进站博士后人数的____%比较合适。

12. 近年来，博士后基金面上资助等级分两档，一等资助8万元，二等资助5万元；博士后基金特别资助15万元。您认为上述资助强度是否合适（ ）

  A. 合适　　　　　　　　　　B. 不合适

  如果不合适，您认为合适的资助强度是：面上一等资助强度为____万元，二等资助强度为____万元；特别资助强度为____万元。

13. 目前，博士后基金主要通过面上资助和特别资助两种类型为获资助者提供科研启动或补充经费资助，您认为根据博士后研究工作的需要，博士后基金还需要拓展哪些类型的专项资助？（多选）（ ）

  A. 博士后国际合作研究　　　B. 博士后出国参加国际会议

  C. 吸引海外博士后来华研究　　D. 与国外联合培养博士后

E. 与港澳联合培养博士后　　F. 组织专题研讨和交流

G. 资助出版成果　　　　　　H. 其他（请补充）

14. 目前，博士后基金采取较宽松的后期管理方式，对面上资助和特别资助均没有实行结题验收，只要求获资助者出站时提交资助总结报告。您认为这种宽松的后期管理方式是否合适（　　）

A. 合适　　　　　　　　　B. 不合适　　　　　　　　　C. 难以判断

如果不合适，您认为应该采取以下哪种项目管理方式（　　）

A. 面上资助提交资助总结报告，特别资助实行结题验收

B. 面上资助和特别资助均要求实行结题验收

C. 其他（请补充）

15. 请您对博士后基金面上资助通讯评议的制度安排合理性做出评价（如果未担任通讯评议专家可不答此题）。（逐项提问，单选）

评价内容	非常合理	比较合理	一般	比较不合理	非常不合理	难以判断	请选择
通讯评议专家的遴选	5	4	3	2	1	0	
回避制度	5	4	3	2	1	0	
评审标准	5	4	3	2	1	0	
评审周期	5	4	3	2	1	0	
评审意见的反馈	5	4	3	2	1	0	

16. 请您对博士后基金特别资助会议评审的制度安排合理性做出评价（如果未担任会议评审专家可不答此题）。（逐项提问，单选）

评价内容	非常合理	比较合理	一般	比较不合理	非常不合理	难以判断	请选择
会评专家的遴选	5	4	3	2	1	0	
回避制度	5	4	3	2	1	0	
上会率	5	4	3	2	1	0	
评审标准	5	4	3	2	1	0	
评审周期	5	4	3	2	1	0	
评审意见的反馈	5	4	3	2	1	0	

17. 您认为博士后基金设立在以下机制方面所发挥的作用如何？

评价内容	非常大	比较大	一般	比较小	非常小	难以判断 请选择
提供科研启动经费，发挥第一桶金作用	5	4	3	2	1	0
提供了平等竞争、脱颖而出的机会	5	4	3	2	1	0
科研实践中提高博士后的科学素养	5	4	3	2	1	0
在竞争中提高创新能力	5	4	3	2	1	0
及早发现青年科研才俊	5	4	3	2	1	0
给予精神上的鼓励和荣誉，提高科研热情	5	4	3	2	1	0
培养了开拓创新精神	5	4	3	2	1	0

18. 博士后科学基金设立的宗旨是促进博士后创新人才成长。

（1）您认为博士后科学基金对吸引、发现、引进和培养人才的作用如何？

评价内容	非常大	比较大	一般	比较小	非常小	难以判断	请选择
吸引人才	5	4	3	2	1	0	
发现、选拔人才	5	4	3	2	1	0	
引进海外人才	5	4	3	2	1	0	
稳定博士后队伍	5	4	3	2	1	0	
培养优秀人才	5	4	3	2	1	0	

（2）您认为博士后科学基金对促进人才成长的作用如何？

评价内容	非常大	比较大	一般	比较小	非常小	难以判断 请选择
创新人才种子基金作用	5	4	3	2	1	0
促进青年科研人员成长	5	4	3	2	1	0
加快杰出青年人才成长	5	4	3	2	1	0
加快领军人才成长	5	4	3	2	1	0
对形成创新研究团队的作用	5	4	3	2	1	0
对边远和少数民族地区博士后的扶持作用	5	4	3	2	1	0

19. 您认为博士后基金对科学研究氛围的影响如何？

影响内容	很大正影响	较大正影响	有些正影响	不明显	有些负面影响	难以判断	请选择
对平等和公平竞争科研氛围的影响	5	4	3	2	1	0	
对自由探索、尊重个性科研氛围的影响	5	4	3	2	1	0	
对积极进取、勇于创新科研氛围的影响	5	4	3	2	1	0	
对团结协作科研氛围的影响	5	4	3	2	1	0	
对提倡求真务实形成良好学术风气的影响	5	4	3	2	1	0	

20. 您认为博士后基金对促进学科发展的作用如何？

评价内容	非常大	比较大	一般	比较小	非常小	难以判断	请选择
提升本学科原始创新能力	5	4	3	2	1	0	
推动本学科发展方向更接近科学前沿	5	4	3	2	1	0	
提高本学科解决国家经济社会发展中科学问题的能力	5	4	3	2	1	0	
促进本学科内研究领域的全面发展	5	4	3	2	1	0	
促进本学科与其他学科间的均衡发展	5	4	3	2	1	0	
促进新兴学科发展	5	4	3	2	1	0	
促进交叉学科发展	5	4	3	2	1	0	
扶持弱势学科发展	5	4	3	2	1	0	

21. 您认为博士后科学基金对促进原始创新和高技术产业化的成效如何？

评价内容	非常大	比较大	一般	比较小	非常小	难以判断	请选择
提高基础研究和原始创新成效	5	4	3	2	1	0	
提高高技术研发的成效	5	4	3	2	1	0	
提高科研成果产业化的成效	5	4	3	2	1	0	

22. 您认为博士后科学基金对促进高端人才培养国际化的作用如何？

评价内容	非常大	比较大	一般	比较小	非常小	难以判断	请选择
促进博士后开展国际合作研究	5	4	3	2	1	0	
促进博士后开展国际学术交流	5	4	3	2	1	0	
促进博士后建立国际合作网络	5	4	3	2	1	0	
促进博士后利用海外研究资源	5	4	3	2	1	0	
开拓博士后国际化视野	5	4	3	2	1	0	
提高博士后国际合作能力	5	4	3	2	1	0	

23. 您认为博士后科学基金发展与管理存在的问题与面临的挑战有哪些？（可增加）

序号	博士后科学基金发展存在的问题与面临的挑战
1	
2	

24. 请对博士后科学基金今后发展与管理提出改进建议。（可增加）

序号	对博士后科学基金今后发展的改进建议
1	
2	

附录 5   博士后基金绩效评估问卷分析

博士后基金获资助者问卷分析

一、受访者基本信息

问题 1：填写人信息

本次调查，共 308 所高等院校、149 家科研院所和 45 家企业的 502 名博士后获资助研究人员对问卷进行了反馈，其中流动站人员 406 名，工作站人员 96 名，女性 144 名，男性 358 名，基本统计信息如图 1～图 3 所示。

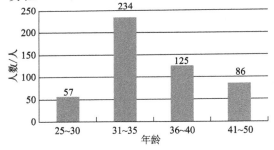

图 1　年龄分布

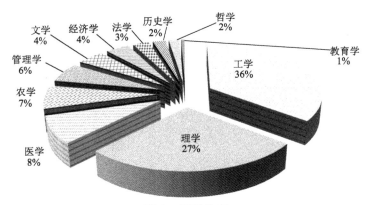

图 2　学科分布

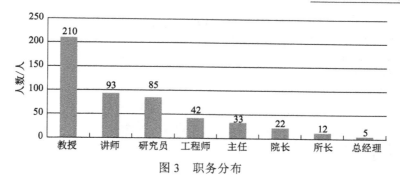

图3　职务分布

问题 2：首次受资助信息

（1）您首次获得国家级科研项目或人才专项资助的类型为？资助额度为？

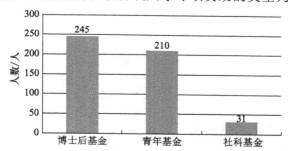

图4　首次获得国家级科研项目或人才专项资助的类型

回答该问题的 501 份问卷中，博士后基金、青年基金和社科基金占据绝大多数比例，另外还有 5 名教育部博士点基金、2 名国家科技支撑计划项目、1 名新世纪优秀人才、1 名国家软科学项目、2 名教育部人文社科规划项目、1 名国家留学基金管理委员会建设高水平大学出国留学项目、1 名教育部哲学社会科学一般项目和 2 名 863 计划项目获得者。

（2）您首次出国参加国际学术会议或学术访问的时间是＿＿＿？是否是受博士后基金资助？

回答该问题的 501 份问卷中，有 410 份显示首次出国参加国际学术会议或学术访问受到博士后基金资助。

问题 3：您在博士后期间主持或参与过哪些类型的国家和省部级科研项目及企业项目？

受访的研究人员中在博士后期间参与的科研项目中，国家自然科学基金和省部级科技计划的较多，参与国家级重大项目和国家间合作项目的比例较小。

表1　博士后期间主持或参与的科研项目类型

计划或项目	主持或参与项目数/项	所占比例/%
国家自然科学基金	333	66.335
省部级科技计划	168	33.466
企业委托项目	82	16.335
973 计划	82	16.135
863 计划	71	14
国家社科基金	56	11.16
国家科技支撑计划	43	8.57
国家重大科技专项	38	7.57
国家国际科技合作计划	18	4
国家重大科学工程	4	0.796
其他	教育部人文社会科学基金、高校博士点专项基金新教师类、教育部社科青年项目、上海市科研项目、学院级项目、总装项目、法学会部级课题、中国社会科学国情调研、省级教学改革项目、教育部博士点基金、省自然科学基金	

二、获博士后基金资助情况

问题4： 在博士后基金资助下，您所从事的研究工作类型为？

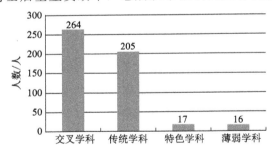

图5　研究人员在博士后基金资助下所从事的研究工作类型

问题5： 您申报博士后基金的动机为？

如表2所示，可以看到博士后研究人员申报博士后基金的主要动机为能够获得经费支持和学术水平得到肯定。

表2　申报博士后基金的动机

动机	选择数/人	所占比例/%
能够获得经费支持	385	76.69

续表

动机	选择数/人	所占比例/%
学术水平得到肯定	317	63.15
获得独立主持科研项目的机会	288	57.37
创新性想法更容易实现	271	53.98
改善科研工作条件	245	49
研究领域和方向得到重视	201	40.04
职业生涯更加顺利	115	22.91
获得学术荣誉	114	22.71
改善生活条件	53	11
其他	5	1

注：其他为增加学术交流机会

问题 6：您近四年（2009～2012 年）发表论文和获得专利总数，其中受博士后基金资助发表论文和获得专利的情况为？

表 3　近四年（2009～2012 年）发表论文和获得专利总数

项目	发表论文或获得专利总数	受博士后基金资助发表论文或获得专利数	所占比例/%
SCI/SSCI 论文	1021	72	7.05
中文核心期刊论文	965	32	3.32
国际专利	4	1	25
中国专利	160	82	51.25

问题 7：在博士后基金资助下，您所取得的科研成果为？

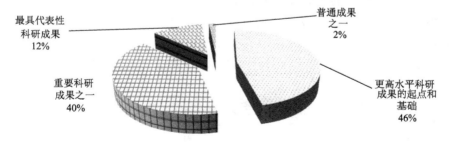

图 6　博士后基金资助下所取得的科研成果

502 位博士后受资助人员，579 种成果类型，既重要又基础的 55 项，既有代表性又基础的 22 项。

问题8：如果没有获得博士后基金资助，您还会开展相同的研究吗？

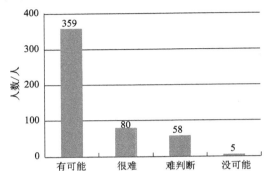

图7　如果未获得博士后基金资助是否会开展相同的研究

问题9：获得博士后基金资助后，部门和单位给予了您哪些优惠措施？

表4　获得博士后基金资助后部门和单位给予的优惠措施

优惠措施	选择数/人	所占比/%
没有获得任何优惠措施	215	42.83
促进了学术地位的提升	190	37.85
专业职务晋升和定岗时得到优先	75	14.94
提供了配套科研经费	50	9.96
在单位各类评优中得到优先	53	10.56
获得资金奖励或其他福利	32	6.37
享受了其他优惠措施	29	5.78
减少了其他工作（如教学）任务量	1	0.20
促进了管理职务的提升	8	1.59

三、对博士后基金组织工作的评价

问题10：近年来，博士后基金面上资助比例为当年进站人数的1/3左右，该资助比例是否合适？

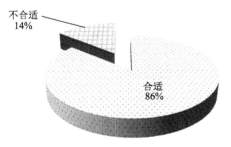

图8　博士后基金获资助者对资助比例的判断

86%（433 位）的博士后受资助人员认为该资助比例合适，14%（69 位）的博士后受资助人员认为该资助比例不合适。

问题 11：近年来，博士后基金面上资助等级分两档：一等资助 8 万元，二等资助 5 万元；博士后基金特别资助 15 万元。上述资助强度是否合适？

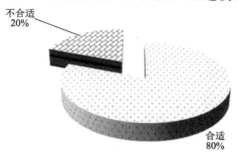

图 9　博士后基金获资助者对资助强度的判断

80%（404 位）的博士后受资助人员认为目前的资助强度合适，20%（98 位）的受访人员认为不合适。

问题 12：目前，博士后基金主要通过面上资助和特别资助两种类型为获资助者提供科研启动或补充经费资助，根据博士后研究工作的需要，博士后基金还需要拓展哪些类型的专项资助？

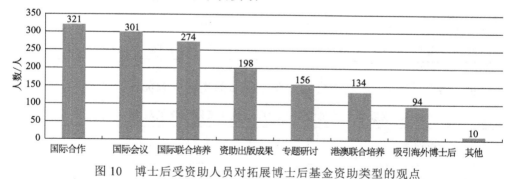

图 10　博士后受资助人员对拓展博士后基金资助类型的观点

由此可见，设立海外资助项目势在必行。

四、博士后基金的作用和影响

问题 13：博士后基金资助与博士后人员后来获得其他荣誉或承担责任的关联度判断。

表5　关联度判断　　　　　　　　　　　单位：人

评价内容	非常大	比较大	一般	比较小	没有关系	难以判断
国家自然科学基金青年科学基金	84	95	45	10	14	248
教育部新世纪优秀人才支持计划	9	5	11	5	6	36
国家优秀青年科学基金获得者	5	3	6	2	7	23
973计划青年科学家专题	1	0	8	7	6	22
百千万人才工程	1	3	6	5	6	21
国家杰出青年科学基金获得者	2	0	8	4	6	20

502位获得博士后基金资助的研究人员中，有370位填写了后来获得的其他荣誉和承担的责任。

问题14：获博士后基金资助对科学研究的国际化有何作用？

表6　对获博士后基金资助对科学研究国际化作用的观点　　　单位：人

评价内容	非常大	比较大	一般	比较小	非常小	难以判断
及时了解国际学术动态	128	169	92	20	17	76
第一次出国参加国际学术会议	37	60	85	32	62	226
在国际杂志上发表文章	119	150	85	19	23	106
促进了与国外学者的交流	47	116	121	38	24	156
开展国际合作研究	40	57	114	55	47	189
利用海外研究条件和资源	27	52	98	45	75	205

问题15：获博士后基金资助对职业生涯的实际影响如何？

表7　对获博士后基金资助对职业生涯实际影响的观点　　　单位：人

评价内容	很大正影响	较大正影响	有些正影响	不明显	有些负面影响	难以判断
提升了在学术界的地位	76	166	136	76	1	47
形成了稳定的研究方向	137	198	98	44	0	25
改善了研究条件和工作环境	131	151	108	74	1	37
提高了科研能力	141	208	109	23	0	21
确立了从事科学研究的职业选择	102	169	132	52	3	44
有助于获得其他科研计划的资助	128	162	121	57	3	31

问题 16：通过博士后基金的资助哪些能力得到了加强？

表 8　对通过博士后基金资助哪些能力得到加强的观点　　单位：人

能力项	选择数/人	所占比例/%
研究组织能力，为以后的科学研究积累了经验	435	86.65
研究效率明显提高，研究进程得到加快	282	56.18
开展重大科学问题的研究能力得到加强	272	54.18
国际合作能力得到加强	86	17.13
其他	17	3.39

问题 17：获博士后基金资助后在科研态度方面的明显变化？

表 9　对获博士后基金资助后对科学研究国际化作用的观点　　单位：人

评价内容	选择数/人	所占比例/%
自信心增强，积极申报其他科研课题	444	88.45
动力更足，对科研工作更加投入	384	76.49
更加重视原创性研究，给自己提出更高的研究目标	351	69.92
工作更加严谨，发表研究成果更加慎重	263	52.39
锐气增加，敢于挑战权威	89	17.72
没有明显变化	5	0.1

问题 18：博士后基金设立在以下机制方面所发挥的作用如何？

表 10　作用判断　　单位：人

评价内容	非常大	比较大	一般	比较小	非常小	难以判断
提供科研启动经费	298	146	42	6	4	6
提供了平等竞争、脱颖而出的机会	209	199	71	9	1	13
科研实践中提高博士后的科学素养	208	214	62	9	1	8
在竞争中提高创新能力	179	215	78	11	5	14
及早发现青年科研才俊	173	183	79	29	7	31
给予精神上的鼓励和荣誉	307	146	34	2	1	12
培养了开拓创新精神	189	216	72	9	2	14

问题 19：博士后基金对周围科学研究氛围的影响如何？

表 11　关于博士后基金对周围科研氛围影响的观点　　单位：人

评价内容	很大正影响	较大正影响	有些正影响	不明显	有些负面影响	难以判断
对平等和公平竞争科研氛围的影响	201	183	84	20	0	14
对自由探索、尊重个性科研氛围的影响	202	180	87	15	0	18
对积极进取、勇于创新科研氛围的影响	205	191	79	15	0	12
对团结协作科研氛围的影响	118	187	112	60	1	24
对提倡求真务实形成良好学术风气的影响	163	192	92	35	1	19

问题 20：博士后基金对促进原始创新和高技术产业化的成效如何？

表 12　关于博士后基金对促进原始创新和高技术产业化成效影响的观点　　单位：人

评价内容	非常大	比较大	一般	比较小	非常小	难以判断
促进基础研究和原始创新成效	171	233	71	9	0	18
促进高技术研发的成效	91	170	153	23	3	62
促进科研成果产业化的成效	55	145	170	47	14	71

问题 21：博士后基金资助对科学研究和价值观有什么影响？

表 13　关于博士后基金资助对科研和价值观影响的观点　　单位：人

评价内容	很大正影响	较大正影响	有些正影响	不明显	有些负面影响	难以判断
学到了遵循严格的科研规范	192	196	84	15	0	15
掌握了科学研究的方法	162	203	104	21	0	12
激发了积极进取，勇于创新的动力	244	191	48	9	0	10
提高了对该研究方向的兴趣	247	183	55	9	0	8
认可自由探索的科研精神	232	187	66	6	0	11
认可公平、公正的价值观	228	172	77	9	1	15

五、博士后基金的定位与意见建议

问题 22：博士后基金在国家科技人才战略和博士后队伍发展中的地位与作用。

（1）博士后基金的资助定位与国家科技人才发展战略的相关性？

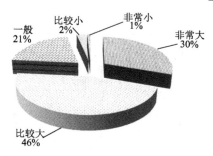

图 11　博士后基金的资助定位与国家科技人才发展战略的相关性判断

（2）博士后基金在针对博士后研究人员科研资助中发挥的作用？

图 12　博士后基金在博士后研究人员科研资助中发挥的作用

（3）博士后基金在青年科技人才资助体系中发挥的作用？

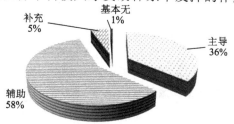

图 13　博士后基金在青年科技人才资助体系中发挥的作用

（4）博士后基金对博士后队伍发展起到的稳定、激励和导向作用？

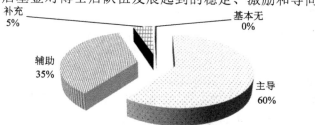

图 14　博士后基金对博士后队伍发展起到的稳定、激励和导向作用

（5）博士后基金对提高博士后研究水平、促进博士后人才成长的作用？

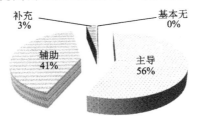

图 15 博士后基金对提高博士后研究水平、促进博士后人才成长的作用

问题 23： 博士后基金设立的宗旨是促进博士后创新人才成长。

（1）博士后科学基金对吸引、发现、引进和培养人才的作用如何？

表 14 博士后基金对吸引、发现、引进和培养人才作用的观点　　单位：人

评价内容	非常大	比较大	一般	比较小	非常小	难以判断
吸引人才	130	172	145	24	15	16
发现、选拔人才	172	199	93	19	6	13
引进海外人才	44	84	188	74	45	67
稳定博士后队伍	185	192	81	17	12	15
培养优秀人才	181	210	76	20	7	8

（2）博士后基金对促进人才成长的作用如何？

表 15 博士后基金对促进人才成长作用的观点　　单位：人

评价内容	非常大	比较大	一般	比较小	非常小	难以判断
创新人才种子基金作用	214	192	68	6	6	16
促进青年科研人员成长	242	206	35	4	5	10
加快杰出青年人才成长	161	195	109	10	8	19
加快领军人才成长	109	157	148	34	16	38
对形成创新研究团队的作用	82	167	162	32	23	36
对边远和少数民族地区博士后的扶持作用	194	152	63	6	10	77

问题 24： 博士后基金发展和管理存在的问题与面临的挑战有哪些？

（1）**基金申请：** 基金评审标准过于注重基金申请人的研究工作经历和已获

得的研究成果；向全职且无其他国家级基金资助的博士后倾斜；特别资助的申请条件严格与在站时间短（申请时间不灵活）矛盾；在职博士后比例偏高，对脱产博士后应予以倾斜；特别资助申请条件较高（短时间出成果会助长学术浮躁之风），建议博士后特别资助应该允许出站两年内或至少一年内的博士后申请。

（2）基金评审：基金申请时间应放宽；基金评审不透明，评审制度应与国家自然科学基金接轨，邮件通知是否获批并获悉专家意见，以更好地改进；区分杰出博士后与普通博士后，避免马太效应。

（3）基金使用：基金资助范围小，地方和非重点院所名额少；基金资助强度不足；博士后进站人数增多，资助比例应上调；对促进流动站（工作站）之间的合作需加强；促进科技成果转化的力度需加强；基金没有出版资助，应拓展博士后基金专项资助，增加有前景的项目、增加博士后国际合作研究、组织专题研讨与交流；资助学科分布不平衡，应扶持弱势学科，依据学科区分资助强度；获得资助时即将出站，不能保证项目连续性；基金支持连贯性差；基金到账不及时；管理单位科研经费的配套与奖励措施；不同学科的资助比例应不同。

（4）基金考核：基金考核标准应延至出站后；无适当的考核制度（中期和结题）。

（5）基金管理：基金监督存在漏洞，基金难以用到具体科研实践（报账不灵活）；博士后出站后，基金无法带走，带来突击花钱（"为使用经费而使用经费"）的隐患，降低了基金使用效率；经费管理过于苛刻，劳务费比例不足，基金的自主支配权有待加强。

（6）基金定位：（国家级、省部级、其他类别）不明确，影响力弱，认可度低，学术地位、职称晋升、奖励申报无帮助。

（7）基金资助：吸引和设立民间或企业支持。

问题 25：请对博士后基金今后的发展与管理提出改进建议。

（1）基金监管：加强使用监管。

（2）基金资助：提高或加大资助比例、资助额度，以及企业博士后基金资助、宣传和奖励力度；参考青年基金，每个级别的资助额度可以给一个范围，根据具体项目，酌情给予资助额度；对不同等级院校博士后基金获得者实行不同的倾斜政策；权衡社会科学类项目和自然科学类项目的差异，并在资金分配上体现出来。

（3）基金评审：提高评审透明度，对资助和不予资助的博士后基金项目均给出相应的建议。

（4）基金定位：确立博士后基金对青年科研人员的引领地位；结题后不提供结题证书或下发结题文件，造成该类项目在河南省得不到承认（其他省的情况不清楚），在职称评审或成果申报等方面得不到认可；提升博士后资助的社会知名度与公众关注度。

（5）基金专项：设立海外来华博士后专项基金；与国际接轨，开展国际研究机构间的博士后交流与学习工作，凝聚各领域博士后，利用国际研发平台，让年轻博士后抢占领域研究的制高点；考虑对优势项目的后续资助，优化资助效益；设立产学研奖励项目，鼓励目前从基础研究向应用研究转变的研究工作。

（6）基金考核：科研成果存在滞后性，应关注长期效应，而不是短期1～3年的成果；博士后基金的2～3年项目完成年限太紧张；严格审核基金获资助者的科研成果；相关政策不完善，如博士后出站必须要求博士后基金完成结题，而不是以基金年限为准，导致有时候博士后基金在博士后出站之前半年或者一年的时候刚刚申请下来，不可能在出站时结题；加强申请成功后基金中期和结题检查，严格按照计划任务书要求完成的进度分阶段拨款和验收；博士后基金的结题时间与博士后出站关联度降低，可以在出站后继续博士后基金的研究，用信用体系来管理博士后基金的使用和项目的完成情况；统一推出高水平的资助成果。

（7）基金管理：适度放宽、灵活运用财务报销制度，加强基金的自主支配权；对于继续从事相关研究的博士后不回收剩余经费，继续资助博士后今后相关课题研究；受在站时间和出站后工作单位等部门变动之间的制约，博士后基金的受资助额度与科研产出之间不成比例，应探索相互衔接的机制，探索受资助期限结束后，相关成果仍可标注受资助情况，且以为新单位所认可的途径，以提升基金声誉。

（8）基金申请：取消特别资助的限额申报；明确学科分类。

博士后设站单位管理人员问卷分析

本次调查，共抽取 76 家博士后科研工作站/流动站作为博士后基金绩效评估的调查对象，其中博士后科研流动站 65 家，博士后科研工作站 10 家（1 家没有选择是流动站还是工作站）。

问题 1：对博士后基金组织管理的了解程度如何？

如图 1 所示，设站单位管理人员对博士后基金发展规划、项目管理办法、专家评审规定和过程及网络信息系统都比较了解。

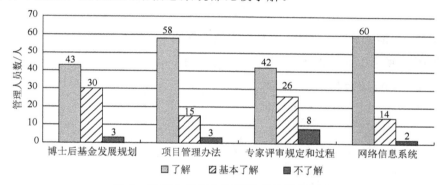

图 1　对博士后基金组织管理的了解程度

问题 2：博士后基金的资助定位与国家科技人才发展战略的相关性？

如图 2 所示，50% 的管理人员认为博士后基金的资助定位与国家科技人才发展战略的相关性比较大，35% 认为非常大。

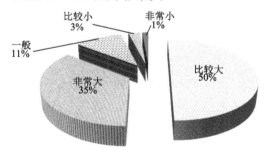

图 2　博士后基金的资助定位与国家科技人才发展战略的相关性的观点

问题 3：博士后基金对设站单位博士后研究人员科研资助渠道的重要性？

如图 3 所示，博士后设站单位基本上都认为博士后基金是博士后科研人员主要或者最主要的资助渠道，但并不是唯一的资助渠道，也不是不重要的资助渠道。

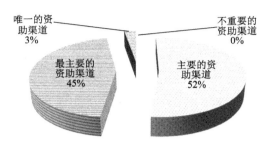

图 3　博士后基金对博士后研究人员科研资助渠道的重要性的观点

问题 4：博士后基金在设站单位针对博士后研究人员科研资助中发挥的作用？

如图 4 所示，53%的设站单位认为博士后基金在博士后科研资助中发挥了主导作用，44%认为起到了辅助作用。

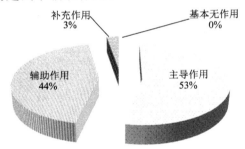

图 4　博士后基金在博士后研究人员科研资助中发挥的作用的观点

问题 5：博士后基金对设站单位博士后队伍发展起到的稳定、激励和导向作用？

如图 5 所示，53%的设站单位认为博士后基金对博士后队伍的稳定、激励及导向起到了主导作用，46%认为起到了辅助作用。

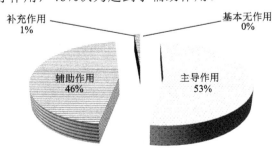

图 5　博士后基金对博士后队伍发展起到的稳定、激励和导向作用的观点

问题 6：博士后基金对提高设站单位博士后研究水平、促进博士后人才成长的作用？

如图 6 所示，53% 的设站单位认为博士后基金对提高设站单位博士后研究水平、促进博士后人才成长具有辅助作用，47% 认为具有主导作用。

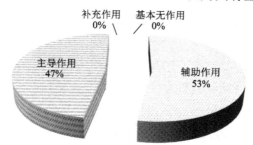

图 6　博士后基金对提高博士后研究水平、促进博士后人才成长的作用的观点

问题 7：对博士后科学基金不同资助类型设置的必要性的评价？

如图 7 所示，74% 左右的设站单位认为博士后基金的面上一等、面上二等、特别资助这三类资助类型的设置是非常必要或有必要的。

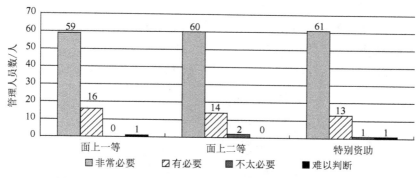

图 7　博士后科学基金不同资助类型设置的必要性的观点

问题 8：设站单位制定的针对博士后基金项目或其承担者的配套措施？

表 1　设站单位制定的针对博士后基金项目或其承担者的配套措施

配套措施名称	制定单位数/家	所占比例/%
把承担博士后基金列为专业职务晋升的条件	24	31.58
为博士后基金项目提供配套科研经费	16	21.05
减少博士后基金项目承担者其他工作（如教学）任务量	7	9.21

续表

配套措施名称	制定单位数/家	所占比例/%
在单位各类评优中，把承担博士后基金项目列为参考依据	62	81.58
给予博士后基金项目承担者资金奖励或其他福利	14	18.42
其他措施（请补充）	6	7.90

选择其他措施项的单位中，列举出的其他措施如下：

（1）作为博士后出站的条件之一。

（2）在进行职称评审时作为一项科研项目。

（3）学校教师以本校身份获得博士后基金资助的，本校一次性奖励 1 万元，以其他高校或工作站身份获得博士后基金资助的一次性奖励 5000 元；博士后在站期间必须申报 1 次博士后基金。

（4）作为中期考核的一项指标。

（5）可作为人才特区聘用人员转为正式在职人员的条件之一。

（6）作为博士后人员的重要业绩。

问题 9：近年来，博士后基金面上资助比例为当年进站人数的 1/3 左右，贵单位认为该资助比例是否合适？

认为不合适的设站单位，主要建议将资助比例提高至 50%左右。

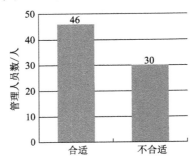

图 8　博士后科学基金面上资助比例是否合适的观点

问题 10：近年来，博士后基金面上资助等级分两档：一等资助 8 万元，二等资助 5 万元；博士后基金特别资助 15 万元。贵单位认为上述资助强度是否合适？

75 家单位回答了该题，认为不合适的设站单位，主要建议将博士后基金的资助强度提高至一等 10 万～15 万元,二等 8 万～10 万元,特别资助 20 万～30 万元。

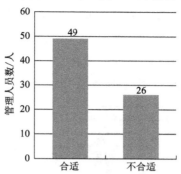

图 9　博士后基金资助强度是否合适的观点

问题 11:目前,获资助博士后出站后,其留存的博士后资金的后期管理如何?

68 家单位回答了该题,其中, 16 家单位认为留存资金可作为博士后的后续科研资金转移到其工作单位,1 家单位表示资金全部花费,11 家单位认为将留存资金作为设站单位的博士后基金管理费用,有 40 家单位认为留存资金应该采取其他的后期管理方式。

(1)部分单位规定此项基金专款专用,全部用于基金项目,部分单位基本没有基金留存。

(2)留在设站单位作为博士后的后续科研资金。

(3)留在原课题组作为科研经费使用,或者安排合适人员继续完成原科研计划,并将经费合理使用。

(4)带领博士后人员用于举办、参与各种学术会议。

(5)继续由博士后用于相关科研工作。

(6)资助其他在站博士后。

(7)博士后留站工作完成课题研究或者博士后出站后以合作研究形式完成相关课题研究。

(8)上缴国家。

(9)督促博士后在出站前使用,留校工作的可以适当延长使用期限。

(10)继续保留在其原来的个人博士后基金账号中,允许其尽快回校报账使用,直至使用完毕。

(11)若博士后留在本单位工作根据本人申请可保留作为科研经费继续使

用，若分配到其他单位，根据本人申请、合作导师意见，保留适当时间继续使用或有条件的转移到其工作单位作为科研资金继续使用。

问题 12：目前，博士后基金主要通过面上资助和特别资助两种类型为获资助者提供科研启动或补充经费资助，贵单位认为根据博士后研究工作的需要，博士后基金还需要拓展哪些类型的专项资助？

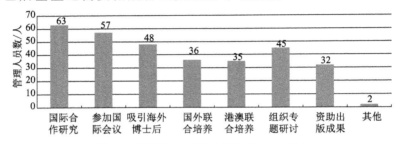

图 10　拓展博士后基金资助类型的观点

选择其他项的单位提出：

（1）以上项目非 985、211 院校都要资助。

（2）增加博士后科研工作站博士后人员费用。

问题 13：目前，博士后基金采取较宽松的后期管理方式，对面上资助和特别资助均没有实行结题验收，只要求获资助者出站时提交资助总结报告。您认为这种宽松的后期管理方式是否合适？

如图 11 所示，75 家单位回答了该题，其中，45 家设站单位管理人员认为宽松的后期管理方式合适，19 家认为不合适的设站单位中，11 家认为面上资助提交资助总结报告，特别资助实行结题验收，8 家认为面上资助和特别资助均要求实行结题验收。11 家设站单位对该问题难以判断。

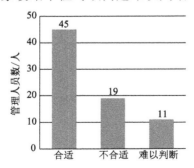

图 11　博士后基金提交总结报告的宽松管理方式是否合适的观点

问题 14：请设站单位对博士后基金面上资助通讯评议的制度安排合理性做出评价。

76 家受调查设站单位中，有 27 家对此题进行了作答，其中 9 家的调查问卷中没有对"评审周期"这一项做出回复。

表 2　对博士后基金面上资助通讯评议制度安排合理性的评价　　　单位：家

评价内容	非常合理	比较合理	一般	比较不合理	非常不合理	难以判断
通讯评议专家的遴选	12	12	1	2	0	0
回避制度	15	10	2	0	0	0
评审标准	11	12	3	1	0	0
评审周期	10	8	0	0	0	0
评审意见的反馈	11	9	1	4	2	0

问题 15：请贵单位对博士后基金特别资助会议评审的制度安排合理性做出评价。

76 家受调查设站单位中，有 25 家对此题进行了作答，其中 9 家的调查问卷中没有对"评审周期"这一项做出回复。

表 3　对博士后基金特别资助会议评审制度安排合理性的评价　　　单位：家

评价内容	非常合理	比较合理	一般	比较不合理	非常不合理	难以判断
会评专家的遴选	12	9	3	1	0	0
回避制度	15	8	0	2	0	0
上会率	10	11	1	0	0	3
评审标准	10	12	0	1	1	1
评审周期	8	7	0	1	0	0
评审意见的反馈	10	8	1	4	2	0

问题 16：贵单位认为博士后科学基金设立在以下机制方面所发挥的作用如何？

表4 对博士后基金所发挥作用的评价   单位：家

评价内容	非常大	比较大	一般	比较小	非常小	难以判断
提供科研启动经费,发挥第一桶金作用	44	25	4	1	0	2
提供了公平竞争、脱颖而出的机会	39	27	8	1	0	1
科研实践中提高博士后的科学素养	41	26	8	1	0	0
在竞争中提高创新能力	34	32	9	0	0	1
及早发现青年科研才俊	40	23	11	2	0	0
给予精神上的鼓励和荣誉，提高科研热情	49	20	5	1	0	1
培养了开拓创新精神	39	23	9	3	1	1

问题 17：

（1）贵单位认为博士后科学基金对吸引、发现、引进和培养人才的作用如何？

表5 博士后基金对吸引发现、引进和培养人才作用的观点   单位：家

评价内容	非常大	比较大	一般	比较小	非常小	难以判断
吸引人才	27	28	18	2	1	0
发现、选拔人才	33	32	9	1	0	1
引进海外人才	15	18	25	10	7	1
稳定博士后队伍	31	29	12	4	0	0
培养优秀人才	31	38	6	1	0	0

（2）贵单位认为博士后基金对促进人才成长的作用如何？

表6 博士后基金对促进人才成长作用的观点   单位：家

评价内容	非常大	比较大	一般	比较小	非常小	难以判断
创新人才种子基金作用	40	32	4	0	0	0
促进青年科研人员成长	38	33	4	1	0	0
加快杰出青年人才成长	34	29	11	0	1	1
加快领军人才成长	24	25	20	4	1	2
对形成创新研究团队的作用	20	27	20	5	2	2
对边远和少数民族地区博士后的扶持作用	36	22	3	1	5	9

问题 18：贵单位认为博士后基金对科学研究氛围的影响如何？

表 7 博士后基金对科研氛围影响的评价　　　单位：家

评价内容	很大正影响	较大正影响	有些正影响	不明显	有些负面影响	难以判断
对平等和公平竞争科研氛围的影响	35	30	7	2	1	1
对自由探索、尊重个性科研氛围的影响	34	34	5	2	0	1
对积极进取、勇于创新科研氛围的影响	36	31	6	2	0	1
对团结协作科研氛围的影响	21	34	16	4	0	1
对提倡求真务实形成良好学术风气的影响	28	34	9	4	0	1

问题 19：贵单位认为博士后基金对促进学科发展的作用如何？

表 8 博士后基金对促进学科发展作用的观点　　　单位：家

评价内容	非常大	比较大	一般	比较小	非常小	难以判断
提升本学科原始创新能力	26	32	14	1	1	1
推动本学科发展方向更接近科学前沿	21	34	14	2	2	2
促进本学科解决国家和社会需求的科学问题的能力	17	34	16	4	0	4
促进本学科内研究领域的全面发展	25	27	14	3	2	4
促进本学科与其他学科间的均衡发展	22	24	21	2	1	5
促进新兴学科发展	23	31	13	4	0	4
促进交叉学科发展	29	24	15	3	0	4
扶持弱势学科发展	25	29	14	3	0	4

问题 20：设站单位认为博士后基金发展与管理存在的问题与面临的挑战有哪些？

（1）定位问题：自然科学基金青年基金等项目资助力度更大，博士后基金如何在博士后培养过程中发挥独特作用、如何更好地发挥种子基金的作用值得思考。

（2）博士后基金分布在地域上、学科上的不平衡等问题，资助强度不够，覆盖面不大。

（3）资助比例不高，特别资助强度不高，对工作站、流动站资助比例不太合理，工作站偏小，资助的大部分是高校研究所，企业很少，并且资助基金使用范围限制较多，有些企业博士后的资金使用还受到企业限制。

（4）目前博士后基金倾向于国家 985 高校，对非重点大学的资助不足，而普通高校的博士后更需要博士后基金来提高科研动力和能力，扩大覆盖面。

（5）增加资助名额，扶持弱势学科，应加强完善小学科、弱专业、新兴学科的资助和评审办法；加强基金的过程管理和考核制度，地方事业单位博士后科研工作站行业传统基础研究较大程度上得不到支持。

（6）增加博士后基金的宣讲到流动站中，加大宣传力度，提高博士后申请积极性；此外仅限定在站博士后申请难以扩大影响力。

（7）应出台该项目属于国家级的相关文件，以便提高其影响力；博士后基金资助项目在不断增多与多样化，但与其相关配套的管理制度发展较不均衡，需加强基金投入使用后的科学化监督和管理。

（8）博士后基金资助申报项目可以与进站研究项目吻合，此外资助时间与进站时间有时间差，与项目有研究执行周期矛盾；博士后基金资助率以进站人数比率来控制，而博士后在站时间仅 2～3 年，容易造成优秀博士后的项目得不到及时资助。

（9）基金评审不够公开，博士后合作导师对博士后能否获得基金起到较大作用。博士后基金资助主要针对人，但又以项目形式申报评审，感觉相互有冲突。基金评审过程中不同的评委掌握尺度难以一致，各学科指标分配、怎样合理公平地排序、怎样平衡是个问题。没有反馈评审意见。

（10）在留存基金的管理问题上，有单位要求博士后在出站前必须用完，这可能带来一些突击花钱的隐忧；若同意离开本单位的博士后继续返回单位报销，则对于其工作不了解，资金使用上也有一定的监管漏洞；在基金经费报销方面，对于报销使用的规定，各单位较难掌握如何管理好经费的使用，使基金发挥更好的作用。

（11）采用何种有效的验收方式，后期管理力度不足。

（12）让在科研上真正需要资助的博士后能得到基金，包括 3 个月以内的短期国际交流及国际会议等。

（13）博士后在站时间较短，不能充分利用 2～3 年的时间将获批项目做得更好、做得深入，而且两批面上资助间隔时间较短，博士后报到一般相对集中在 7 月以后，容易造成 3 月份那批扎堆申报；特别资助"进站满 8 个月申报"的限制时间过长，不利于博士后如期完成工作。

（14）博士后成果转化和应用问题。

问题 21：请对博士后基金今后的发展与管理提出改进建议。

（1）逐渐增强博士后日常经费、博士后基金的资助强度和广度，提高经费资助比例。

（2）调整经费资助的领域并适度向内地省份倾斜，多倾向于普通高校，偏向资助教育欠发达地区的博士后或省属院校的博士后研究人员；加大对学校特色学科建设的支持力度，在获得资助方面给予一定倾斜；加大对西北地区博士后资助的覆盖面和资助力度，设立西部地区专项；做到同等公平。

（3）扩大博士后基金资助的范围和资助金额，适当增加资助数量，让大多数人可以在创新初期有启动性经费；建议增加每年申请次数。

（4）基金申请表中增加进行国际短期交流、国际会议等内容，可以逐步增加博士后国际合作专项基金。加大对弱小学科、边缘学科、交叉学科及应用研究的支持力度，对新兴学科、交叉学科、特殊选题等项目，设立绿色通道，每年设立一定数量的经费进行特殊资助，注重博士后基金在自然科学与社会科学领域分布均衡。

（5）在对基金评审的专家遴选中，应适当考虑边缘学科，不能完全回避申请单位的边缘学科专家。反馈专家评审意见，加强对博士后申报基金的指导；建议评审中多参考博士后课题内容，弱化导师对基金评审的影响。匿名评审，审核过程公开化，专家结论公开化，缩短评审周期。

（6）加大对博士后科研工作站博士后的资助力度；扩大资助基金使用范围。

（7）配套以严谨的基金项目结题验收和基金绩效评估体系。加强基金管理，建议给每个获资助课题一个预算批复，方便设站单位审批博士后经费适用范围。加强对博士后资助基金用途及效果的管理，对获得资助的项目进行更好的管理、跟踪，建议面上资助提交资助总结报告，特别资助项目实行结题验收。

（8）应允许博士后进站后即可申请基金；对于获得资助的博士后人员，允许其延长博士后研究期限；建议考虑对出站后的博士后研究人员（2～5 年以内），继续进行资助申请。

（9）加大博士后基金的宣传力度，促进用人单位将博士后基金纳入职称晋升、奖励考核体系。

（10）建议明确中国博士后科学基金是怎样的级别（如国家级或省部级等），这对博士后今后申报职称、奖项等很重要。

（11）两批面上资助分成上半年和下半年，如果考虑财政拨付问题都在上半年，建议提高第一次申报中标比例。特别资助对进站时间限制缩短至 3 个月，特别资助放宽对排名前 20 高校 1/15 的限制。

（12）加强博士后基金成果的资助出版，加强博士后基金成果的应用。

博士后基金评审专家调查问卷分析

本次调查共抽取博士后评审专家 646 位，其中有 177 位既没有参加过通讯评审，也没有参加过会议评审，为确保数据的准确性，去除这些问卷，剩余有效问卷共 469 份。基本信息如下。

（1）受调查的 469 位评审专家的年龄层主要集中在 40～49 岁，年龄分布如图 1 所示。

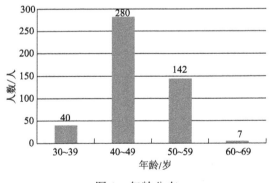

图 1　年龄分布

（2）受调查的评审专家中，357 位拥有博士学历，95 位拥有硕士学历，17 位拥有本科学历。

（3）受调查的评审专家中，4 位获得研究员职称，10 位获得教授职称。

（4）受调查评审专家职务分布如图 2 所示。

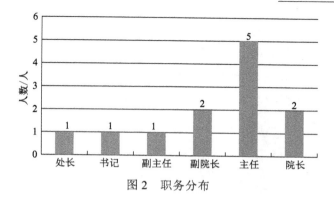

图 2　职务分布

（5）受调查评审专家所从事的学科领域分布如图 3 所示。

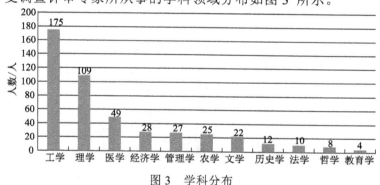

图 3　学科分布

（6）受调查的评审专家中，465 位评审专家参加过通讯评审，27 位参加过会议评审，其中 23 位既参加过通讯评审，又参加过会议评审。

问题 1：对博士后基金组织管理的了解程度如何？

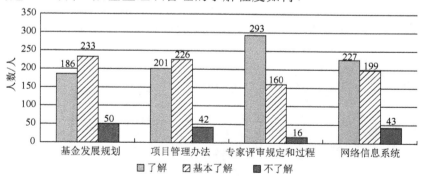

图 4　对博士后基金组织管理的了解程度

问题 2：博士后基金的资助定位与国家科技人才发展战略的相关性？

如图 5 所示，58%的评审专家认为博士后基金的资助定位与国家科技人才

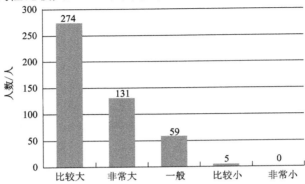

发展战略的相关性比较大，28%认为非常大。

图 5　博士后基金的资助定位与国家科技人才发展战略的相关性的观点

问题 3：博士后基金作为博士后研究人员科研资助渠道的重要性？

如图 6 所示，55%的评审专家认为博士后基金是博士后科研人员的主要资助渠道，40%的评审专家认为是最主要的资助渠道。

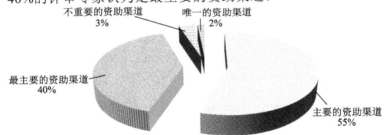

图 6　博士后基金作为博士后研究人员科研资助渠道的重要性的观点

问题 4：博士后基金在博士后研究人员科研资助中发挥的作用？

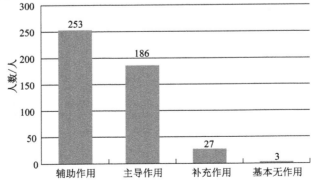

图 7　博士后基金在博士后研究人员科研资助中发挥的作用的观点

问题 5：博士后基金对博士后队伍发展起到的稳定、激励和导向作用？

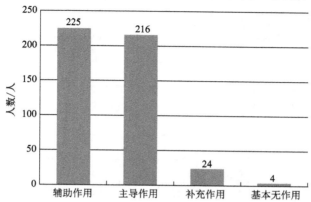

图 8 博士后基金对博士后队伍发展起到的稳定、激励和导向作用的观点

问题 6：博士后基金对提高博士后研究水平、促进博士后人才成长的作用？

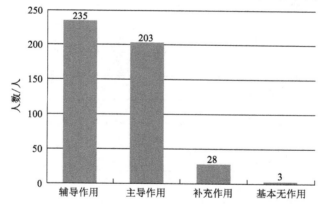

图 9 博士后基金对提高博士后研究水平、促进博士后人才成长的作用的观点

问题 7：现行的博士后基金的资助导向是否适当？

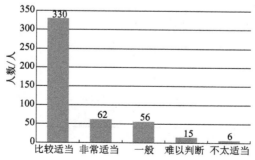

图 10 对现行的博士后基金资助导向是否适当的观点

问题 8：现行的博士后基金的评审原则是否适当？

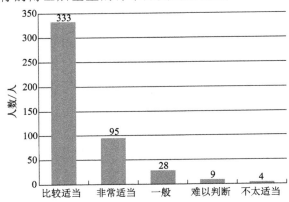

图 11 对现行的博士后基金评审原则是否适当的观点

问题 9：现行的博士后基金的资助格局与其战略定位是否相适应？

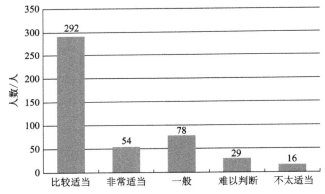

图 12 对现行的博士后基金的资助格局与其战略定位是否相适应的观点

问题 10：对博士后基金不同资助类型设置的必要性的评价？

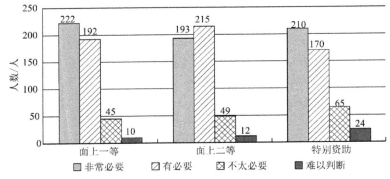

图 13 对博士后科学基金不同资助类型设置的必要性的观点

问题 11：近年来，博士后基金面上资助比例为当年进站人数的 1/3 左右，该资助比例是否合适？

认为不合适的评审专家，大部分建议将博士后基金的面上项目资助比例提高至 50%左右。

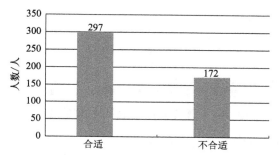

图 14　博士后基金面上资助比例是否合适的观点

问题 12：近年来，博士后基金面上资助等级分两档：一等资助 8 万元，二等资助 5 万元；博士后基金特别资助 15 万元。上述资助强度是否合适？

认为不合适的评审专家，主要建议将博士后基金的资助强度提高至一等 10 万~15 万元，二等 8 万~10 万元，特别资助 20 万~30 万元。

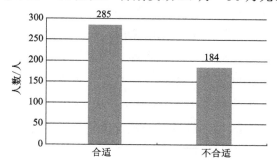

图 15　博士后科学基金资助强度是否合适的观点

问题 13：目前，博士后基金主要通过面上资助和特别资助两种类型为获资助者提供科研启动或补充经费资助，贵单位认为根据博士后研究工作的需要，博士后基金还需要拓展哪些类型的专项资助？

选择其他项的评审专家认为：

（1）让博士后自己决定如何使用这笔资金。

（2）博士后能在其中提取一定报酬。

（3）增加实地调研的资助。

（4）增加技术成果转化的资助。

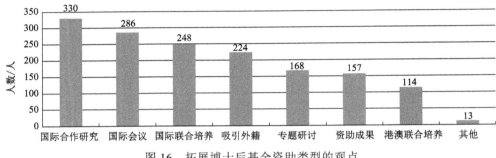

图 16　拓展博士后基金资助类型的观点

问题 14： 目前，博士后基金采取较宽松的后期管理方式，对面上资助和特别资助均没有实行结题验收，只要求获资助者出站时提交资助总结报告。这种宽松的后期管理方式是否合适？

如图 17 所示，58%的评审专家认为博士后基金的宽松管理方式是不合适的，其中 124 名评审专家认为面上资助应提交资助总结报告，特别资助应实行结题验收，127 名评审专家认为面上资助和特别资助均应实行结题验收，20 名评审专家提供了其他管理方式：①面上资助和特别资助均要求实行结题验收，实行匿名专家函评或者专家网评验收；②组织函评结题，对未达到标准的课题组予以几年内停止申报的处罚，或退回部分研究经费；③建议以博士后期间最重要的研究成果作为评判标准；④同行验收并评价支撑项目申请书中创新点的研究成果，对论文数量不作要求，只评价研究成果的创新程度及成果应用价值；⑤可考核结题后 3 年内的后续贡献；⑥规定成果标准，进行结项验收。

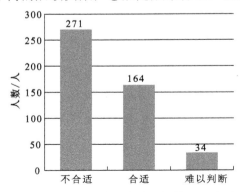

图 17　博士后基金提交资助总结报告的宽松管理方式是否合适的观点

问题 15：对博士后基金面上资助通讯评议的制度安排合理性做出评价。

表 1　对博士后基金面上资助通讯评议制度安排合理性的评价　　　单位：人

评价内容	非常合理	比较合理	一般	比较不合理	非常不合理	难以判断
通讯评议专家的遴选	139	264	30	3	1	28
回避制度	232	187	31	0	1	14
评审标准	140	266	42	5	0	12
评审周期	134	253	52	5	2	19
评审意见的反馈	139	220	80	7	3	16

问题 16：对博士后基金特别资助会议评审的制度安排合理性做出评价。

表 2　对博士后基金特别资助会议评审的制度安排合理性的评价　　　单位：人

评价内容	非常合理	比较合理	一般	比较不合理	非常不合理	难以判断
会评专家的遴选	9	12	2	0	0	4
回避制度	8	11	3	0	0	5
上会率	7	10	5	2	0	3
评审标准	9	14	1	0	0	3
评审周期	9	11	2	0	0	5
评审意见的反馈	7	10	4	0	0	6

问题 17：博士后基金设立在以下机制方面所发挥的作用如何？

表 3　博士后基金设立发挥作用的评价　　　单位：人

评价内容	非常大	比较大	一般	比较小	非常小	难以判断
提供科研启动经费，发挥第一桶金作用	213	178	59	7	6	6
提供了公平竞争、脱颖而出的机会	161	202	83	10	5	8
科研实践中提高博士后的科学素养	143	212	82	13	8	11
在竞争中提高创新能力	129	217	95	12	11	5
及早发现青年科研才俊	123	207	100	17	9	13
给予精神上的鼓励和荣誉，提高科研热情	224	183	49	4	3	6
培养了开拓创新精神	124	200	107	20	9	9

问题 18：

（1）博士后基金对吸引、发现、引进和培养人才的作用如何？

表 4　博士后基金对吸引、发现、引进和培养人才作用的评价　　单位：人

评价内容	非常大	比较大	一般	比较小	非常小	难以判断
吸引人才	94	180	150	21	12	12
发现、选拔人才	102	219	111	19	9	9
引进海外人才	65	103	177	69	37	18
稳定博士后队伍	89	153	133	51	28	15
培养优秀人才	118	207	110	20	8	6

（2）博士后基金对促进人才成长的作用如何？

表 5　博士后基金对促进人才成长作用的观点　　单位：人

评价内容	非常大	比较大	一般	比较小	非常小	难以判断
创新人才种子基金作用	170	205	74	6	6	8
促进青年科研人员成长	174	230	51	6	5	3
加快杰出青年人才成长	129	191	118	17	9	5
加快领军人才成长	74	174	155	38	17	11
对形成创新研究团队的作用	69	167	160	40	22	11
对边远和少数民族地区博士后的扶持作用	190	192	61	6	5	15

问题 19：博士后基金对科学研究氛围的影响如何？

表 6　博士后基金对科研氛围影响的观点　　单位：人

评价内容	很大正影响	较大正影响	有些正影响	不明显	有些负面影响	难以判断
对平等和公平竞争科研氛围的影响	130	224	87	20	1	7
对自由探索、尊重个性科研氛围的影响	147	229	70	15	3	5
对积极进取、勇于创新科研氛围的影响	129	231	87	16	2	4
对团结协作科研氛围的影响	82	173	143	56	2	13
对提倡求真务实形成良好学术风气的影响	101	192	114	49	2	11

问题 20： 博士后基金对促进学科发展的作用如何？

表 7　博士后基金对促进学科发展作用的观点　　　单位：人

博士后基金对促进人才成长作用的观点评价内容	非常大	比较大	一般	比较小	非常小	难以判断
提升本学科原始创新能力	84	214	140	12	6	13
推动本学科发展方向更接近科学前沿	88	208	136	18	8	11
促进本学科解决国家和社会需求的科学问题的能力	63	184	164	33	9	16
促进本学科内研究领域的全面发展	66	188	158	36	10	11
促进本学科与其他学科间的均衡发展	61	188	157	31	10	22
促进新兴学科发展	88	183	144	25	10	19
促进交叉学科发展	93	187	142	24	6	17
扶持弱势学科发展	106	164	143	26	10	20

问题 21： 博士后基金对促进原始创新和高技术产业化的成效如何？

表 8　博士后基金对促进原始创新和高技术产业化的成效的观点　　　单位：人

评价内容	非常大	比较大	一般	比较小	非常小	难以判断
促进基础研究和原始创新的成效	91	205	128	17	9	19
促进高技术研发的成效	50	156	187	40	10	26
促进科研成果产业化的成效	40	114	207	54	23	31

问题 22： 博士后基金对促进高端人才培养国际化的作用？

表 9　博士后基金对促进高端人才培养国际化作用的观点　　　单位：人

评价内容	非常大	比较大	一般	比较小	非常小	难以判断
促进博士后开展国际合作研究	48	139	200	53	11	18
促进博士后开展国际学术交流	59	174	166	43	13	14
促进博士后建立国际合作网络	45	120	214	52	20	18
促进博士后利用海外研究资源	44	140	189	61	18	17
开拓博士后国际化视野	74	176	141	52	14	12
提高博士后国际合作能力	54	153	176	52	16	18

问题 23：博士后基金发展与管理存在的问题与面临的挑战有哪些？

（1）成果管理方式宽松，对面上资助和特别资助均没有实行结题验收，只要求获资助者出站时提交资助总结报告。面上资助和特别资助项目每年都应该有年度工作进展报告，以促使获资助者投入工作；如果申请特别资助，一定要对面上资助过的项目实行结题验收，并作为特别资助的依据。

（2）项目的验收评价等管理较松散，研究成果可公开化；缺乏对基金使用效果的监控和管理；缺乏出站后的跟踪。

（3）资助力度偏小，资助周期较短，资助时间滞后，资助面较窄，重点支持方向不明确；基础学科领域、应用型研究项目和边疆民族地区的资助名额较少，对于那些国家急需的研究项目和跨学科领域可加大资助力度；不同学科的资助金应区别评审。

（4）资助经费不方便管理。

（5）博士后基金集中于几个主要的、著名的高校，西部及边疆地区高校入选者寥寥无几，存在区域及高校分布不均衡，对部分地方高校和科研团队的倾斜力度不够，流动站和工作站受资助比例需要合理确定。

（6）博士后基金项目内容中，许多是博士论文的变相重复和变形或者是与合作导师的项目内容重复，大多数申报项目水平低，原创性程度低，自我创新性不够；项目的资金投入不足，研发周期较短，难以出高水平成果；选题深度和务实性不够；产业化成效低。

（7）有些单位会限制博士后基金特别资助的申报名额，有的高校内定申报人员，这种名额分配的方式大大打击了青年学者的积极性；申报的标书并非高质量，规范性不强。

（8）基金宣传力度不够，面对国家青年基金资助数量的增加，博士后基金的作用和影响力相对减小，需要使博士后分布的范围更大，促使更多的博士后申请基金，并提高博士后对基金的重视程度。如何招收高质量的博士后，促进博士后的国际联合培养，如何使该基金成为科研项目申请的典范而不是成为个人奖励基金，并且在今后博士后的职称和科研考核中发挥作用，也是需要思考的问题。

（9）资助方式过于单一，国际合作和交流力度不够，缺少相关领域交流与合作平台、团队建设基金、企业或市场技术需求信息发布平台等。

（10）评议机制还未能非常好地适应经济、社会的发展，评审项目与评审专家研究领域有不一致的现象发生，评审专家的遴选需要规范；评审时往往是看基金申请人博士阶段的论文及论文被 SCI 检索的情况，导致项目缺乏竞争和创新；评审意见没有反馈给申请人，透明度不够；回避原则不彻底，不能真正做到公平有效；评审标准的科学性不能充分体现。

（11）许多申报项目是以导师的项目为依据，但是基金对导师没有相关资金补贴，不利于提高导师的积极性。

（12）博士后基金的等级认定，国家级？省部级？需要思考如何提高博士后基金资助与国家科技创新发展、国家高级人才培养之间的关联度。

问题 24：请对博士后基金今后的发展与管理提出改进建议。

（1）建立严格的考核制度，加强后期管理，特别是评价验收管理，面上资助和特别资助均要求实行结题验收，可明确发表文章的数量及水平等定量化要求；可以对博士后基金项目进行中期评议；增加年度考核和结题考核；或者可以考虑在博士后出站两年后考核，由博士后自主选择提交结题报告的时间，这样可以得到更合理的评价。

（2）加强成果管理，成果公开化；基金发展可以向产业化方向倾斜；跟踪和扶持优秀的博士后研究计划。

（3）多元化的资金投入机制，在财政允许的情况下，应尽可能大幅度提高资助金额，加大资助力度，提高资助比例，资助周期可以更灵活，明确"是否可申请博士后科学基金"与"博士后目前已在站时间"的关系；加大对博士后研究人员从事原始创新、集成创新、引进消化吸收再创新研究工作的择优资助力度，加大对重大科学问题、国家重大需求问题的项目支持；鼓励真正自由的科技探索，特别鼓励交叉学科和新兴学科的探索研究，资助有重大产业前景和国家急需的产业的基础研究。

（4）加强对博士后基金使用的监督；明确资金预算比例；规范资金的使用，明确规定博士后人员的人头费比例。

（5）鼓励创新，可对原创性研究加大支持力度，突出对探索性的理论创新项目的资助，择优支持一批具有原创性、创新性和非共识的前沿性创新项目。

（6）加大对中西部地区博士后的资助，对 985 以外的高校给予适当倾斜，扶持基础研究、弱势学科和边远地区；应该向与社会现实问题结合紧密的选题侧重和倾斜；增加对女性博士后的资助。

（7）规定博士后基金资助工作必须具有创新研究内容，对于与博士论文或者导师课题重复率较高者，不能通过申请；建立筛查制度，减少重复申报；规范申请书的格式；对申请的项目实行初次遴选、二次遴选，只有进入初次遴选的项目，才有可能二次遴选获得资助；为申请人员提供辩解的机会。

（8）建议放开博士后基金特别资助申报名额的限制，实行自由申报。

（9）做好宣传工作，有一个定期的宣传与传播机制，扩大基金的影响；并且与其他基金相联系，尽量减少重复投入；扩大博士后基金在职称评定、人才荣誉称号方面的分量。

（10）拓展组织专题研讨和交流、国际化信息平台、博士后国际合作研究专项资助，扩展国际合作空间，并推动原创成果的国际化；设立企业博士后专项基金；资助博士后参加各种重要会议的经费；设立优秀外籍博士后资助专项；增大海外博士后申请基金的比例和资助额度；建议与国家留学基金管理委员会合作，将部分资助转为专门面向博士后的留学资助；设立赴国外实验室的博士后基金，资助额度与当地博士后待遇相当；增加联合培养博士后专项。

（11）加强专家指导；加强单位之间、博士后之间的横向合作；提高资助课题的质量；组织建设多渠道、多学科技术交流与合作公共平台。

（12）建立严格的评审体系。完善资助评审标准，制定适合工作站、流动站特点的相应资助评审标准；公平评选项目；评审专家引入国际专家，打破国内的学术垄断；对基础学科与应用学科应该区分评审；评审不应以分数见分晓，而要充分考虑个别专家的中肯意见；保证评审专家与项目研究领域的一致性；评审意见应及时反馈；实施回避制度；根据不同的学科，确定不同的考核指标。

（13）建立奖励制度，可对利用该基金取得重大科研突破或重要科研贡献的博士后科研工作站予以资助名额奖励，对优秀博士后及博士后导师也有一定的奖励政策。

附录6　博士后基金项目绩效综合评价结果

　　附录6为本书第4章所提9个一级学科的博士后基金项目绩效综合评价结果，其中二级指标参与国家级科研项目数、参与省部级科研项目数、主持国家级科研项目数、主持省部级科研项目数、获得国家级人才计划支持、获得省部级人才计划支持在数据源表中均空缺，指标国家级研究平台主要指国家重点实验室、国家工程（技术）研究中心、国家工程实验室、国家重点学科基地、985工程创新研究基地、企业国家技术中心，其他平台指依托院士团队、科学基金创新群体、科技部创新团队、教育部创新团队。

材料科学与工程

特别资助

资助编号	国家级平台/个	其他平台/个	国家奖/项	省部级奖/项	国际奖/项	国际报告/篇	国内报告/篇	中文核心期刊论文数/篇	SCI/SSCI/EI收录期刊论文数/篇	中文专著部	外文专著部	中国专利/项	国际专利/项	软件著作权/数据库/项	新仪器/新方法/项	成果推广/项	经济效益/万元	分值/分
2012T50760	1	0	0	0	0	1	0	0	21	1	0	3	0	0	0	3	465	25.1
2013T60894	1	0	0	0	0	1	2	5	4	0	0	0	0	0	0	0	0	13.48
2013T60666	0	1	0	0	0	0	0	5	10	0	0	4	0	0	0	5	100	12.55
2013T60461	1	0	0	0	0	1	0	0	1	0	0	0	0	0	0	0	0	9.48
2012T50776	1	0	0	0	0	0	0	5	5	0	0	0	0	0	0	0	0	8.96
2013T60888	1	0	0	0	0	0	0	3	3	0	0	0	0	0	0	0	0	7.77
2013T60291	0	0	0	0	0	0	1	5	5	0	0	0	0	0	0	0	0	6.96

续表

资助编号	国家级平台/个	其他平台/个	国家奖/项	省部级奖/项	国际奖/项	国际报告/篇	国内报告/篇	中文核心期刊论文数/篇	SCI/SSCI/EI收录期刊论文数/篇	中文专著/部	外文专著/部	中国专利/项	国际专利/项	软件著作权/数据库/项	新仪器/新方法/项	成果推广/项	经济效益/万元	分值/分
2013T60344	0	0	0	0	0	1	1	0	6	0	0	0	0	0	0	0	0	6.86
2013T60521	1	0	0	0	0	0	0	1	1	0	0	0	0	0	0	0	0	6.59
2013T60608	1	0	0	0	0	0	0	0	1	0	0	0	0	0	0	0	0	6.12
2013T60716	1	0	0	0	0	0	0	0	0	0	0	0	0	0	0	0	0	6
2013T60522	1	0	0	0	0	0	0	0	0	0	0	0	0	0	0	0	0	6
2013T60610	0	1	0	0	0	0	0	2	2	0	0	0	0	0	0	0	0	5.18
2013T60068	0	0	0	0	0	0	0	6	6	0	0	0	0	0	0	0	0	3.55
2013T60609	0	0	0	0	0	0	0	0	5	0	0	0	0	0	0	0	0	2.38
2013T60462	0	0	0	0	0	0	0	0	0	0	0	0	0	0	0	0	0	0.95
2013T60861	0	0	0	0	0	0	0	1	1	0	0	0	0	0	0	0	0	0.59

面上资助

资助编号	国家级平台/个	其他平台/个	国家奖/项	省部级奖/项	国际奖/项	国际报告/篇	国内报告/篇	中文核心期刊论文数/篇	SCI/SSCI/EI收录期刊论文数/篇	中文专著/部	外文专著/部	中国专利/项	国际专利/项	软件/数据库/项	新仪器/新方法/项	成果推广/项	经济效益	分值/分
20100480677	1	0	0	0	0	2	2	10	20	0	0	2	0	0	0	2	145	26.39
2011M500565	0	1	1	0	0	2	4	8	8	0	0	2	0	0	0	0	0	22.23
20110491499	1	0	0	0	0	1	0	8	15	0	0	3	0	0	0	0	0	18.57
20110490114	0	0	0	0	0	0	0	26	19	1	0	2	0	0	0	0	0	16.05
2013M530250	1	0	0	0	0	2	0	4	7	0	0	0	0	0	0	0	0	15.79

续表

资助编号	国家级平台/个	其他平台/个	国家奖/项	省部级奖/项	国际奖/项	国际报告/篇	国内报告/篇	中文核心期刊论文数/篇	SCI/SSCI/EI收录期刊论文数/篇	中文专著/部	外文专著/部	中国专利/项	国际专利/项	软件/数据库/项	新仪器/新方法/项	成果推广/项	经济效益	分值/分
2013M542340	1	0	0	0	0	2	0	3	5	0	0	1	0	0	0	0	0	15.23
2012M521329	1	0	0	0	0	0	0	5	10	0	0	4	0	0	0	5	100	14.55
2012M511975	1	0	0	0	0	0	3	7	7	0	0	2	0	0	0	0	0	14.14
2012M511750	1	0	0	0	0	1	1	5	5	0	0	0	0	0	0	2	0	13.36
2012M510949	1	0	0	0	0	0	0	12	10	0	0	2	0	0	0	0	0	13.15
2012M511661	0	0	0	0	0	0	0	22	21	0	0	0	0	0	0	0	0	12.54
2011M501473	1	0	0	0	0	0	0	5	10	0	0	0	0	0	0	0	0	12.34
2012M511391	1	0	0	0	0	0	2	2	2	0	0	4	0	0	0	0	0	11.18
2012M512039	1	0	0	0	0	1	2	1	0	0	0	0	0	0	0	0	0	11.12
2012M520027	0	0	0	0	0	1	1	12	12	0	0	0	0	0	0	0	0	11.1
2012M511269	1	0	0	0	0	0	1	7	6	0	0	0	0	0	0	0	0	10.66
2011M501287	1	0	0	0	0	0	1	0	1	1	0	0	0	0	0	0	0	10.48
2012M511501	1	0	0	0	0	1	0	0	3	0	0	0	0	0	0	0	0	10.43
2012M510819	0	1	0	0	0	1	0	3	3	0	0	3	0	0	0	0	0	10.27
2012M510369	1	0	0	0	0	1	0	2	2	0	0	0	0	0	0	0	0	10.18
2012M511500	1	0	0	0	0	0	0	7	7	0	0	0	0	0	0	0	0	10.14
2011M500446	1	0	0	0	0	0	0	7	7	0	0	0	0	0	0	0	0	10.14
20110490176	1	0	0	0	0	0	0	5	3	0	0	3	0	0	0	0	0	9.71

续表

资助编号	国家级平台/个	其他平台/个	国家奖/项	省部级奖/项	国际奖/项	国际报告/篇	国内报告/篇	中文核心期刊论文数/篇	SCI/SSCI/EI收录期刊论文数/篇	中文专著/部	外文专著/部	中国专利/项	国际专利/项	软件/数据库/项	新仪器/新方法/项	成果推广/项	经济效益	分值/分
2012M520047	1	0	0	0	0	1	0	1	1	0	0	0	0	0	0	0	0	9.59
2012M511458	1	0	0	0	0	0	0	4	3	0	0	3	0	0	0	0	0	9.39
2011M500127	1	0	0	0	0	0	1	4	4	0	0	0	0	0	0	0	0	9.37
2012M520604	1	0	0	0	0	0	0	3	6	0	0	0	0	0	0	0	0	9.2
20110491763	0	1	2	0	0	0	0	0	0	0	0	0	0	0	0	0	0	9
2011M500147	1	0	0	0	0	0	0	5	5	0	0	0	0	0	0	0	0	8.96
20110490709	0	1	0	0	0	0	0	8	7	0	0	1	0	0	0	0	0	8.76
2012M511997	1	0	0	0	0	0	0	0	4	0	0	1	0	0	0	0	0	8.4
2012M511799	1	0	0	0	0	0	0	4	4	0	0	0	0	0	0	0	0	8.37
2012M511250	1	0	0	0	0	0	0	4	4	0	0	0	0	0	0	0	0	8.37
2013M540359	0	0	0	0	0	2	0	4	4	0	0	0	0	0	0	0	0	8.37
2013M530619	1	0	0	0	0	0	1	2	2	0	0	0	0	0	0	0	0	8.18
2012M510766	1	0	0	0	0	0	0	0	3	0	0	1	0	0	0	0	0	7.93
20110490774	1	0	0	0	0	0	0	0	4	0	0	0	0	0	0	0	0	7.9
20110491562	0	1	0	0	0	0	1	0	6	0	0	0	0	0	0	0	0	7.86
2012M511249	1	0	0	0	0	0	0	3	3	0	0	0	0	0	0	0	0	7.77
2012M510556	1	0	0	0	0	0	0	0	1	0	0	0	0	0	0	1	0	7.48
2011M501294	1	0	0	0	0	0	0	3	2	0	0	0	0	0	0	0	0	7.3

续表

资助编号	国家级平台/个	其他平台/个	国家奖/项	省部级奖/项	国际奖/项	国际报告/篇	国内报告/篇	中文核心期刊论文数/篇	SCI/SSCI/EI收录期刊论文数/篇	中文专著/部	外文专著/部	中国专利/项	国际专利/项	软件/数据库/项	新仪器/新方法/项	成果推广/项	经济效益	分值/分
2012M521800	1	0	0	0	0	0	0	2	2	0	0	0	0	0	0	0	0	7.18
2012M520694	1	0	0	0	0	0	0	2	2	0	0	0	0	0	0	0	0	7.18
2011M501322	1	0	0	0	0	0	0	2	2	0	0	0	0	0	0	0	0	7.18
2011M501128	1	0	0	0	0	0	0	1	2	0	0	0	0	0	0	0	0	7.07
2012M521168	1	0	0	0	0	0	0	0	2	0	0	0	0	0	0	0	0	6.95
2012M520943	0	0	0	0	0	2	0	0	2	0	0	0	0	0	0	0	0	6.95
2012M511802	1	0	0	0	0	0	0	0	2	0	0	0	0	0	0	0	0	6.95
2012M511210	0	0	0	0	0	2	0	0	2	0	0	0	0	0	0	0	0	6.95
2012M520166	1	0	0	0	0	0	0	3	0	0	0	0	0	0	0	0	0	6.82
2012M511748	1	0	0	0	0	0	0	3	1	0	0	0	0	0	0	0	0	6.82
2012M520264	1	0	0	0	0	0	0	1	1	0	0	0	0	0	0	0	0	6.59
2012M511390	1	0	0	0	0	0	0	1	1	0	0	0	0	0	0	0	0	6.59
2011M501471	1	0	0	0	0	0	0	1	1	0	0	0	0	0	0	0	0	6.59
2012M511360	1	0	0	0	0	0	0	0	1	0	0	0	0	0	0	0	0	6.48
2011M501193	0	0	0	1	0	1	0	2	2	0	0	0	0	0	0	0	0	6.18
2012M511393	0	1	0	0	0	0	0	2	4	0	0	0	0	0	0	0	0	6.14
2012M520926	0	0	0	0	0	1	0	0	6	0	0	0	0	0	0	0	0	5.86
2012M520634	0	0	0	0	0	1	1	2	1	0	0	0	2	0	0	0	0	5.71

续表

资助编号	国家级平台/个	其他平台/个	国家奖/项	省部级奖/项	国际奖/项	国际报告/篇	国内报告/篇	中文核心期刊论文数/篇	SCI/SSCI/EI收录期刊论文数/篇	中文专著/部	外文专著/部	中国专利/项	国际专利/项	软件/数据库/项	新仪器/新方法/项	成果推广/项	经济效益	分值/分
2012M521330	0	1	0	0	0	0	0	0	3	0	0	0	0	0	0	0	0	5.43
2012M510788	0	0	0	1	0	0	0	0	5	0	0	2	0	0	0	0	0	5.38
2011M500085	0	0	0	0	0	0	0	9	9	0	0	0	0	0	0	0	0	5.32
2011M500214	0	0	0	0	0	0	0	0	10	0	0	1	0	0	0	0	0	5.26
2012M510178	0	1	0	0	0	0	0	2	2	0	0	0	0	0	0	0	0	5.18
2012M520391	0	0	0	0	0	0	2	5	5	0	0	0	0	0	0	0	0	4.96
2011M501395	0	0	0	0	0	0	0	0	10	0	0	0	0	0	0	1	0	4.96
2012M511544	0	1	0	0	0	0	0	0	2	0	0	0	0	0	0	0	0	4.95
2012M511333	0	1	0	0	0	0	0	0	2	0	0	0	0	0	0	0	0	4.95
2013M530930	0	1	0	0	0	0	0	0	2	0	0	0	0	0	0	0	0	4.95
2012M510791	0	0	0	0	0	1	0	3	3	0	0	0	0	0	0	0	0	4.77
2013M531807	0	1	0	0	0	0	0	2	1	0	0	0	0	0	0	0	0	4.71
2012M521169	0	1	0	0	0	0	0	0	1	0	0	0	0	0	0	0	0	4.48
2012M521166	0	1	0	0	0	0	0	0	1	0	0	0	0	0	0	0	0	4.48
2012M510005	0	0	0	0	0	0	2	6	3	0	0	0	0	0	0	0	0	4.12
20110490816	0	1	0	0	0	0	0	0	0	0	0	0	0	0	0	0	0	4
2012M511088	0	0	0	0	0	0	0	6	6	0	0	0	0	0	0	0	0	3.55
2012M510325	0	0	0	0	0	0	0	6	6	0	0	0	0	0	0	0	0	3.55

续表

资助编号	国家级平台/个	其他平台/个	国家奖/项	省部级奖/项	国际奖/项	国际报告/篇	国内报告/篇	中文核心期刊论文数/篇	SCI/SSCI/EI收录期刊论文数/篇	中文专著/部	外文专著/部	中国专利/项	国际专利/项	软件/数据库/项	新仪器/新方法/项	成果推广/项	经济效益	分值/分
2011049 1263	0	0	0	1	0	0	0	5	2	0	0	0	0	0	0	0	0	3.53
2012M5 11982	0	0	0	0	0	0	2	0	2	0	0	1	0	0	0	0	0	3.45
2011049 1184	0	0	0	0	0	0	2	0	3	0	0	0	0	0	0	0	0	3.43
2011049 1545	0	0	0	0	0	0	1	4	4	0	0	0	0	0	0	0	0	3.37
2012M5 21209	0	0	0	0	0	1	0	0	0	0	0	0	0	0	0	0	0	3
2012M5 20637	0	0	0	0	0	0	0	5	5	0	0	0	0	0	0	0	0	2.96
2011049 0940	0	0	0	0	0	0	2	0	2	0	0	0	0	0	0	0	0	2.95
2013M5 31538	0	0	0	0	0	0	1	2	2	0	0	1	0	0	0	0	0	2.68
2012M5 10820	0	0	0	0	0	0	0	3	4	0	0	0	0	0	0	0	0	2.25
2012M5 21596	0	0	0	0	0	0	1	2	2	0	0	0	0	0	0	0	0	2.18
2012M5 21208	0	0	0	0	0	0	0	2	2	0	0	2	0	0	0	0	0	2.18
2013M5 30913	0	0	0	0	0	0	0	2	4	0	0	0	0	0	0	0	0	2.14
2012M5 11184	0	0	0	0	0	0	0	0	4	0	0	0	0	0	0	0	0	1.9
2012M5 11981	0	0	0	0	0	0	0	4	3	0	0	0	0	0	0	0	0	1.89
2012M5 20925	0	0	0	0	0	0	0	3	3	0	0	0	0	0	0	0	0	1.77
2012M5 11797	0	0	0	0	0	0	0	3	3	0	0	0	0	0	0	0	0	1.77
2011M5 01030	0	0	0	0	0	0	0	3	3	0	0	0	0	0	0	0	0	1.77
2013M5 30615	0	0	0	0	0	0	0	3	3	0	0	0	0	0	0	0	0	1.77

资助编号	国家级平台/个	其他平台/个	国家奖/项	省部级奖/项	国际奖/项	国际报告/篇	国内报告/篇	中文核心期刊论文数/篇	SCI/SSCI/EI收录期刊论文数/篇	中文专著/部	外文专著/部	中国专利/项	国际专利/项	软件/数据库/项	新仪器/新方法/项	成果推广/项	经济效益	分值/分
2013M541809	0	0	0	0	0	0	0	1	0	0	0	1	0	0	1	0	0	1.62
20110491758	0	0	0	0	0	0	0	1	1	0	0	2	0	0	0	0	0	1.59
2013M532037	0	0	0	0	0	0	1	1	1	0	0	0	0	0	0	0	0	1.59
2011M501200	0	0	0	0	0	0	0	0	3	0	0	0	0	0	0	0	0	1.43
2012M521134	0	0	0	0	0	0	0	2	2	0	0	0	0	0	0	0	1	1.38
2011M500550	0	0	0	0	0	0	0	1	2	0	0	0	0	0	0	1	50	1.38
2012M520732	0	0	0	0	0	0	0	0	0	0	0	0	0	0	1	1	0	1.2
2012M520078	0	0	0	0	0	0	0	2	2	0	0	0	0	0	0	0	0	1.18
2011M500731	0	0	0	0	0	0	0	2	2	0	0	0	0	0	0	0	0	1.18
2013M531486	0	0	0	0	0	0	0	2	2	0	0	0	0	0	0	0	0	1.18
2013M541555	0	0	0	0	0	0	0	0	1	0	0	1	0	0	0	0	0	0.98
2012M521133	0	0	0	0	0	0	0	0	2	0	0	0	0	0	0	0	0	0.95
2012M510426	0	0	0	0	0	0	0	0	2	0	0	0	0	0	0	0	0	0.95
2012M511431	0	0	0	0	0	0	0	1	0	0	0	0	0	0	0	0	0	0.59
2012M510844	0	0	0	0	0	0	0	1	1	0	0	0	0	0	0	0	0	0.59
2012M510164	0	0	0	0	0	0	0	1	1	0	0	0	0	0	0	0	0	0.59
2013M540504	0	0	0	0	0	0	0	1	0	0	0	0	0	0	0	0	0	0.59
20110490587	0	0	0	0	0	0	0	0	0	0	0	1	0	0	0	0	0	0.5

续表

资助编号	国家级平台/个	其他平台/个	国家奖/项	省部级奖/项	国际奖/项	国际报告/篇	国内报告/篇	中文核心期刊论文数/篇	SCI/SSCI/EI收录期刊论文数/篇	中文专著/部	外文专著/部	中国专利/项	国际专利/项	软件/数据库/项	新仪器/新方法/项	成果推广/项	经济效益	分值/分
2012M520398	0	0	0	0	0	0	0	0	1	0	0	0	0	0	0	0	0	0.48
2012M510950	0	0	0	0	0	0	0	0	1	0	0	0	0	0	0	0	0	0.48
2011M501311	0	0	0	0	0	0	0	1	0	0	0	0	0	0	0	0	0	0.12

计算机科学与技术

特别资助

资助编号	国家级平台/个	其他平台/个	国家奖/项	省部级奖/项	国际奖/项	国际报告/篇	国内报告/篇	中文核心期刊论文数/篇	SCI/SSCI/EI收录期刊论文数/篇	中文专著/部	外文专著/部	中国专利/项	国际专利/项	软件/数据库/项	新仪器/新方法/项	成果推广/项	经济效益	分值/分
2013T60804	0	0	0	0	0	1	3	0	5	0	0	3	0	2	0	1	100	10.15
2012T50489	1	0	0	0	0	0	0	1	8	0	0	0	0	0	0	0	0	10.11
2013T60118	1	0	0	0	0	1	0	2	2	0	0	0	0	0	0	0	0	8.41
2013T60536	0	0	0	1	0	0	2	3	3	0	0	1	0	1	0	0	0	7.62
2013T60464	0	0	0	0	0	2	0	6	7	0	0	0	0	0	0	0	0	6.85
2013T60119	0	0	0	0	0	2	0	4	8	0	0	0	0	0	0	0	0	6.72
2013T60778	0	0	0	0	0	2	0	1	3	0	0	0	0	0	0	0	0	3.44
2012T50706	0	0	0	0	0	1	0	2	4	0	0	0	0	0	0	0	0	3.36
2013T60463	0	0	0	0	0	0	0	0	7	0	0	0	0	0	0	0	0	3.33
2012T50764	0	0	0	0	0	0	0	3	3	0	0	0	0	0	0	2	0	2.66

续表

资助编号	国家级平台/个	其他平台/个	国家奖/项	省部级奖/项	国际奖/项	国际报告/篇	国内报告/篇	中文核心期刊论文数/篇	SCI/SSCI/EI收录期刊论文数/篇	中文专著/部	外文专著/部	中国专利/项	国际专利/项	软件/数据库/项	新仪器/新方法/项	成果推广/项	经济效益	分值/分
2013T60553	0	0	0	0	0	0	0	1	1	0	0	3	0	3	0	0	0	2.65
2013T60849	0	0	0	0	0	0	0	1	0	0	0	0	0	0	0	0	0	0.3

面上资助

资助编号	国家级平台/个	其他平台/个	国家奖/项	省部级奖/项	国际奖/项	国际报告/篇	国内报告/篇	中文核心期刊论文数/篇	SCI/SSCI/EI收录期刊论文数/篇	中文专著/部	外文专著/部	中国专利/项	国际专利/项	软件/数据库/项	新仪器/新方法/项	成果推广/项	经济效益	分值/分
2012M510816	0	0	0	0	1	5	2	5	8	0	0	0	0	6	0	0	0	16.01
201104 90091	0	0	0	0	0	1	3	3	5	1	0	3	0	2	1	2	100	15.22
201104 90151	0	1	1	1	0	0	0	0	6	0	0	2	0	0	0	1	0	15.02
2012M511273	0	0	0	1	0	0	3	9	8	0	0	2	0	1	0	0	0	13.63
2011M500611	0	1	0	0	0	0	0	8	7	0	0	2	0	1	1	0	0	11.86
2013M530482	1	1	0	0	0	0	0	0	0	0	0	0	0	0	0	0	0	11.55
2011M500218	1	0	0	1	0	1	0	2	3	0	0	0	0	0	0	0	0	10.89
201104 91780	1	0	0	0	0	3	0	2	3	0	0	0	0	0	0	0	0	10.6
2011M500897	1	0	0	0	0	0	0	1	9	0	0	0	0	0	0	0	0	10.59
2012M510815	0	0	0	0	0	2	2	8	7	0	0	0	0	0	0	0	0	10.11
201104 90822	0	0	0	0	0	0	0	0	21	0	0	0	0	0	0	0	0	10
2012M521252	0	0	0	0	0	2	0	0	12	0	0	4	0	0	0	0	0	9.43
2011M501427	1	0	0	0	0	0	0	4	4	0	0	0	0	0	0	0	0	9.1

续表

资助编号	国家级平台/个	其他平台/个	国家奖/项	省部级奖/项	国际奖/项	国际报告/篇	国内报告/篇	中文核心期刊论文数/篇	SCI/SSCI/SCI/EI收录期刊论文数/篇	中文专著/部	外文专著/部	中国专利/项	国际专利/项	软件/数据库/项	新仪器/新方法/项	成果推广/项	经济效益	分值/分
2013M540095	1	0	0	0	0	0	0	2	5	0	0	0	0	0	0	0	0	8.98
2013M530561	1	0	0	0	0	0	0	5	3	0	0	0	0	0	0	0	0	8.93
2011M501155	0	0	0	0	0	7	0	5	2	0	0	0	0	3	0	0	0	8.83
2012M510452	1	0	0	0	0	0	0	1	5	0	0	0	0	0	0	0	0	8.68
2012M511096	0	0	0	0	0	4	0	4	8	0	0	0	0	0	0	0	0	8.44
2012M511185	0	0	0	0	0	1	0	4	7	1	0	0	0	0	0	0	0	8.39
2012M520116	0	0	0	0	0	5	0	2	7	0	0	0	0	0	0	0	0	8.22
201104 91649	0	0	0	0	0	2	0	7	9	0	0	0	0	0	0	0	0	8.1
2012M511251	1	0	0	0	0	0	0	2	0	0	0	0	0	0	0	0	0	7.55
201104 91453	0	0	0	0	0	0	0	10	7	0	0	1	0	3	0	2	0	7.54
2012M520930	0	0	0	0	0	2	0	6	7	0	0	0	0	0	0	0	0	6.85
2012M510029	0	0	0	0	0	2	0	4	8	0	0	0	0	0	0	0	0	6.72
2013M540704	1	0	0	0	0	0	0	2	0	0	0	0	0	0	0	0	0	6.6
2013M531526	0	0	0	0	0	2	0	5	7	0	0	0	0	0	0	0	0	6.55
201104 91530	0	0	0	0	0	1	0	7	7	0	0	0	0	0	0	0	0	6.29
2011M501189	0	0	0	1	0	1	0	3	5	0	0	0	0	0	0	0	0	6.14
2012M511665	0	0	0	0	0	2	0	5	4	0	0	0	0	8	0	0	0	6.12
2012M512007	0	1	0	0	0	1	0	1	2	0	0	0	0	0	0	0	0	6.11

续表

资助编号	国家级平台/个	其他平台/个	国家奖/项	省部级奖/项	国际奖/项	国际报告/篇	国内报告/篇	中文核心期刊论文数/篇	SCI/SSCI/EI收录期刊论文数/篇	中文专著/部	外文专著/部	中国专利/项	国际专利/项	软件/数据库/项	新仪器/新方法/项	成果推广/项	经济效益	分值/分
2012M510046	0	0	0	0	0	2	0	3	6	0	0	0	0	0	0	0	0	5.47
2012M511421	0	0	0	0	0	3	0	1	5	0	0	0	0	0	0	0	0	5.25
2011M501392	0	0	0	1	0	0	0	3	3	0	0	1	0	0	0	2	0	5.16
2012M511420	0	0	0	0	0	2	1	0	4	0	0	0	0	0	0	0	0	4.95
2012M520115	0	0	0	0	0	4	0	0	0	0	0	0	0	0	0	0	0	4.86
2012M521552	0	0	0	0	0	0	0	7	4	0	0	1	0	0	0	0	0	4.5
2012M520495	0	0	0	0	0	0	1	5	3	0	0	0	0	0	0	0	0	4.26
2013M541616	0	0	0	0	0	0	0	6	3	0	0	2	0	0	0	0	0	4.23
2013M530498	0	0	0	0	0	1	0	3	3	0	0	1	0	0	0	0	0	3.69
201104491736	0	0	0	0	0	2	0	1	3	0	0	0	0	0	0	0	0	3.44
2011M501291	0	0	0	0	0	1	0	2	4	0	0	0	0	0	0	0	0	3.36
2013M530704	0	0	0	0	0	0	0	0	7	0	0	0	0	0	0	0	0	3.33
2011M501292	0	0	0	0	0	2	0	1	2	0	0	0	0	0	0	0	0	2.97
201104491613	0	0	0	0	0	0	0	5	3	0	0	0	0	0	0	0	0	2.93
2013M531528	0	0	0	0	0	0	0	3	4	0	0	0	0	0	0	0	0	2.8
2012M510646	0	0	0	0	0	0	1	1	2	0	0	0	0	0	0	0	0	2.59
2012M510275	0	0	0	0	0	1	0	1	3	0	0	0	0	0	0	0	0	2.59
2012M511617	0	0	0	0	0	0	0	0	4	0	0	0	0	0	0	0	0	1.9

续表

资助编号	国家级平台/个	其他平台/个	国家奖/项	省部级奖/项	国际奖/项	国际报告/篇	国内报告/篇	中文核心期刊论文数/篇	SCI/SSCI/EI收录期刊论文数/篇	中文专著/部	外文专著/部	中国专利/项	国际专利/项	软件/数据库/项	新仪器/新方法/项	成果推广/项	经济效益	分值/分
2012M510118	0	0	0	0	0	0	0	0	4	0	0	0	0	0	0	0	0	1.9
2012M510220	0	0	0	0	0	1	0	0	0	0	0	0	0	0	0	6	0	1.86
2012M510326	0	0	0	0	0	2	0	0	0	0	0	0	0	0	0	0	0	1.71
2013M542019	0	0	0	0	0	0	0	2	2	0	0	0	0	0	0	0	0	1.55
2012M521553	0	0	0	0	0	0	0	2	2	0	0	0	0	0	0	0	0	1.55
2012M511369	0	0	0	0	0	0	0	2	2	0	0	0	0	0	0	0	0	1.55
2011049 1497	0	0	0	0	0	0	0	2	1	0	0	0	0	0	0	0	0	1.08
2011M501133	0	0	0	0	0	0	0	0	2	0	0	0	0	0	0	0	0	0.95
2013M541861	0	0	0	0	0	0	0	1	0	0	0	0	0	0	0	0	0	0.78
2012M521684	0	0	0	0	0	0	0	0	1	0	0	0	0	0	0	0	0	0.48

生物学

特别资助

资助编号	国家级平台/个	其他平台/个	国家奖/项	省部级奖/项	国际奖/项	国际报告/篇	国内报告/篇	中文核心期刊论文数/篇	SCI/SSCI/EI收录期刊论文数/篇	中文专著/部	外文专著/部	中国专利/项	国际专利/项	软件/数据库/项	新仪器/新方法/项	成果推广/项	经济效益	分值/分
2012T50696	1	0	0	0	0	0	1	21	14	0	0	0	0	0	0	0	0	19.4
2013T60275	1	0	0	1	0	1	1	0	4	0	0	0	0	0	0	0	0	13.26
2013T60194	1	0	0	0	0	2	0	0	1	0	0	0	0	0	0	0	0	10.71

续表

资助编号	国家平台/个	其他平台/个	国家奖/项	省部级奖/项	国际奖/项	国际报告/篇	国内报告/篇	中文核心期刊论文数/篇	SCI/SSCI/EI收录期刊论文数/篇	中文专著/部	外文专著/部	中国专利/项	国际专利/项	软件/数据库/项	新仪器/新方法/项	成果推广/项	经济效益	分值/分
2012T50445	1	0	0	0	0	1	0	1	1	0	0	0	0	0	0	0	0	8.86
2013T60440	0	1	0	0	0	0	0	1	1	2	0	0	0	0	0	0	0	7.86
2013T60032	1	0	0	0	0	0	0	0	1	0	0	0	0	0	0	0	0	6.71
2012T50144	1	0	0	0	0	0	0	0	1	0	0	0	0	0	0	0	0	6.71
2012T50415	1	0	0	0	0	0	0	0	0	0	0	0	0	0	0	0	0	6
2012T50081	0	1	0	0	0	0	0	0	1	0	0	0	0	0	0	0	0	4.86
2012T50150	0	0	0	0	0	1	0	1	1	0	0	0	0	0	0	0	0	2.86
2013T60698	0	0	0	0	0	0	1	2	0	0	0	0	0	0	0	1	0	2.4
2013T60255	0	0	0	0	0	0	0	0	1	0	0	0	0	0	0	0	0	0.86
2012T50609	0	0	0	0	0	0	0	0	1	0	0	0	0	0	0	0	0	0.86
2012T50145	0	0	0	0	0	0	0	0	1	0	0	0	0	0	0	0	0	0.86
2013T60270	0	0	0	0	0	0	0	0	0	0	0	0	0	0	0	0	0	0.71

面上资助

资助编号	国家平台/个	其他平台/个	国家奖/项	省部级奖/项	国际奖/项	国际报告/篇	国内报告/篇	中文核心期刊论文数/篇	SCI/SSCI/EI收录期刊论文数/篇	中文专著/部	外文专著/部	中国专利/项	国际专利/项	软件/数据库/项	新仪器/新方法/项	成果推广/项	经济效益	分值/分
2011M500537	1	0	0	0	0	2	10	3	2	0	0	0	0	0	0	0	0	15.86
2012M511658	1	1	0	1	0	0	2	9	2	0	0	0	0	0	0	0	0	14.09
2012M510797	1	0	0	1	0	1	1	0	4	0	0	0	0	0	0	0	0	13.26

续表

资助编号	国家级平台/个	其他平台/个	国家奖/项	省部级奖/项	国际奖/项	国际报告/篇	国内报告/篇	中文核心期刊论文数/篇	SCI/SSCI/SCI/EI收录期刊论文数/篇	中文专著/部	外文专著/部	中国专利/项	国际专利/项	软件/数据库/项	新仪器/新方法/项	成果推广/项	经济效益	分值/分
2012M521536	1	0	0	0	0	0	0	7	5	1	0	1	0	0	0	0	0	12.74
2012M520885	1	0	0	0	1	1	0	0	1	0	0	0	0	0	0	0	0	11.71
2012M520906	1	1	0	0	0	0	1	1	1	0	0	0	0	0	0	0	0	11.26
2012M520456	1	0	0	0	0	2	0	0	1	0	0	0	0	0	0	0	0	10.71
2012M521241	1	0	0	0	0	0	1	5	5	0	0	0	0	0	0	0	0	10.69
2012M510110	0	1	0	0	0	0	0	4	4	2	0	0	0	0	0	0	0	10.43
2012M511105	0	1	0	0	0	0	0	7	7	0	0	0	0	0	0	0	0	10
2011M500768	1	0	0	0	0	0	0	0	3	0	0	0	0	0	0	1	0	9.14
2013M530122	0	0	0	1	0	3	0	3	1	0	0	0	0	0	0	0	0	9.14
2012M510545	1	0	0	0	0	1	0	1	1	0	0	0	0	0	0	0	0	8.86
201104 90980	1	0	0	0	0	0	0	0	4	0	0	0	0	0	0	0	0	8.86
2013M531387	1	0	0	0	0	1	0	1	1	0	0	0	0	0	0	0	0	8.86
2011M500079	1	0	0	0	0	1	0	1	0	0	0	0	0	0	0	0	0	8.71
2012M510266	1	0	0	0	0	0	0	0	3	0	0	0	0	0	0	0	0	8.14
2012M510583	1	0	0	0	0	0	0	0	2	0	0	1	0	0	0	0	0	8.1
2012M510569	1	0	0	0	0	1	0	0	0	0	0	0	0	0	0	0	0	8
2012M520186	0	1	0	0	0	0	0	4	4	0	0	0	0	0	0	0	0	7.43
2012M511659	1	0	0	0	0	0	0	0	2	0	0	0	0	0	0	0	0	7.43

续表

资助编号	国家级平台/个	其他平台/个	国家奖/项	省部级奖/项	国际奖/项	国际报告/篇	国内报告/篇	中文核心期刊论文数/篇	SCI/SSCI/EI收录期刊论文数/篇	中文专著/部	外文专著/部	中国专利/项	国际专利/项	软件/数据库/项	新仪器/新方法/项	成果推广/项	经济效益	分值/分
2011049 1209	1	0	0	0	0	0	0	0	2	0	0	0	0	0	0	0	0	7.43
2012M 520948	1	0	0	0	0	0	1	0	1	0	0	0	0	0	0	0	0	7.11
2012M 511860	1	0	0	0	0	0	0	1	1	0	0	0	0	0	0	0	0	6.86
2011M 500390	1	0	0	0	0	0	0	1	1	0	0	0	0	0	0	0	0	6.86
2012M 510604	1	0	0	0	0	0	0	0	1	0	0	0	0	0	0	0	0	6.71
2012M 510161	1	0	0	0	0	0	0	0	1	0	0	0	0	0	0	0	0	6.71
2012M 510102	1	0	0	0	0	0	0	0	1	0	0	0	0	0	0	0	0	6.71
2011M 500826	1	0	0	0	0	0	0	0	1	0	0	0	0	0	0	0	0	6.71
2011M 500729	1	0	0	0	0	0	0	0	1	0	0	0	0	0	0	0	0	6.71
2011049 0405	1	0	0	0	0	0	0	0	1	0	0	0	0	0	0	0	0	6.71
2013M 531187	1	0	0	0	0	0	0	0	1	0	0	0	0	0	0	0	0	6.71
2013M 530755	1	0	0	0	0	0	0	0	1	0	0	0	0	0	0	0	0	6.71
2012M 520406	1	0	0	0	0	0	0	2	0	0	0	0	0	0	0	0	0	6.29
2012M 521508	1	0	0	0	0	0	0	0	0	0	0	0	0	0	0	0	0	6
2012M 520649	1	0	0	0	0	0	0	0	0	0	0	0	0	0	0	0	0	6
2012M 510410	1	0	0	0	0	0	0	0	0	0	0	0	0	0	0	0	0	6
2012M 510291	1	0	0	0	0	0	0	0	0	0	0	0	0	0	0	0	0	6
2012M 510185	1	0	0	0	0	0	0	0	0	0	0	0	0	0	0	0	0	6

续表

资助编号	国家级平台/个	其他平台/个	国家奖/项	省部级奖/项	国际奖/项	国际报告/篇	国内报告/篇	中文核心期刊论文数/篇	SCI/SSCI/EI收录期刊论文数/篇	中文专著/部	外文专著/部	中国专利/项	国际专利/项	软件/数据库/项	新仪器/新方法/项	成果推广/项	经济效益	分值/分
2013M541906	1	0	0	0	0	0	0	0	0	0	0	0	0	0	0	0	0	6
2013M531993	1	0	0	0	0	0	0	0	0	0	0	0	0	0	0	0	0	6
2012M511037	0	1	0	0	0	0	0	3	2	0	0	0	0	0	0	0	0	5.86
2012M521461	0	1	0	0	0	0	0	2	2	0	0	0	0	0	0	0	0	5.71
2012M511446	0	1	0	0	0	0	0	0	2	0	0	0	0	0	0	0	0	5.43
201104 90840	0	1	0	0	0	0	0	2	1	0	0	0	0	0	0	0	0	5
2012M510414	0	1	0	0	0	0	0	1	1	0	0	0	0	0	0	0	0	4.86
2012M511149	0	1	0	0	0	0	0	0	1	0	0	0	0	0	0	0	0	4.71
2012M511134	0	1	0	0	0	0	0	0	1	0	0	0	0	0	0	0	0	4.71
2012M511132	0	1	0	0	0	0	0	0	0	0	0	0	0	0	0	0	0	4
2012M511955	0	0	0	0	0	0	0	6	4	0	0	0	0	0	0	0	0	3.71
2012M521116	0	0	0	0	0	0	0	0	5	0	0	0	0	0	0	0	0	3.57
2012M510774	0	0	0	0	0	0	1	3	3	0	0	0	0	0	0	0	0	2.97
2013M531450	0	0	0	0	0	0	0	0	4	0	0	0	0	0	0	0	0	2.86
2013M530903	0	0	0	0	0	0	0	1	1	0	0	3	0	0	0	0	0	2.86
2013M530410	0	0	0	0	0	0	0	0	3	0	0	1	0	0	0	0	0	2.81
2011M500388	0	0	0	0	0	0	0	3	3	0	0	0	0	0	0	0	0	2.57
2011M501153	0	0	0	0	0	0	0	1	3	0	0	0	0	0	0	0	0	2.29

续表

资助编号	国家级平台/个	其他平台/个	国家奖/项	省部级奖/项	国际奖/项	国际报告/篇	国内报告/篇	中文核心期刊论文数/篇	SCI/SSCI/EI收录期刊论文数/篇	中文专著/部	外文专著/部	中国专利/项	国际专利/项	软件/数据库/项	新仪器/新方法/项	成果推广/项	经济效益	分值/分
2012M511834	0	0	0	0	0	0	0	0	3	0	0	0	0	0	0	0	0	2.14
201104 90626	0	0	0	0	0	1	0	1	0	0	0	0	0	0	0	0	0	2.14
201104 91361	0	0	0	0	0	0	0	0	1	0	0	2	0	0	0	0	0	2.05
2012M510317	0	0	0	0	0	1	0	0	0	0	0	0	0	0	0	0	0	2
201104 90792	0	0	0	0	0	0	0	4	1	0	0	1	0	0	0	0	0	1.95
201104 91749	0	0	0	0	0	0	0	3	2	0	0	0	0	0	0	0	0	1.86
2011M500546	0	0	0	0	0	0	0	0	1	0	0	0	0	0	0	1	0	1.71
2012M511968	0	0	0	0	0	0	0	1	2	0	0	0	0	0	0	0	0	1.57
2012M511248	0	0	0	0	0	0	0	0	2	0	0	0	0	0	0	0	0	1.43
2011M500972	0	0	0	0	0	0	0	0	1	0	0	1	0	0	0	0	0	1.38
2012M511929	0	0	0	0	0	0	0	3	1	0	0	0	0	0	0	0	0	1.14
2012M511946	0	0	0	0	0	0	1	0	1	0	0	0	0	0	0	0	0	1.11
201104 90914	0	0	0	0	0	0	2	2	0	0	0	0	0	0	0	0	0	1.09
2012M512059	0	0	0	0	0	0	0	0	1	1	0	0	0	0	0	0	0	0.86
2012M511355	0	0	0	0	0	0	0	0	1	1	0	0	0	0	0	0	0	0.86
2011M501124	0	0	0	0	0	0	0	0	1	1	0	0	0	0	0	0	0	0.86
2011M500133	0	0	0	0	0	0	0	0	1	1	0	0	0	0	0	0	0	0.86
201104 91590	0	0	0	0	0	0	0	0	1	1	0	0	0	0	0	0	0	0.86

续表

资助编号	国家级平台/个	其他平台/个	国家奖/项	省部级奖/项	国际奖/项	国际报告/篇	国内报告/篇	中文核心期刊论文数/篇	SCI/SSCI/EI收录期刊论文数/篇	中文专著/部	外文专著/部	中国专利/项	国际专利/项	软件/数据库/项	新仪器/新方法/项	成果推广/项	经济效益	分值/分
2011049 0617	0	0	0	0	0	0	0	1	1	0	0	0	0	0	0	0	0	0.86
2013M 530297	0	0	0	0	0	0	0	1	1	0	0	0	0	0	0	0	0	0.86
2012M 520352	0	0	0	0	0	0	2	0	0	0	0	0	0	0	0	0	0	0.8
2012M 521163	0	0	0	0	0	0	0	0	1	0	0	0	0	0	0	0	0	0.71
2012M 520949	0	0	0	0	0	0	0	0	1	0	0	0	0	0	0	0	0	0.71
2012M 520923	0	0	0	0	0	0	0	0	1	0	0	0	0	0	0	0	0	0.71
2012M 511357	0	0	0	0	0	0	0	0	1	0	0	0	0	0	0	0	0	0.71
2011M 501339	0	0	0	0	0	0	0	0	1	0	0	0	0	0	0	0	0	0.71
2011049 0921	0	0	0	0	0	0	0	0	1	0	0	0	0	0	0	0	0	0.71
2013M 531205	0	0	0	0	0	0	0	0	1	0	0	0	0	0	0	0	0	0.71
2013M 530207	0	0	0	0	0	0	0	0	1	0	0	0	0	0	0	0	0	0.71
2012M 510584	0	0	0	0	0	0	0	0	0	0	0	1	0	0	0	0	0	0.67
2011049 0054	0	0	0	0	0	0	0	2	0	0	0	0	0	0	0	0	0	0.29
2012M 521658	0	0	0	0	0	0	0	1	0	0	0	0	0	0	0	0	0	0.14
2012M 511085	0	0	0	0	0	0	0	1	0	0	0	0	0	0	0	0	0	0.14
2011M 501337	0	0	0	0	0	0	0	1	0	0	0	0	0	0	0	0	0	0.14

物理学

特别资助

资助编号	国家级平台/个	其他平台/个	国家奖/项	省部级奖/项	国际奖/项	国际报告/篇	国内报告/篇	中文核心期刊论文数/篇	SCI/S SCI/EI收录期刊论文/篇	中文专著/部	外文专著/部	中国专利/项	国际专利/项	软件/数据库/项	新仪器/新方法/项	成果推广/项	经济效益	分值/分
2013T60412	1	0	0	0	0	4	0	5	5	0	0	0	0	0	0	0	0	14.82
2013T60273	0	1	0	0	0	0	1	5	9	0	0	0	0	0	0	0	0	12.48
2012T50284	1	0	0	0	0	0	0	5	5	0	0	0	0	0	0	0	0	10.82
2012T50831	0	0	0	0	0	1	3	5	5	0	0	0	0	0	0	0	0	8.22
2012T50285	1	0	0	0	0	0	0	1	1	0	0	0	0	0	0	0	0	6.96
2012T50310	1	0	0	0	0	0	0	0	1	0	0	0	0	0	0	0	0	6.71
2013T60732	0	0	0	0	0	0	0	0	6	0	0	0	0	0	0	0	0	4.29
2012T50011	0	0	0	0	0	0	0	2	2	0	0	0	0	0	0	0	0	1.93
2013T60394	0	0	0	0	0	0	0	1	1	0	0	0	0	0	0	0	0	0.96
2013T60631	0	0	0	0	0	0	0	0	1	0	0	0	0	0	0	0	0	0.71

面上资助

资助编号	国家级平台/个	其他平台/个	国家奖/项	省部级奖/项	国际奖/项	国际报告/篇	国内报告/篇	中文核心期刊论文数/篇	SCI/S SCI/EI收录期刊论文/篇	中文专著/部	外文专著/部	中国专利/项	国际专利/项	软件/数据库/项	新仪器/新方法/项	成果推广/项	经济效益	分值/分
20100481062	1	0	0	0	0	0	0	12	14	0	0	0	0	0	0	0	0	19
20110490732	1	0	0	0	1	4	1	2	4	0	0	1	0	0	0	2	0	18.82

续表

资助编号	国家级平台/个	其他平台/个	国家奖/项	省部级奖项	国际奖/项	国际报告/篇	国内报告/篇	中文核心期刊论文数/篇	SCI/SSCI/EI收录期刊论文数/篇	中文专著/部	外文专著/部	中国专利/项	国际专利/项	软件/数据库/项	新仪器/新方法/项	成果推广/项	经济效益	分值/分
2012M520613	0	1	0	0	0	2	1	7	13	0	0	0	0	0	0	0	0	17.84
2012M520039	1	0	0	0	0	6	0	5	3	0	0	0	0	0	0	0	0	15.39
2013M530296	1	0	0	0	0	2	5	3	3	0	0	0	0	0	0	0	0	14.89
2012M510562	1	0	0	0	0	0	0	8	8	0	0	0	0	0	0	0	0	13.71
20110490130	1	0	0	0	0	0	0	0	8	0	0	0	0	0	0	0	0	11.71
2012M510187	1	0	0	0	0	0	1	5	5	0	0	0	0	0	0	0	0	11.62
2013M531771	1	0	0	0	1	0	1	1	2	0	0	0	0	0	0	0	0	11.48
20110491086	1	0	0	0	0	1	0	2	2	0	0	3	0	0	0	1	0	11.43
20110490418	0	0	0	0	0	5	4	3	2	0	0	1	0	0	0	0	0	11.05
2012M510548	1	0	0	0	0	0	0	5	5	0	0	0	0	0	0	0	0	10.82
20110491320	1	0	0	0	0	0	0	5	5	0	0	0	0	0	0	0	0	10.82
2012M520100	1	0	0	0	0	1	0	3	4	0	0	0	0	0	0	0	0	10.61
2011M501497	1	0	0	0	0	0	0	7	3	0	0	0	0	0	0	1	0	10.39
2011M501494	0	0	0	0	0	1	3	7	7	0	0	0	0	0	0	0	0	10.15
2013M530291	0	0	0	0	0	0	0	10	10	0	0	0	0	0	0	0	0	9.64
2012M510549	0	0	0	0	0	1	3	6	6	0	0	0	0	0	0	0	0	9.19
2011M500622	1	0	0	0	0	0	0	0	2	0	0	0	0	0	0	0	0	7.43
2012M520236	1	0	0	0	0	0	0	1	1	0	0	0	0	0	0	0	0	6.96

续表

资助编号	国家级平台/个	其他平台/个	国家奖/项	省部级奖/项	国际奖/项	国际报告/篇	国内报告/篇	中文核心期刊论文数/篇	SCI/SSCI/EI收录期刊论文数/篇	中文专著/部	外文专著/部	中国专利/项	国际专利/项	软件/数据库/项	新仪器/新方法/项	成果推广/项	经济效益	分值/分
2012M521229	0	1	0	0	0	0	0	3	3	0	0	0	0	0	0	0	0	6.89
2012M511641	0	1	0	0	0	0	0	3	3	0	0	0	0	0	0	0	0	6.89
2012M521507	1	0	0	0	0	0	0	0	1	0	0	0	0	0	0	0	0	6.71
2012M511234	1	0	0	0	0	0	0	0	1	0	0	0	0	0	0	0	0	6.71
2012M510587	1	0	0	0	0	0	0	2	0	0	0	0	0	0	0	0	0	6.5
2012M520235	1	0	0	0	0	0	0	0	0	0	0	0	0	0	0	0	0	6
2012M510893	1	0	0	0	0	0	0	0	0	0	0	0	0	0	0	0	0	6
2012M511943	0	0	0	0	0	0	2	10	2	0	0	0	0	0	0	0	0	5.53
2012M520612	0	0	0	0	0	0	0	0	7	0	0	0	0	0	0	0	0	5
2013M530220	0	0	0	0	0	0	0	1	1	0	1	0	0	0	0	0	0	4.96
2012M511351	0	1	0	0	0	0	0	0	1	0	0	0	0	0	0	0	0	4.71
2013M530541	0	0	0	0	0	0	1	4	4	0	0	0	0	0	0	0	0	4.66
2012M510017	0	0	0	0	0	0	0	4	4	0	0	0	0	0	0	0	0	3.86
2012M520192	0	0	0	0	0	0	0	2	4	0	0	0	0	0	0	0	0	3.36
2012M510245	0	0	0	0	0	1	2	0	1	0	0	0	0	0	0	0	0	3.31
2012M520237	0	0	0	0	0	0	0	3	3	0	0	0	0	0	0	0	0	2.89

续表

资助编号	国家级平台/个	其他平台/个	国家奖/项	省部级奖/项	国际奖/项	国际报告/篇	国内报告/篇	中文核心期刊论文数/篇	SCI/SSCI/EI收录期刊论文数/篇	中文专著/部	外文专著/部	中国专利/项	国际专利/项	软件/数据库/项	新仪器/新方法/项	成果推广/项	经济效益	分值/分
2012M510405	0	0	0	0	0	0	0	3	3	0	0	0	0	0	0	0	0	2.89
2012M510156	0	0	0	0	0	0	0	3	3	0	0	0	0	0	0	0	0	2.89
2011M501229	0	0	0	0	0	0	0	0	4	0	0	0	0	0	0	0	0	2.86
2011M500648	0	0	0	0	0	0	0	0	4	0	0	0	0	0	0	0	0	2.86
2013M530596	0	0	0	0	0	1	0	1	1	0	0	0	0	0	0	0	0	1.96
2011M501120	0	0	0	0	0	0	0	2	2	0	0	0	0	0	0	0	0	1.93
2011M500552	0	0	0	0	0	0	0	2	2	0	0	0	0	0	0	0	0	1.93
20110490230	0	0	0	0	0	0	0	2	2	0	0	0	0	0	0	0	0	1.93
2013M531822	0	0	0	0	0	0	0	2	2	0	0	0	0	0	0	0	0	1.93
2012M511429	0	0	0	0	0	0	0	0	2	0	0	0	0	0	0	0	0	1.43
2011M500887	0	0	0	0	0	0	0	0	2	0	0	0	0	0	0	0	0	1.43
2013M530189	0	0	0	0	0	0	0	1	1	0	0	0	0	0	0	0	0	0.96
2012M511603	0	0	0	0	0	0	0	0	1	0	0	0	0	0	0	0	0	0.71
2012M511428	0	0	0	0	0	0	0	0	1	0	0	0	0	0	0	0	0	0.71
2011M501036	0	0	0	0	0	0	0	0	1	0	0	0	0	0	0	0	0	0.71

信息与通信工程

特别资助

资助编号	国家级平台/个	其他平台/个	国家奖/项	省部级奖/项	国际奖/项	国际报告/篇	国内报告/篇	中文核心期刊论文数	SCI/SSCI/EI收录期刊论文数/篇	中文专著/部	外文专著/部	中国专利/项	国际专利/项	软件/数据库/项	新仪器/新方法/项	成果推广/项	经济效益	分值/分
2013T60036	1	0	0	0	0	0	0	2	2	1	0	2	2	0	0	2	20	18.25
2012T50456	1	0	0	0	0	0	0	6	7	0	0	0	0	0	0	0	0	10.06
2013T60347	0	0	0	0	0	4	0	5	3	1	0	1	0	0	0	0	0	8.65
2013T60368	0	0	0	0	0	3	0	5	9	0	0	0	0	0	0	0	0	6.04
2012T50789	0	0	0	0	0	2	0	3	6	0	0	2	0	0	0	0	0	5.93
2013T60682	0	0	0	0	0	0	0	6	7	0	0	1	0	0	0	0	0	5.06
2013T60668	0	0	0	0	0	0	0	2	5	0	0	0	0	0	0	0	0	2.21
2013T60051	0	0	0	0	0	2	0	0	3	0	0	0	0	0	0	0	0	2.06
2013T60369	0	0	0	0	0	1	0	1	2	0	0	0	0	0	0	0	0	1.49
2012T50666	0	0	0	0	0	0	0	0	0	0	0	1	0	0	0	0	0	0.32

面上资助

资助编号	国家级平台/个	其他平台/个	国家奖/项	省部级奖/项	国际奖/项	国际报告/篇	国内报告/篇	中文核心期刊论文数/篇	SCI/SSCI/EI收录期刊论文数/篇	中文专著/部	外文专著/部	中国专利/项	国际专利/项	软件/数据库/项	新仪器/新方法/项	成果推广/项	经济效益	分值/分
2012M520113	1	0	0	0	0	11	0	10	31	1	0	0	0	0	0	0	0	28
2012M520003	1	0	0	0	0	0	0	2	2	1	0	2	2	0	0	2	10	17.75
2012M511805	1	0	0	0	0	2	0	6	8	0	0	1	0	2	0	0	0	13.47
2012M510924	1	0	0	2	0	0	0	6	3	0	0	0	0	2	0	0	0	11.77
20110490632	1	0	0	0	0	1	0	4	8	0	0	0	0	0	0	0	0	10.33
2011M501474	1	0	0	0	0	0	0	5	5	0	0	1	0	0	0	0	0	10.11
2011M501000	0	1	0	0	0	0	1	2	2	0	0	0	0	0	0	0	0	9.25

续表

资助编号	国家级平台/个	其他平台/个	国家奖/项	省部级奖/项	国际奖/项	国际报告/篇	国内报告/篇	中文核心期刊论文数/篇	SCI/SSCI/EI收录期刊论文数/篇	中文专著/部	外文专著/部	中国专利/项	国际专利/项	软件/数据库/项	新仪器/新方法/项	成果推广/项	经济效益	分值/分
2012M510923	0	0	0	0	0	4	0	5	3	1	0	1	0	0	0	0	0	8.65
2011M500838	1	0	0	0	0	0	0	1	7	0	0	0	0	0	0	0	0	8.56
2013M530628	0	1	0	0	0	4	0	1	5	0	0	0	0	0	0	0	0	8.09
2012M520277	1	0	0	0	0	0	0	2	4	0	0	0	0	0	0	0	0	7.89
2012M510957	0	0	0	0	0	8	0	4	7	0	0	0	0	0	0	0	0	7.82
20110490007	0	0	0	0	0	1	1	5	5	0	0	0	0	0	0	0	0	7.66
2012M510207	0	0	0	0	0	0	1	3	2	0	0	0	0	0	0	1	0	6.55
20110491638	0	0	0	0	0	2	0	4	2	0	0	0	0	0	0	0	0	6.55
2012M520779	0	0	0	0	0	1	1	3	3	0	0	0	0	0	0	0	0	6.41
2012M510168	0	0	0	0	0	2	0	0	7	1	0	0	0	0	0	0	0	6.35
2012M521774	0	1	0	0	0	0	0	0	0	0	0	0	0	0	0	0	0	5.25
2012M511538	0	0	0	0	0	0	0	6	6	0	0	1	0	0	0	0	0	4.74
2012M511004	0	0	0	0	0	1	0	6	6	0	0	0	0	0	0	0	0	4.28
2011M501390	0	0	0	0	0	0	0	3	4	0	0	2	0	0	0	0	0	4.19
2013M530526	0	0	0	0	0	3	0	1	4	0	0	0	0	0	0	0	0	3.23
20110491706	0	0	0	0	0	1	0	2	2	0	0	1	0	0	0	0	0	2.79
2011M501290	0	0	0	0	0	0	0	4	4	0	0	0	0	0	0	0	0	2.49
2013M531351	0	0	0	0	0	0	0	4	3	0	0	0	0	0	0	0	0	2.17
2012M511003	0	0	0	0	0	1	0	2	3	0	0	0	0	0	0	0	0	2.11
2011M500882	0	0	0	0	0	0	0	5	1	0	0	0	0	0	0	0	0	1.82
20110491422	0	0	0	0	0	0	0	2	2	0	0	0	0	0	0	0	0	1.25
2012M521333	0	0	0	0	0	0	0	0	3	0	0	0	0	0	0	0	0	0.97
2012M520735	0	0	0	0	0	0	0	1	1	0	0	0	0	0	0	0	0	0.62

哲学

特别资助

资助编号	国家级平台/个	其他平台/个	国家奖/项	省部级奖/项	国际奖/项	国际报告/篇	国内报告/篇	中文核心期刊论文数/篇	SCI/SSCI/EI收录期刊论文数/篇	中文专著/部	外文专著/部	分值/分
2013T60424	0	0	0	0	0	1	1	25	0	1	0	22.33
2012T50188	0	0	0	0	0	0	2	0	0	0	0	2.67
2013T60150	0	0	0	0	0	0	0	1	0	0	0	0.36

面上资助

资助编号	国家级平台/个	其他平台/个	国家奖/项	省部级奖/项	国际奖/项	国际报告/篇	国内报告/篇	中文核心期刊论文数/篇	SCI/SSCI/EI收录期刊论文数/篇	中文专著/部	外文专著/部	分值/分
2011M501306	0	1	0	0	0	1	1	2	0	1	0	18.05
2012M520839	0	1	0	0	0	2	3	4	0	0	0	15.44
2011M500121	0	0	0	0	0	0	2	3	0	1	0	12.75
2012M510105	0	0	0	0	0	0	0	4	0	1	0	10.44
2011M500468	1	0	0	0	0	0	1	5	0	0	0	9.13
2012M511383	0	1	0	0	0	0	1	6	0	0	0	7.49
2012M511052	0	1	0	0	0	0	0	1	0	0	0	4.36
2013M530657	0	1	0	0	0	0	0	1	0	0	0	4.36
2012M520127	0	0	0	0	0	1	0	2	0	0	0	3.72
2011M501151	0	0	0	0	0	0	2	2	0	0	0	3.39
2012M510703	0	0	0	0	0	1	0	1	0	0	0	3.36
2011M501085	0	0	0	0	0	0	1	3	0	0	0	2.41
20110491221	0	0	0	0	0	0	1	2	0	0	0	2.05
20110490528	0	0	0	0	0	0	1	2	0	0	0	2.05
20110490674	0	0	0	0	0	0	0	5	0	0	0	1.8
2012M511259	0	0	0	0	0	0	1	1	0	0	0	1.69
2012M520539	0	0	0	0	0	0	0	2	0	0	0	0.72

续表

资助编号	国家级平台/个	其他平台/个	国家奖/项	省部级奖/项	国际奖/项	国际报告/篇	国内报告/篇	中文核心期刊论文数/篇	SCI/SSCI/EI收录期刊论文数/篇	中文专著/部	外文专著/部	分值/分
2012M521620	0	0	0	0	0	0	0	1	0	0	0	0.36
2012M510702	0	0	0	0	0	0	0	1	0	0	0	0.36
2012M510486	0	0	0	0	0	0	0	1	0	0	0	0.36
2012M510066	0	0	0	0	0	0	0	1	0	0	0	0.36

政治学

特别资助

资助编号	国家级平台/个	其他平台/个	国家奖/项	省部级奖/项	国际奖/项	国际报告/篇	国内报告/篇	中文核心期刊论文数/篇	SCI/SSCI/EI收录期刊论文数/篇	中文专著/部	外文专著/部	分值/分
2012T50407	0	0	0	0	0	0	3	11	0	0	0	8.5
2013T60257	1	0	0	0	0	0	0	4	0	0	0	7.64
2012T50759	1	0	0	0	0	0	0	3	0	0	0	7.23
2012T50117	1	0	0	0	0	0	0	3	0	0	0	7.23
2012T50388	0	0	0	0	0	0	0	3	0	0	0	1.23
2012T50232	0	0	0	0	0	0	0	2	0	0	0	0.82
2013T60008	0	0	0	0	0	0	0	1	0	0	0	0.41

面上资助

资助编号	国家级平台/个	其他平台/个	国家奖/项	省部级奖/项	国际奖/项	国际报告/篇	国内报告/篇	中文核心期刊论文数/篇	SCI/SSCI/EI收录期刊论文数/篇	中文专著/部	外文专著/部	分值/分
2013M531304	1	1	0	0	0	0	0	4	0	0	0	11.64
2012M520016	0	0	0	0	0	1	1	2	0	1	0	11.15
2012M510495	0	0	0	0	0	0	0	4	0	3	0	10.64
2012M520796	0	0	0	0	0	0	0	22	0	0	0	9
2012M520581	1	0	0	0	0	0	0	6	0	0	0	8.45

续表

资助编号	国家级平台/个	其他平台/个	国家奖/项	省部级奖/项	国际奖/项	国际报告/篇	国内报告/篇	中文核心期刊论文数/篇	SCI/SSCI/EI收录期刊论文数/篇	中文专著/部	外文专著/部	分值/分
20100480355	1	0	0	0	0	0	0	5	0	0	0	8.05
2012M520582	1	0	0	0	0	0	0	4	0	0	0	7.64
2011M500062	1	0	0	0	0	0	0	3	0	0	0	7.23
2012M510350	0	0	0	0	0	1	0	1	0	0	0	6.41
2012M510852	0	0	0	0	0	0	0	4	0	1	0	4.64
2012M520333	0	0	0	0	0	0	0	1	0	1	0	4.33
2011M500564	0	0	0	0	0	0	2	4	0	0	0	4.3
2012M510314	0	0	0	0	0	0	2	2	0	0	0	3.48
2012M520337	0	0	0	0	0	0	0	8	0	0	0	3.27
2012M510231	0	0	0	0	0	0	0	7	0	0	0	2.86
2012M511022	0	0	0	0	0	0	0	6	0	0	0	2.45
2012M520865	0	0	0	0	0	0	1	2	0	0	0	2.15
2012M521636	0	0	0	0	0	0	0	3	0	0	0	1.23
20110490798	0	0	0	0	0	0	0	3	0	0	0	1.23
2012M511473	0	0	0	0	0	0	0	2	0	0	0	0.82
2012M510184	0	0	0	0	0	0	0	2	0	0	0	0.82
2011M500716	0	0	0	0	0	0	0	2	0	0	0	0.82
2011M500425	0	0	0	0	0	0	0	2	0	0	0	0.82
2013M541126	0	0	0	0	0	0	0	2	0	0	0	0.82
2013M530539	0	0	0	0	0	0	0	2	0	0	0	0.82
2013M530450	0	0	0	0	0	0	0	2	0	0	0	0.82

管理科学与工程

特别资助

资助编号	国家级平台/个	其他平台/个	国家奖/项	省部级奖/项	国际奖/项	国际报告/篇	国内报告/篇	中文核心期刊论文数/篇	SCI/SSCI/EI收录期刊论文数/篇	中文专著/部	外文专著/部	分值/分
2013T60132	0	0	0	0	0	2	0	0	6	1	0	14.79
2013T60133	0	0	0	0	0	0	0	8	14	0	0	13

续表

资助编号	国家级平台/个	其他平台/个	国家奖/项	省部级奖/项	国际奖/项	国际报告/篇	国内报告/篇	中文核心期刊论文数/篇	SCI/SSCI/EI收录期刊论文数/篇	中文专著/部	外文专著/部	分值/分
2012T50147	1	0	0	0	0	3	0	4	4	0	0	12.61
2013T60296	0	1	0	0	1	1	1	3	5	0	0	11.95
2012T50571	1	0	0	0	0	0	2	5	1	0	0	10.59
2012T50726	0	0	0	0	0	2	1	10	0	0	0	6.25

面上资助

资助编号	国家级平台/个	其他平台/个	国家奖/项	省部级奖/项	国际奖/项	国际报告/篇	国内报告/篇	中文核心期刊论文数/篇	SCI/SSCI/EI收录期刊论文数/篇	中文专著/部	外文专著/部	分值/分
20110491760	0	0	0	0	0	0	1	24	10	1	0	26.14
2012M520420	0	0	0	0	2	8	4	6	12	0	0	23.82
2012M520310	0	0	0	0	0	2	0	9	9	1	0	20.3
2011M501272	0	1	0	0	0	0	0	2	1	1	0	14.46
20110490831	1	0	0	0	0	0	2	6	4	0	0	13.11
2012M520311	0	0	0	0	0	0	0	8	14	0	0	13
20110490179	1	0	0	0	0	0	0	9	4	0	0	12.23
20100480491	1	0	0	0	0	0	2	0	6	0	0	11.79
2013M530531	0	0	0	0	0	5	2	0	0	0	0	10.11
2011M500570	0	1	0	0	0	0	0	5	5	0	0	9.45
2012M521259	0	1	0	0	0	0	0	8	3	0	0	9.14
2013M532064	1	0	0	0	0	0	0	2	2	0	0	8.18
2012M511277	0	0	0	0	0	0	0	5	3	0	0	8.02
2012M520641	0	0	0	0	0	1	1	3	5	0	0	6.45
20110490877	0	0	0	0	0	2	1	10	0	0	0	6.25
20110491046	0	0	0	0	0	3	0	3	3	0	0	5.52
20110491236	0	1	0	0	0	0	0	1	1	0	0	5.09
2012M520440	0	1	0	0	0	1	0	0	0	0	0	4.75
20110490085	0	0	0	0	0	3	0	3	1	0	0	4.09
2011M501148	0	0	0	0	0	0	1	6	1	0	0	3.96

续表

资助编号	国家级平台/个	其他平台/个	国家奖/项	省部级奖/项	国际奖/项	国际报告/篇	国内报告/篇	中文核心期刊论文数/篇	SCI/SSCI/EI收录期刊论文数/篇	中文专著/部	外文专著/部	分值/分
2012M510595	0	0	0	0	0	1	0	4	2	0	0	3.68
2012M511255	0	0	0	0	0	0	3	1	0	0	0	3.38
2011M500874	0	0	0	0	0	0	0	5	2	0	0	3.3
2013M540107	0	0	0	0	0	1	0	3	2	0	0	3.3
2012M520175	0	0	0	0	0	0	0	1	4	0	0	3.23
2012M510308	0	0	0	0	0	0	1	0	3	0	0	3.14
2012M520935	0	0	0	0	0	0	0	4	2	0	0	2.93
2012M520124	0	0	0	0	0	0	1	4	0	0	0	2.5
2012M520937	0	0	0	0	0	0	0	6	0	0	0	2.25
2012M510362	0	0	0	0	0	1	0	2	1	0	0	2.21
2012M511047	0	0	0	0	0	0	0	5	0	0	0	1.88
2012M521782	0	0	0	0	0	0	2	0	0	0	0	1.5
2011M501213	0	0	0	0	0	0	2	0	0	0	0	1.5
2011M500745	0	0	0	0	0	0	2	0	0	0	0	1.5
2011M500230	0	0	0	0	0	0	0	0	2	0	0	1.43
2011M500818	0	0	0	0	0	0	1	0	0	0	0	0.75
20110491141	0	0	0	0	0	0	0	0	2	0	0	0.75

应用经济学

特别资助

资助编号	国家级平台/个	其他平台/个	国家奖/项	省部级奖/项	国际奖/项	国际报告/篇	国内报告/篇	中文核心期刊论文数/篇	SCI/SSCI/EI收录期刊论文数/篇	中文专著/部	外文专著/部	分值/分
2012T50278	1	0	0	0	0	0	0	4	1	1	0	12.11
2012T50219	0	1	0	0	0	2	4	2	0	0	0	10.09
2013T60512	1	0	0	0	0	0	0	0	2	0	1	0	10
2012T50477	0	0	0	0	0	0	3	14	0	0	0	10

续表

资助编号	国家级平台/个	其他平台/个	国家奖/项	省部级奖/项	国际奖/项	国际报告/篇	国内报告/篇	中文核心期刊论文数/篇	SCI/SSCI/EI收录期刊论文数/篇	中文专著/部	外文专著/部	分值/分
2012T50173	0	1	0	0	0	0	0	5	0	0	0	6.5
2012T50002	1	0	0	0	0	0	0	1	0	0	0	6.5
2012T50073	0	0	0	0	0	1	2	5	0	0	0	5.05
2012T50172	0	0	0	0	0	0	0	3	1	0	1	4.61
2012T50072	0	0	0	0	0	0	0	7	0	0	0	3.5
2012T50586	0	0	0	0	0	1	0	2	0	0	0	1.55
2012T50478	0	0	0	0	0	0	0	3	0	0	0	1.5
2012T50176	0	0	0	0	0	0	0	3	0	0	0	1.5
2012T50171	0	0	0	0	0	0	0	3	0	0	0	1.5
2013T60787	0	0	0	0	0	0	1	0	1	0	0	1.05
2012T50177	0	0	0	0	0	0	0	2	0	0	0	1
2012T50070	0	0	0	0	0	0	0	2	0	0	0	1
2013T60634	0	0	0	0	0	0	0	1	0	0	0	0.5
2013T60215	0	0	0	0	0	0	0	1	0	0	0	0.5
2012T50174	0	0	0	0	0	0	0	1	0	0	0	0.5
2012T50069	0	0	0	0	0	0	0	1	0	0	0	0.5

面上资助

资助编号	国家级平台/个	其他平台/个	国家奖/项	省部级奖/项	国际奖/项	国际报告/篇	国内报告/篇	中文核心期刊论文数/篇	SCI/SSCI/EI收录期刊论文数/篇	中文专著/部	外文专著/部	分值/分
2011M501267	0	1	0	0	0	11	0	13	9	1	0	29.5
2012M520158	1	0	0	0	0	0	0	7	1	3	0	19.61
2011M500268	0	0	0	0	0	3	3	18	0	0	0	13.64
2013M530570	1	0	0	0	0	0	3	9	0	0	0	13.5
20110491322	1	0	0	0	0	0	0	7	0	1	0	12.5
2012M520055	1	0	0	0	0	0	0	2	0	0	1	10
2011M500881	0	0	0	0	0	0	3	14	0	0	0	10
2012M511714	0	1	0	0	0	1	1	2	0	0	0	9.55

续表

资助编号	国家级平台/个	其他平台/个	国家奖/项	省部级奖/项	国际奖/项	国际报告/篇	国内报告/篇	中文核心期刊论文数/篇	SCI/SSCI/EI收录期刊论文数/篇	中文专著/部	外文专著/部	分值/分
2013M541118	1	0	0	0	0	0	2	3	0	0	0	9.5
20110490851	1	0	0	0	0	0	0	3	1	0	0	8.61
2011M500117	0	0	0	0	0	0	0	3	3	1	0	7.83
20110490521	0	1	0	0	0	0	1	5	0	0	0	7.5
2012M510931	0	0	0	0	0	0	0	4	2	1	0	7.22
2011M501104	0	1	0	0	0	2	0	4	0	0	0	7.09
2012M511080	0	0	0	1	0	0	1	2	0	1	0	7
2012M510391	1	0	0	0	0	0	0	2	0	0	0	7
2011M500162	1	0	0	0	0	0	0	2	0	0	0	7
20110490853	0	0	0	0	0	0	0	8	0	1	0	7
2012M520841	0	0	0	0	0	0	1	7	2	0	0	6.72
2012M512018	0	0	0	0	0	0	0	9	2	0	0	6.72
2012M511468	0	1	0	0	0	3	0	1	0	0	0	6.14
2011M500978	0	1	0	0	0	0	0	4	0	0	0	6
20110491730	0	0	0	0	0	0	0	4	3	0	0	5.33
2012M520510	0	0	0	0	0	1	1	7	0	0	0	5.05
2012M520191	0	0	0	0	0	0	1	1	0	1	0	4.5
2012M511343	0	0	0	0	0	0	0	3	0	1	0	4.5
2011M500016	0	0	0	0	0	0	0	9	0	0	0	4.5
20110490331	0	0	0	0	0	0	0	3	0	1	0	4.5
20110491220	0	0	0	0	0	0	0	4	2	0	0	4.22
20110490334	0	0	0	0	0	1	2	3	0	0	0	4.05
2011M501249	0	0	0	0	0	0	0	2	0	1	0	4
20110491243	0	0	0	0	0	0	0	8	0	0	0	4
2012M521514	0	0	0	0	0	0	0	3	2	0	0	3.72
20110490287	0	0	0	0	0	0	0	1	0	1	0	3.5
2012M511840	0	0	0	0	0	2	0	4	0	0	0	3.09
2012M520791	0	0	0	0	0	0	0	0	0	1	0	3
2012M511015	0	0	0	0	0	0	0	0	0	1	0	3

续表

资助编号	国家级平台/个	其他平台/个	国家奖/项	省部级奖/项	国际奖/项	国际报告/篇	国内报告/篇	中文核心期刊论文数/篇	SCI/SSCI/EI收录期刊论文数/篇	中文专著/部	外文专著/部	分值/分
2011M500266	0	0	0	0	0	0	0	6	0	0	0	3
20110490525	0	0	0	0	0	0	0	0	0	1	0	3
20100480408	0	0	0	0	0	1	0	4	0	0	0	2.55
2012M511020	0	0	0	0	0	0	0	5	0	0	0	2.5
2012M510668	0	0	0	0	0	0	0	5	0	0	0	2.5
2011M501102	0	0	0	0	0	0	0	0	2	0	0	2.22
2012M521513	0	0	0	0	0	0	1	0	1	0	0	2.11
2012M510188	0	0	0	0	0	0	0	2	1	0	0	2.11
2012M520090	0	0	0	0	0	1	0	3	0	0	0	2.05
2012M511924	0	0	0	0	0	0	0	4	0	0	0	2
2011M500884	0	0	0	0	0	0	0	4	0	0	0	2
2011M500882	0	0	0	0	0	0	0	4	0	0	0	2
2011M500265	0	0	0	0	0	0	0	4	0	0	0	2
20110490335	0	0	0	0	0	0	0	4	0	0	0	2
2012M510313	0	0	0	0	0	1	0	2	0	0	0	1.55
2012M511144	0	0	0	0	0	0	1	1	0	0	0	1.5
2012M510655	0	0	0	0	0	0	0	3	0	0	0	1.5
2012M510228	0	0	0	0	0	0	0	3	0	0	0	1.5
2011M500474	0	0	0	0	0	0	0	3	0	0	0	1.5
20110490522	0	0	0	0	0	0	0	3	0	0	0	1.5
20110490289	0	0	0	0	0	0	0	3	0	0	0	1.5
2013M541115	0	0	0	0	0	0	0	3	0	0	0	1.5
2013M530568	0	0	0	0	0	0	0	3	0	0	0	1.5
2013M530167	0	0	0	0	0	2	0	0	0	0	0	1.09
2012M511775	0	0	0	0	0	1	0	1	0	0	0	1.05
2012M520514	0	0	0	0	0	0	0	2	0	0	0	1
2012M511841	0	0	0	0	0	0	0	2	0	0	0	1
2012M511434	0	0	0	0	0	0	0	2	0	0	0	1
2012M510717	0	0	0	0	0	0	0	2	0	0	0	1

续表

资助编号	国家级平台/个	其他平台/个	国家奖/项	省部级奖/项	国际奖/项	国际报告/篇	国内报告/篇	中文核心期刊论文数/篇	SCI/SSCI/EI收录期刊论文数/篇	中文专著/部	外文专著/部	分值/分
2012M510656	0	0	0	0	0	0	0	2	0	0	0	1
2011M501310	0	0	0	0	0	0	0	2	0	0	0	1
20110490527	0	0	0	0	0	0	0	2	0	0	0	1
20110490332	0	0	0	0	0	0	0	2	0	0	0	1
2013M530814	0	0	0	0	0	0	0	2	0	0	0	1
2012M510393	0	0	0	0	0	1	0	0	0	0	0	0.55
2012M520212	0	0	0	0	0	0	0	1	0	0	0	0.5
2013M531778	0	0	0	0	0	0	0	1	0	0	0	0.5
2013M530565	0	0	0	0	0	0	0	1	0	0	0	0.5